住房城乡建设部土建类学科专业"十三五"规划教材

高等学校城乡规划专业系列推荐教材

城市环境行为学

贺 慧 著

中国建筑工业出版社

图书在版编目（CIP）数据

城市环境行为学 / 贺慧著 . — 北京：中国建筑工业出版社，2020.9
住房城乡建设部土建类学科专业"十三五"规划教材　高等学校城乡规划
专业系列推荐教材
ISBN 978-7-112-25523-8

Ⅰ.①城…　Ⅱ.①贺…　Ⅲ.①城市环境—高等学校—教材　Ⅳ.① TU-856

中国版本图书馆 CIP 数据核字（2020）第 185747 号

环境行为学是研究和探讨外界环境与人类自身行为之间相互作用的新科学。与建成环境科学的其他前沿学科一样，环境行为学有助于我们理解人与环境处在交互作用的生态系统之中，为解决当前严重的环境问题做出了基于行为的贡献。本教材结合当前的学科理论发展和实践应用需求，从传统微观环境行为的理论解析与应用出发，向中观环境行为和宏观环境行为做了理论与实践的拓展，为城乡规划、风景园林、建筑学等学科提供有关行为的研究指引，充分尊重环境使用者的需求，以提高人居环境品质为己任，树立"以人为本"的环境–行为交互设计价值观。同时，结合大数据时代的新技术、新方法，构建环境行为研究的方法体系，为相关专业的研究工作提供力所能及的引导和帮助。

本教材可供城乡规划、风景园林、建筑学、环境艺术设计等专业的大学本科生和研究生作为教学参考用书，也可供相关专业的科研、设计和管理人员参考。

为更好地支持本课程的教学，我们向使用本教材的教师免费提供教学课件，有需要者请与出版社联系，邮箱：jgcabpbeijing@163.com。

责任编辑：杨　虹　牟琳琳
责任校对：焦　乐

　

住房城乡建设部土建类学科专业"十三五"规划教材
高等学校城乡规划专业系列推荐教材

城市环境行为学

贺　慧　著
＊
中国建筑工业出版社出版、发行（北京海淀三里河路 9 号）
各地新华书店、建筑书店经销
北京雅盈中佳图文设计公司制版
北京中科印刷有限公司印刷
＊
开本：787 毫米 ×1092 毫米　1/16　印张：16¾　字数：324 千字
2020 年 9 月第一版　2020 年 9 月第一次印刷
定价：49.00 元（赠课件）
ISBN 978-7-112-25523-8
　　　（36485）

序言

　　贺慧老师联系我，让我为她的教材《城市环境行为学》作序。这是很早以前就约定好的事情，无论从什么角度来说，我都应该完成这篇序。于是我"欣然命键"开始敲写起来。原来都是说"欣然命笔"，但随着时代的进步，计算机键盘早已使笔"下岗"，老话也只好改改了。倘若这篇序没有敲写好，希望也不会对这本书的质量造成不良的影响。

　　行为学、心理学本来就是来自生活、密切联系生活的科学。虽然与真正的科学相比较而言，行为学、心理学尚有很大的差距，但我们希望它们能够尽快地成长、成熟，越来越像科学，越来越科学，早日成为真正的科学。随着计算机科学、脑科学、人工智能等领域的发展，行为学、心理学走向科学的步伐在加快。

　　环境行为学、环境心理学、建筑环境心理学、行为建筑学等行为学、心理学的应用分支，更是与我们的日常的行为、心理、生活环境密不可分。这些应用分支，其意义一方面在于阐释"环境 – 行为 – 心理"三者的相互关系和内在规律，指导人们在日常生活中了解、遵循规律，适宜、适当地展开环境中的行为，使与环境有关的心理发生、发展和结束的过程能够得到内心的满足；另一方面则在于环境设计工作者将其规律应用于环境设计、行为设计之中，更好地满足人们对环境的行为需求、心理需求，从该方面提高环境设计的质量、提高环境的质量。

　　在国外著名的环境行为学、环境心理学学者中，有英国的 D. 肯特（D.Canter）先生、美国的 H. 普洛尚斯基（H.Proshansky）先生、W.H. 伊特尔森（W.H.Ittelson）先生、科罗拉多州立大学的保罗·贝尔（Paul A. Bell）先生、加利福尼亚大学尔湾分校的丹尼尔·斯托考尔斯（Daniel Stokols）先生、加拿大不列颠哥伦比亚省维多利亚大学的罗伯特·吉福德（Robert Gifford）先生、日本的相马一郎先生、佐古顺彦先生、东京大学的高桥鹰志先生、大阪大学的舟桥国男先生、荷兰的琳达·斯特格先生等学者，先后出版过该领域的专著或教材、工具书，具有广泛的国际影响。其中有的著作在我国已经出版了中文版，对我国该领域的发展起到了有益的推动作用。作为工具书，国外已经出版了许多版的《环境心理学手册》（Handbook of Environmental Psychology）也具有很高的声望和极大的影响。

我国学者应该在、必须在环境行为学、环境心理学学术研究领域有自己的声音、有自己的成果。在我国城市与建筑学界有哈尔滨工业大学的常怀生先生、清华大学的李道增先生、华中科技大学的林玉莲先生和胡正凡先生、同济大学的杨公侠先生、李斌先生、徐磊青先生、东北大学的罗玲玲先生等学者，在我国心理学界有中国人民大学的俞国良先生、北京大学的苏彦捷先生等学者，先后出版过在该领域有影响的专著或教材。

华中科技大学在我国的环境行为学、环境心理学研究方面具有特殊的学术地位。该校的林玉莲老师、胡正凡老师编著的《环境心理学》教材已经出版到了第四版，在我国城市与建筑类高校具有广泛的应用和影响，为具有环境行为学、环境心理学知识的环境设计类专业人才的培养作出了突出的贡献。在华中科技大学这样的学术沃土中成长起来的贺慧老师，任教于华中科技大学，致力于环境行为学方面的教学与研究，致力于将环境行为学与城市规划、城市设计相结合。她在城市环境行为学方面有着深入的、系统的思考，有着深厚的学术积淀。贺慧老师是中国环境行为学会（EBRA）的秘书长，在 EBRA 的发展、国际会议及论文集、国际交流、《新建筑》杂志环境行为学专辑等方面都作出了积极的、突出的贡献。以她为首的学术团队成功地筹备和举办了在华中科技大学召开的 EBRA2018 环境行为研究国际学术研讨会，主编了大会论文集，受到了与会的国内外嘉宾、学者和师生的好评。在 EBRA2018 结束之后，她身在武汉一边投入与新冠病毒引起的肺炎疫情防控的人民战争之中，一边以积极的心态完成《城市环境行为学》的书稿，实在是令人敬佩！

贺慧老师的《城市环境行为学》一书是我国第一部名为《城市环境行为学》的教材，是在我国环境行为学、环境心理学学术园地上长成的又一颗学术硕果。通读、学习了《城市环境行为学》书稿，深感其在内容编成上颇有特色，理论与实际紧密结合，具有特殊的学术价值和教学、设计方面的应用价值。关于该书的内容在此不去赘述，留待广大读者在阅读中品评。我相信，贺慧老师的《城市环境行为学》一定会有益于我国在该学术领域的研究和人才培养。我衷心祝贺《城市环境行为学》由中国建筑工业出版社出版，预祝贺慧老师在该学术领域的耕耘中能够不断取得新的收获！

日前，中国建筑学会下发了《关于同意筹备成立中国建筑学会环境行为学术委员会的通知》，同意哈尔滨工业大学作为挂靠单位开始筹备成立中国建筑学会环境行为学术委员会（中国建筑学会文件，建会秘 [2020] 第 67 号，2011.11.12）。借此作序的机会，我诚挚地向广大读者推荐《城市环境行为学》一书，同时希望将来能有更多的人关注、研究、应用环境行为学、环境心理学，将来能有更多的人参加中国建筑学会环境行为学术委员会的各种活动，大家一起共同推进我国环境行为学、环境心理学研究及应用的发展！

是为序。

邹广天

中国环境行为学会（EBRA）会长

哈尔滨工业大学建筑学院教授、博士生导师

哈尔滨工业大学建筑计划与设计研究所所长

哈尔滨工业大学城市规划设计研究院设计六所所长

哈尔滨工业大学极地研究院副院长兼极地建筑研究中心主任

前言

　　柏拉图两千年前曾说过"世界上最困难的任务就是了解人类自己"，而环境行为学恰恰就是研究、探讨外界环境与人类行为之间的相互作用和互为影响关系的新科学。与环境科学的其他前沿学科一样，环境行为有助于学生理解人与环境处在一种交互作用的生态系统之中，环境行为学为解决当前严重的环境问题做出了基于行为的贡献。

　　环境行为学为城乡规划、建筑学、景观设计等专业提供了有关行为的研究信息，有助于设计者更好树立"以人为本"的设计价值观，充分尊重环境使用者的需求，以提高人居环境品质为己任。狭义的环境行为学相比于环境心理学更侧重于环境和人的外显行为（"看得见""摸得着"的行为）间的相互作用研究，对于心理学基础知识较薄弱的设计专业学生和从业者而言，更便于在实践中学以致用。

一、教材的特色

　　不同于以往相关教材侧重以建筑为代表的微观环境行为的特点，本教材在内容的编排上更强调与不同层面的规划设计及其他课程设计阶段相匹配，同时结合当今环境行为的新发展、新动向和新方法展开，具体来说有如下特色：

　　1）由"以关注于建筑为代表的城市微观环境对行为的互动影响"拓展为"城市宏观、中观、微观环境中的环境行为响应"。

　　学界已有的环境行为教材作者多为建筑学专业背景，又因为从西方引入的环境心理学，其最初的应用也是与建筑设计紧密相关，因此传统教材大多是侧重于以建筑为代表的城市微观环境行为研究，随着行为学科的发展以及多学科渗透，以邻里社区及城市外部公共空间为代表的城市中观环境、以城市整体及城镇群为代表的城市宏观环境也同样需要从使用者的角度进行研究，后两个层面的环境行为知识对风景园林和城乡规划专业有着更贴切的思想启迪和设计指导，在延续传统教材对城市微观环境行为成果的基础上，本教材将重点对城市宏观、中观环境行为进行补充。

2）与不同阶段的规划设计学习需求相结合，突出各阶段需要掌握的贴切内容。

与不同阶段的规划设计学习需求相结合是学生掌握环境行为知识并牢固知识点记忆的重要途径。如在建筑设计等学习阶段，我们会对应城市微观环境行为来讲授个人空间、私密性、领域性等知识点和案例分析；居住区详细规划设计学习等阶段，我们会对应城市中观环境行为来讲授有关社区邻里、居住满意度的知识点和案例分析；在城市设计学习阶段，我们会对应城市中、宏观环境行为来讲授城市意象、认知及评价地图、城市区域安全防卫的知识点和案例分析；在总体规划学习等阶段，我们会对应城市宏观环境行为讲授城市气候、温度、湿度、自然灾害、空气污染与行为的知识点和案例分析。

二、教材的阅读

教材希望在一个较广泛的范围内涵盖环境行为学的有关知识与研究，尽可能多地介绍我国学者的工作并跟踪国外研究的最新进展。经过反复地修正以使每个章节尽可能地独立和完整，当读者由于时间有限或是只对本书的某部分感兴趣时，他可以只阅读某一章节的某一段落。譬如当他对理论不感兴趣时，便可以跳过理论部分而直接阅读有关的研究成果和相关案例。在教材的写作过程中，我们着重注意了以下四个方面：

1）在基本概念体系的梳理上，力求做到科学规范。

2）在基本教学内容的组成上，力求做到精心取舍。

3）在章节相关案例的引用上，试图做到本土更迭。

4）在全书行文表达的风格上，试图做到通俗易懂。

教材的开篇之处对环境行为学的概念和研究内容进行了界定，对其学科特点和理论框架进行了阐述，对环境行为学以及研究的发展历程进行了梳理。这些内容组成了第1章。第2章主要论及两大基础知识点，环境知觉与空间认知，主要探讨了人们感知和了解自己所处城市环境的方式。

接下来，我们将环境行为学的主体教学内容编织在第3~5章中，3个章节从行文结构上平行展开，从城市空间环境上呈现出宏观、中观和微观三个层级的梯度。以上3个章节都有一个相似的行文结构：①阐述主题的范畴和性质；②整合与该主题有关的研究成果；③补充如何在设计中应用这些知识点的实例。

第6章从方法论、研究方式和具体方法技术三个层面构建了环境行为研究的方法体系，之所以自成一章，一方面是在传统研究方式和技术的基础上，增加了新数据方法技术的更迭，试图丰富和整合环境行为研究的方法体系，另一方面则是考虑到部分高校该领域研究生教学的需要，可以就着宝贵的课时对最后一章进行有针对性地学习和运用。

两点希望

从2008年为我校建筑学、城乡规划和风景园林三个专业本科生教授"环境行为学"课程以及2012年为城乡规划和风景园林专业研究生教授"环境行为与社会"课程至今，我们一直在环境行为的领域不断学习和探索。

很希望这本教材能给学生们和相关从业者带来更新的视角和更深的启迪，全球化背景下学科知识在不断更迭，环境行为学可作为一门有朝气的学科，近十年来在国内外学者不懈地努力和深化下呈现出蓬勃态势和多学科渗透的趋势，很欣喜看到国内许多学者在该领域做出了本土探索的贡献，希望我们的这本教材能够引导学生们对人居环境品质的关注，能够给学生们提供设计学习中环境行为的人性化视角，更希望学生们通过这门课打开一扇窗，培养学生能结合自己的兴趣，选择适合于自己的方法，能就某一专题进行调查、设计和使用后评价，并能独立作出决策的能力。未来无论他从事理论研究还是从事设计实践，他可以具备把理论研究、应用原则和设计实践结合起来并形成自己专长的能力和素养。

　　教学相长，我们一直在路上。

2020 年 6 月 6 日于华中大校园工作室

贺慧

目录

第 1 章

绪论

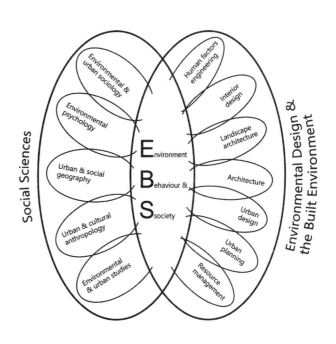

1.1　环境行为学的界定

"环境行为学"（Environment–Behavior Studies）在北美地区被称为"环境设计研究"（Environmental Design Research）；在日本，被称为"環境行動研究"。在有的论著里还使用环境与行为（Environment and Behavior）、环境心理学（Environmental Psychology）、建筑心理学（Architectural Psychology）等称呼。在该研究领域早期发展阶段，多被冠以"环境心理学"的称呼[①]。

环境心理学与环境行为学，在很多学者看来，这是同一研究方向的两种不同名称。由于"环境心理学是研究人与周边环境之间关系的科学"[②]，而当时建成环境的主要支撑性学科为建筑学，城乡规划学和风景园林学均为建筑学下的二级学科。因此，常怀生先生称其为建筑环境心理学[③]。无论是环境心理学、环境行为学还是建筑心理学，早期主要的授课对象是以建筑院系的学生为主。

摩尔（Gary T.Moore，1987）[④] 总结了 20 世纪 40 年代出现的环境行为之间关联的研究，包括环境认知、行为地图和城市社会学，他将这些归纳为环境行为学。保罗·贝尔（Paul A.Bell）看到了摩尔总结的关于环境与行为关系的科学研究，认为这些都属于环境心理学的起源，"是研究人的行为和经验与人工和自然环境之间关系的整体科

① 李斌 . 环境行为理论和设计方法论 [J]. 西部人居环境学刊，2017，32（03）：1-6.

② 乾正雄 . 环境心理学 [C]. 日本建筑学会秋季大会建筑计划研究协议会资料，1983.

③ 常怀生 . 建筑环境心理学 [M]. 北京：中国建筑工业出版社，1990.

④ MOORE G T. Environment and behavior research in North America：History，developments，and unresolved issues[M]// STOKOLS D，ALTMAN I. Handbook of environmental psychology. New York：John Wiley and Sons，1987：1359-1410.

学"。事实上，按照斯托克斯（Stokols）和摩尔（Gary T.Moore）的主张：环境心理学应是环境行为学所属的下一级的研究领域，因为环境心理学关注对个人内在心理过程所产生的影响，即知觉、认知、学习等。除了这些方面之外，环境行为学还需要研究群体行为、社会价值、文化观念等与环境有关的广泛问题，是一个内涵宽广、多学科交叉的研究领域[①]（图1-1）。按照摩尔的分类（图1-2），环境行为学的研究领域涉及社会地理学、环境社会学、环境心理学、人体工学、室内设计、建筑学、景观学、城乡规划学、资源管理、环境研究、城市和应用人类学，是这些社会科学以及环境科学的集合。我们将此定义为广义环境行为学。

李道增先生在20世纪70年代末，利用多次出国访问和学术交流的机会，悉心收集这一研究领域的学术资料，力图引进西方高等教育的该领域研究成果，并于1984年为清华大学建筑学研究生开出"环境行为概论"这门新的学位课程，以求进一步开拓青年学子的学术视野和设计理念。李道增先生在《环境行为学概论》一书中提出：环境心理学是将人类的行为（包括经验、行动）与其相应的环境（包括物质的、社会的和文化的）两者之间的相互关系与相互作用结合起来加以分析。环境行为学（Environment-Behavior Studies）相对于环境心理学，它更注重环境与人的外显行为之间的关系与相互作用，因此其应用性更强。环境行为学运用心理学的一些基本理论、方法与概念来研究人在城市与建筑中的活动及人对这些环境的反应，由此反馈到城市规划与建筑设计中去，以改善人类生存的环境[②]。我们将此定义为狭义环境行为学。

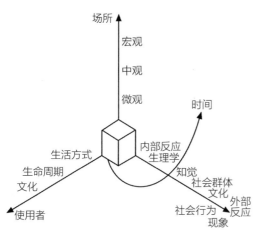

图1-1 环境行为学的主要分析尺度

（来源：李斌.环境行为学的环境行为理论及其拓展[J].建筑学报，2008（02）：30-33.图2）

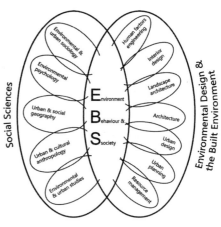

图1-2 广义环境行为学的研究领域

（来源：Gary T.Moore，1987）

① 李斌.环境行为理论和设计方法论[J].西部人居环境学刊，2017，32（03）：1-6.
② 李道增.环境行为学概论[M].北京：清华大学出版社，1999.

科学研究不应过于关注学科名称的演替，而应当关注其研究内容和方法。无论国内外学界对环境行为学的定义是广义还是狭义，环境行为学与环境心理学既分且合，互为表里是事实。近五年来，环境行为学的研究内容从传统的建筑领域逐步拓展到城乡规划、风景园林等领域，涵盖了从宏观到微观的不同尺度、从城市到乡村的不同范围、从公共建筑到住宅的不同类型、从普通人群到特殊人群的群体类型，从偏重功能性、操作性的物质性研究逐渐走向社会性、精神性的生活品质探讨。基于该学科未来的发展趋向，本书统一在广义环境行为学的语境下进行探讨。

1.2　环境行为学的研究内容

在传统意义上，我们研究人类行为、情感等如何受物理环境的影响。当然，人们的行为也会反作用于这些环境。所以，尽管我们研究题目的范围不断扩大，研究内容不断深入，但依旧在研究两者的"相互性"：一方面强调人们的行为怎样受环境影响，另一方面也关注人类的行为对环境的影响。同时，我们也必须清楚，环境的自然属性与社会属性、文化属性是不可分的。

环境行为学的研究内容越来越广泛，它既包括一直持续关注的环境知觉、空间认知等基础心理过程，也包括研究致力于健康人居和品质城市化的行为引导和选择。在传统意义上，我们研究人类行为、情感等如何受到物理环境的影响，同时，人类的行为也会反作用于这些环境。虽然环境行为的研究范围不断拓展，研究内容也不断深化，但关注于"相互作用"的主旨不变。一方面强调人们的行为怎样受环境影响，另一方面也关注人类的行为对环境的影响。同时，从最开始的物质空间环境逐渐走向了广袤的自然、社会和文化环境[①]。甚至还包括地方依恋和认同的发展，以及家、学校、工作场所、公共环境等重要物理环境受到及产生的影响。个体所处环境既可给身在其中的我们造成压力，又可令耗竭的身心复原，其中可能的影响因素和规律也是环境心理学家们关注的焦点。环境行为学研究内容由个人层面的建筑空间不断向以群体为活动单元的公共空间，甚至是城市总体环境拓展。随着互联网的普及，越来越多的研究也开始关注网络环境与个体的相互作用[②]。

人在城市环境中的行为也可从三个空间层次上进行梳理归纳：宏观层面上，城市总体环境（气候、灾害、空气污染等）与行为的相互影响；中观层面上，城市公共空间和社区环境（地方依恋和认同、居住满意度、行为习性等）与行为的相互影响；微观层面上，城市空间节点和建筑环境与行为的相互作用（个人空间、私密性、领域性、拥挤等）。

① 苏彦捷. 环境心理学 [M]. 北京：高等教育出版社，2016.

② 林玉莲，胡正凡. 环境心理学 [M]. 北京：中国建筑工业出版社，2000.

1.3 环境行为的学科特点

1.3.1 综合性

环境行为学是多学科交叉共融、既整体又分化的学科，它涉及社会学、心理学、人类学、地理学、建筑学、风景园林学、城乡规划等多个学科。

1.3.2 交互性

环境影响了人的行为，人的行为也对环境有一定的影响，环境行为学强调环境 - 行为的交互作用和循证关系，将环境和行为作为一个整体加以研究。

1.3.3 真实性

相比心理学、环境心理学的传统实验研究，环境行为学将研究从室内延伸到室外，研究课题以解决城市环境问题为导向，研究主要在城市或建筑环境现场中进行。

1.3.4 实践性

在研究环境 - 行为相互作用的过程中，不仅要找寻其背后的机理，也要寻求问题的解决，环境行为学注重运用其研究成果解决城市环境中的实际问题。近年来尤其关注通过改变人的行为来保护人居环境。

1.4 环境行为学理论框架

人与环境之间关系的讨论贯穿于环境行为学发展的整个过程，从环境决定论到相互作用论，再到相互渗透论，人们对于人与环境关系的认识不断发展。环境决定论认为环境条件决定人的生活；相互作用论认为人与环境是二元相互独立的要素，但人与环境的关系并非环境对人的单向作用，而是二者相互作用。与环境决定论和相互作用论不同，相互渗透论不是用二元论的观点考察人和环境。相互渗透论认为人与环境不是独立的两极，而是定义和意义相互依存的不可分割的一个整体。人对环境具有的能动作用既包含物质、功能性的作用，也包含价值赋予和再解释的作用。相互渗透论超越了决定论中僵化的人与环境的因果关系，更接近真实状况地描述了人与环境的关系[①]。

---

① 李斌 . 环境行为学的环境行为理论及其拓展 [J]. 建筑学报，2008（02）；30-33.

1.4.1 环境行为的认识论

1. 环境决定论（Environmental Determinism）

环境决定论认为，环境决定人的行为。外在的因素决定反应的形式，要求人以特定的方式来行动。这种思想的缺陷是把个人看作是被动的存在，忽视人根据自己的欲望和要求选择、调整、改变环境的能力[①]。

在建筑学领域，环境决定论的思想主要反映在建筑决定论（Architectural Determinism）。19 世纪末建筑决定论颇为盛行，现代建筑和城市规划的莫基人之一柯布西埃和霍华德都是建筑决定论的积极推崇者。他们认识到在 19 世纪出现的人口向城市集中所引起的城市环境的变化，左右着人们的生活方式和生活条件[②]，认为通过改变城市、建筑环境可以带来社会性的行为改变。19 世纪后期霍华德提出的田园城市和 20 世纪初佩里提出的邻里单元理论都是建立在环境决定人的生活这一系列假说上的。

2. 相互作用论（Interactionalism）

相互作用论认为人和环境是客观独立的两极，行为的结果是由内在有机体的因素和外在社会环境的因素之间的相互作用所导致的[③]。人与环境相互作用，人的某个方面能改变环境影响的性质，物理刺激对人的影响其结果的性质因人而异，并不导致某种普遍的结果[④]。

人与环境作为二元的相互独立的要素，在相互作用的过程中，会导致某种结果的产生。人不仅能够消极地适应环境，也能够能动地选择、利用环境所提供的要素，更能够主动地改变自己周围的环境，达到对生活的满足。这是相互作用论比环境决定论进一步有所发展的地方[①]。

3. 相互渗透论（Transactionalism）

挪威人类学者弗雷德里克·巴尔特（Fredrick Barth）认为，相互渗透论是以个人而不是以社会整体为中心进行说明的，追求个人利益的最大化是个人的自由选择和意志决定的动机，个人活动的总体构成社会过程和社会组织。相互渗透论认为，人们对环境的影响程度不仅仅限于对环境的修正，还有可能完全改变环境的性质和意义。人们通过修正和调整物质环境，改变与自己交往的人，从而改变社会环境；通过重新解释场所的目标和意义的方法，来不断地影响并改变我们的物质环境[④]。奥尔特曼（Altman）对相互渗透论的基本观点进行了总结，进一步说明了相互渗透论的特征：人与环境不是独立的两极，而是定义和意义相互依存的不可分割的一个

[①] 李斌. 环境行为学的环境行为理论及其拓展 [J]. 建筑学报，2008（02）：30–33.

[②] 徐磊青，杨公侠. 环境心理学 环境知觉和行为 [M]. 上海：同济大学出版社，2002.

[③] MOORE G T, TUTTLE D P, HOWELL S C.Environmental design research directions：Process and prospects[M]. New York：Praeger Publishers，1985：3–40.

[④] CANTER D. Applying psychology[R]. Augural lecture at the University of Surrey，1985.

整体,应将心理过程和环境的脉络综合起来作为分析的基本单元①。相互渗透论不是用二元论的观点考察人和环境,而是强调人对环境的能动作用。人与环境所形成的整个系统也随时间在发生变化,变化的最终目标是弹性可变的。

随着时间的变化,人与环境所形成的整个系统也随之发生变化。这种变化是系统固有的本质特征,而变化的最终目标不是固定的而是弹性可变的。因此,不受先验观念束缚的时间因素、变化过程将是人与环境关系的主题。基于人与环境的不可分割的整体性,由于考察对象都具有个别性和固有性,因此在研究中,在关注广泛适用的普遍原则的同时,更重视对特定的个别现象的记述和解释②。

1.4.2 环境行为的基础理论

环境与人是如何相互影响的呢?为探究环境与人之间互相作用、互相影响的机理,研究者从不同角度出发,形成了不同的理论假设,这些理论假设形成了当前的环境行为研究理论体系,为进一步开展研究提供了良好的理论基础。

1. 刺激理论

(1)唤醒理论(Arousal Theory)

环境刺激会引起人们的生理唤起,增加身体的自主反应,如在生理上表现为心率加快、肾上腺素分泌增加;在行为上则表现为反应活跃。从神经生理学的角度来看,唤醒是由于大脑中心的网状结构被唤起,脑活动增加所致③。唤醒是一个连续变化的过程,大脑可能处于不同的唤醒水平,其一端为困倦或休眠状态,另一端则为高度唤醒的兴奋状态。日常生活中的很多事件都可以导致唤醒,唤醒理论可用于解释温度、拥挤和噪声对行为的影响。

唤醒理论认为,一定的唤醒水平总是伴随着某种情绪状态,周围环境的情感性质是个人与环境之间关系中最重要的部分,它不仅影响个人的情绪、绩效,甚至影响个人长期的心境与健康状况。施洛伯格从快乐–不快乐、注意–拒绝两个相对独立的维度判断被试者的情绪。研究发现,被试者沿着快乐–不快乐维度比注意–拒绝维度能更精确地作出区分,即表示前者的轴线比表示后者的轴线略长。因此他用这两个相互垂直的维度画出了一个椭圆形的平面,后来又增加了垂直于椭圆平面的强度维度,称作"激活水平",即唤醒水平,用以描述影响情绪的三个维度之间的关系(图1–3)。

① ALTMAN I, ROGOFF B.World views in psychology: trait, interactional, organismic, and transactional perspectives[M]// STOKOLS D, ALTMAN I. Handbook of environmental psychology. New York: John Wiley & Sons, 1987: 7–40.

② 李斌. 环境行为学的环境行为理论及其拓展 [J]. 建筑学报, 2008(02): 30–33.

③ Hebb D O. The Organization of Behavior: A Neuropsychological Theory[M]. Hove: Psychology Press, 2005.

城市环境行为学

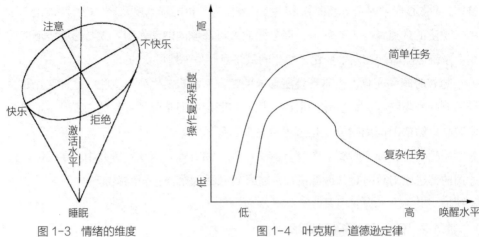

图 1-3　情绪的维度

（来源：H. Schloberg，1954）

图 1-4　叶克斯 - 道德逊定律

（来源：保罗·贝尔，托马斯·格林，杰弗瑞·费希尔，安德鲁·鲍姆 . 环境心理学 [M]. 朱建军，吴建平等译 . 北京：中国人民大学出版社，2009）

　　人们倾向于对中等的唤醒水平给予正性评价。唤醒与操作行为的关系可以用叶克斯 - 道德逊定律（Yerkes-Dodson Law）来解释，操作的最佳状态是中等的唤醒水平，无论唤醒高于或者低于最佳水平点，操作行为都相对较差。唤醒和操作任务复杂程度之间的关系可以用一个倒 U 形曲线来表示；对于复杂任务，偏低的唤醒水平是操作的最佳状态；而简单任务，需要较高的唤醒水平才有利于任务的操作（图 1-4）。

　　从环境 - 行为的角度来看，当拥挤、噪声、空气污染或其他刺激增加唤醒水平时，人们的操作行为是受到促进还是受到妨碍，取决于个体的反应是正好在最佳唤醒水平，还是高于或低于该水平 [1][2]。总之，根据叶克斯 - 道德逊定律我们知道：唤醒水平太低不会促进任务的操作，太高会干扰操作，因为个体不能集中注意力完成正在进行的任务。

　　（2）环境应激理论（Eenvironmental-stress Theory）

　　环境应激理论认为，环境中的许多因素都能引起个体的反应，如噪声、拥挤等均是引起反应的应激源（Stressor）。应激源还包括工作压力、自然灾害、迁移居住环境等。应激（Stress）是指个体对这些环境因素作出的反应，包括情绪反应、行为反应和生理反应。塞利（Selye，1979）[3] 把生理反应称为生理应激（Systemic Stress）。后来，拉扎勒斯（Lazarus，1966）[4] 又把情绪和行为反应称为心理应激（Psychological

[1]　Hebb D O. The Organization of Behavior：A Neuropsychological Theory[M]. Hove：Psychology Press，2005.

[2]　Broadbent D E. Perception and communication[J]. Nature，1958，182（4649）：1572.

[3]　Selye H. The stress concept and some of its implications. In Hamilton，V. & Warburton，D. M.（Eds.）Human Stress and Cognition[M]. London：John Wiley & Sons，1979.

[4]　Lazarus R S. Psychological Stress and the Coping Process[M]. New York：MacGraw-Hill，1966.

Stress）。生理应激和心理应激是相互关联的，人们通常会对应激物同时作出这两种反应，因此，研究者把它们合称为环境应激理论。

1）生理反应

塞利的研究证明，在应激状态下，主体会经历一系列全方位的生理反应，他将这些反应概括为连续发生的三个阶段：警戒反应（Alarm Reaction）、抗拒阶段（Stage of Resistance）、衰竭阶段（Stage of Exhaustion），总称为一般适应症候群（General Adaptation Syndrome，GAS）。

塞利曾就男孩对过长应激的反应进行过概括性描述：警戒反应这一阶段持续时间较短，主要表现为肌肉紧张、交感神经兴奋；抗拒阶段以厌倦、抑郁或疾病为标志，持续时间相对较长，若继续发展，过长时间的应激会导致高血压、中风等身体疾病[1]以及抑郁症、人格障碍等心理问题[2]；如果应激持续时间过长，超过了个体的承受能力进而导致身体机能衰退，则进入衰竭阶段。

2）心理反应

并非所有刺激都会引起警戒反应和抗拒反应，个人是否产生应激反应因人因时而异。主体开始产生应激反应，必定是将某一刺激经认知评价为对其自身构成威胁，就会发生警戒反应、抗拒反应。在抗拒阶段，包含认知过程与自主反应，个人会随机应变采取恰当的对策和行动：如信息探索，进一步评价应激物；排除、制止应激物；或采取逃避行为。如果抗拒阶段的应对未获得成功，则加剧了"把刺激评价为威胁"的倾向，这种认知应变过程常伴随不同程度的愤怒、恐惧、焦虑等情绪反应。不良的情绪反应必然引起不良的生理反应，导致对健康不同程度的危害。当全部应对能力消耗殆尽，则进入第三阶段的衰竭期。

幸运的是，在进入衰竭期之前往往便出现了转机，原因可能如下：其一，当某种令人反感的刺激长时期作用时，随着对刺激的神经生理敏感性降低，人们对它的反应会越来越弱而变得适应；其二，随着有关的知识与经验越来越丰富，控制感加强，在认知方面把应激物评价为威胁的倾向越来越少，可以说这是经过习得和适应，个人与环境在互动过程中建立起了新的平衡。无论通过何种方式达到适应或平衡，个人都要付出相应的代价（图1-5）。

（3）环境负荷理论（Environmental Load Theory）

环境负荷理论主要关注环境刺激出现时注意的分配和信息加工过程。刺激负荷理论认为：个体对感觉信息的加工能力是有限的，对同时输入的多种刺激，只能专

---

① Sundstrom E，Burt R E，Kamp D. Privacy at working：architectural correlates of job satisfaction and job performance. Academy of Management Journal，1980，（23）：101–117.

② Kearney A R. Residential Development Patterns and Neighborhood Satisfaction：Impacts of Density and Nearby Nature[J]. Environment and Behavior，2006，（1）：112–139.

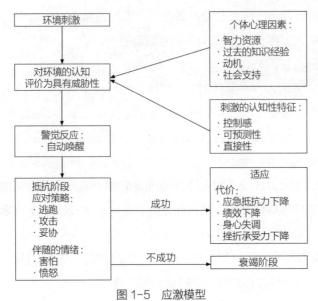

图 1-5　应激模型

（来源：Richard S. Lazarus，1966，1998）

心加工某一个或几个刺激。当环境提供的信息量超过个体的加工能力时，就会出现超负荷现象。对于超负荷的信息，正常的反应是"视觉通道变窄"，也就是说会忽视那些与正在进行的操作无关的信息，把注意力主要投向与操作有关的信息。另外，当环境中某个刺激出现时，个体要进行判断，并作出相应的反应。如果环境刺激的强度大、在预测之外、难以控制时，那么个体需要投入的注意和分析判断能力就会更多。刺激负荷理论认为，人对某个刺激的注意力不能持续不变，一段时间后注意力会暂时减弱。但是通过减少信息加工或者在有利于注意力恢复的环境中，如林间小道、公园等，注意疲劳可得到恢复。

超负荷现象发生时，和任务有关的信息被赋予更多注意，无关或关系不大的信息被忽略。如果对行为产生干扰的信息被个体忽视，就可以促进任务操作；如果任务本身要求的注意广度很大，那么个体必须同时将注意集中在多个信息上，操作行为将受到干扰[1]。例如，布朗等人（Brown B B，Altman I，1983）[2] 早期的研究。他们让被试者分别在安静的居住区和繁华的购物街驾驶汽车通过，并同时播放一连串的数字让司机听，然后问他们哪一串数字的排列次序是改变了的。结果驾车通过购物街的司机出错率更高。布朗等人解释说，这是因为在购物街驾驶，环境提供的信息较多，司机需要分配一部分注意力到与驾驶相关的信息上，因此，对录音的注意就减弱了。

现代城市中高负荷的工作、拥挤的交通、复杂的街道、嘈杂的声音，通常会令

① 苏彦捷. 环境心理学 [M]. 北京：高等教育出版社，2016.

② Barbara B. Brown and Irwin Altman. Territoriality，defensible space and residential burglary：An environmental analysis[J]. Journal of Environmental Psychology，1983.

人感到刺激过度。长时间高度集中注意或信息过载都令人感到疲惫，因此，保留开阔的视野、保护城市环境中的自然要素以简化环境信息是当今城市环境设计的一项重要任务。

（4）行为约束理论（Behavior Constraint Theory）

行为约束是指环境中的某些因素限制或者干扰了人们想做的事，让人们失去对周围环境的控制感。行为局限理论认为环境对行为的限制包含三个基本的步骤：觉察到对环境的控制丢失、阻抗和习得性无助（Learned Helplessness）。当人们感觉到周围环境约束了自己的行为时，则会引起负面情绪。这时个体会试图重新获取对环境的控制，这种现象被称为心理阻抗（Psychological Reactance）或阻抗。环境中任何干扰和约束都会影响任务绩效，甚至对人的身心造成损害，若阻抗成功，任务绩效与身心状况都会得到改善，但当控制环境能力恢复失败时，可能会导致习得性无助。也就是说，当多次努力重新获得控制环境的尝试失败后，人们会认为对环境是无能为力的，进而放弃努力。

人对环境的控制感体现在以下方面：一是有能力改变具有干扰性的环境；二是自己有条件避开干扰性的刺激。当人们拥有对环境的控制感时，对于干扰的负面情绪较低。例如，格拉斯和辛格（Glass D. C. & Singer J. E., 1972）[①]的研究中，他告知被试者在实验中他们可以通过按一个按钮来减少有害噪声的音量。实际上，即使被试者没有按那个按钮，仅仅告知被试者可控制按钮就可以减少噪声所带来的消极情绪。控制感任何时候对人都是极其重要的，它有助于人克服面临的挫折与困境，有利于对环境的适应，有益于人的身心健康。

（5）适应水平理论（Adaptation-level Theory）

沃威尔（Wohlwill）借鉴了赫尔森（Helson, 1964）[②]关于感知觉的适应水平理论，提出了环境信息的适应水平理论。沃威尔认为，适应水平理论至少适合解释三种环境行为关系：环境中的感觉刺激（Sensory Stimulation）输入、社会刺激（Social Simulation）输入和环境的改变运动（Movement）。太多或大少的感觉、社会信息以及环境变化，都不是人们所希望的。该理论提出这三种刺激在三个维度水平上变化：第一个维度是强度（Intensity），正如前面提到的，环境提供的信息过多或过少均会引起心理不适。例如，噪声太多会让人易怒、不愉快；然而一点声音都没有，哪怕只是很短的时间（5~10分钟），也会让人不舒适。第二个维度是刺激的多样性（Diversity）。环境提供的信息多样化可以激起人们的好奇心，提高唤醒水平，并鼓

---

① Glass D C，Singer J E. Aversive Stimuli. Book Reviews：Urban Stress. Experiments on Noise and Social Stressors[J]. Science，1972：178.

② Helson H. Adaptation-Level Theory：An Experimental and Systematic Approach to Behavior[J]. Psychological Record，1964，16，211.

励个体对它进行探索，从中获得满足感和成就感。但是太复杂的刺激则会起到相反的作用。适应水平理论认为，多样性在中等水平是最好的，更具吸引力，能够引起愉快情绪。第三个维度是刺激的模式（Patterning），或者是环境提供信息的组织结构（Structure）和不确定性（Uncertainty）对知觉的限制。如果刺激是完全无组织的，例如，一个持续且单一的声音带来的干扰也很大。如果刺激过于复杂，个体对它无预测能力，也会带来很大的干扰[①]。

适应水平理论指出，环境提供的刺激有一个最佳水平，然而由于每个人过去的经验不同，所以要求的最佳水平也不一样。例如，生活在高海拔地区的人，可以适应在氧气很少的条件下生活，而一般人在这种环境中则会觉得不适。又例如，长期生活在城市中的人，对拥挤的忍受性要高于在郊区生活的人。然而，如果郊区居民到城市生活一段时间后，对拥挤的忍受性会逐渐提高。沃威尔把这种最佳刺激水平的改变称为适应（Adaptation），它是指当环境改变时，个体改变对环境的反应[②]。

沃威尔的"适应"与索南费尔德（Sonnenfeld，1969）[③]提出的"调整"（Adjustment）有所区别。调整是指个体改变与之相互作用的环境，让环境适合个体的生存。例如，在高温环境，适应是个体通过出汗等生理机制进行调节，逐渐习惯这种温度。而如果个体少穿和穿薄一点的衣服，或者安装空调以降低皮肤的温度，这就是调整，通过改变环境刺激顺应自己的需求。在早期，对于环境的改变，人们更多的是采取适应的策略；而随着科技的发展，调整成为主要方法。沃威尔认为，适应水平理论可以用于解释环境中的各种刺激对行为的影响，包括温度、噪声等[②]。

以上几种理论从不同角度解释环境与行为之间的关系，但它们彼此并不相互排斥，而且都在一定程度上与环境应激理论相联系。例如，喧闹的噪声可使个人同时产生信息超载、过度唤醒和心理阻抗，这样必然导致生理和心理上的应激反应。在环境刺激影响行为的各种情境中，每一种解释都有其合理性，可以利用其（图1-6）对上述所有理论概念加以综合。图中影响环境知觉的因素既包含客观物质环境，又包含社会环境和个人差异。如图1-6中第一种情况，主观知觉判断认为，环境处于最优刺激范围之内，即实际输入的刺激与所需要的刺激相等，结果形成了主客观之间的动态平衡，这是一种理想的稳定状态，必须以符合主观要求的客观物质环境与社会环境为基础。如果环境被体验为处于最优刺激范围之外，一种可能是刺激不足，个人必然会主动寻求刺激，进行广泛探索。如果刺激过度，或感到行为受到约束，就会引起唤醒、应激、信息超载或抗拒等一系列反应，继而采取应变对策

① Glass D C，Singer J E. Aversive Stinuli（Book Reviews：Urban Streass. Experiments on Noise and Social Stressors）[J]. Science，1972，178.

② 苏彦捷. 环境心理学 [M]. 北京：高等教育出版社，2016.

③ Sonnenfeld J. Equivalence and distortion of the perceptual environment[J]. Environment and Behavior，1969，1（1）：83-99.

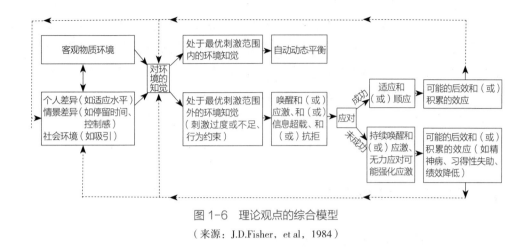

图 1-6　理论观点的综合模型
（来源：J.D.Fisher，et al，1984）

（适应或顺应）。若应对获得成功，尽管可能产生一些不良的后效，如疲劳，对接踵而至的应激物应对能力降低等，但这些都可以看作是应对成功所付出的代价，是一个学习与适应过程，借此与环境达到新的平衡。反之，若应对失败，唤醒和应激将持续下去，从而导致衰竭、习得性失助、绩效降低和心身疾病。图中的虚线表示信息反馈圈，对环境的每一种体验都会影响个人今后的环境知觉，同时也影响今后的个人差异[①]。

2. 行为场景理论

以上讨论主要针对个体行为与环境的关系，而行为场景理论则是讨论非个体行为与环境特征之间的关系。

从 1947 年开始，美国堪萨斯大学的心理学家巴克（Roger Barker）、赖特（Herbent Wright）及其助手们开展了一项长达 25 年的研究，他们的研究开创了一种新的研究方法——通过对日常行为场景的系统观察和行为抽样研究生态环境中的行为现象。这项研究的成果标志着心理学研究的一项重要突破——使真实行为场景中所进行的研究在心理学界得到与传统的实验室研究同样的公认和重视，这一领域后来被称为生态心理学。

以巴克为代表的生态心理学家把环境与行为看作是双向作用的、生态上相互依存的整体单元：环境所具备的物质特征支持着某些固定的行为模式，尽管其中的使用者不断更换，但固定的行为模式在一段时期内却不断重复。这里的行为属于非个体行为，这样的环境被称为场所，场所与其中人的行为共同构成了行为场景。行为场景理论认为人们大多数的行为都是发生在特定的情境之中，处于不同情境中的人们的行为是不同的。例如，当行为场景是一间正在上课的教室，在这个情境中的行为应该包括讲解、聆听、观察、记录、举手以及提问与解答。

---

① 林玉莲，胡正凡 . 环境心理学 [M]. 北京：中国建筑工业出版社，2000.

　　行为场景并非抽象的概念，它是一个具有明确的时间和地点、可以具体描述的真实环境的一部分，是场所和群体行为自然而然结合成的有机整体单元，所以场所也是有生命的，场所的生命力体现于它在社会生活中的作用，它的兴衰存亡取决于人们在生活中对它的需要和使用。巴克对美国西部小镇行为场景的研究发现，许多早年所观察到的行为场景已不存在。由于年轻人出走，居民的老龄化，许多场所面临人员严重不足的局面，以致有的邮局、学校等公共场所不得不关闭，有的场所改作他用[①]。

1.5　环境行为的发展历程

1.5.1　环境行为学的发展历程

　　早在 20 世纪 20 年代末，经济危机使人们迫切希望尽可能地提高生产率，埃尔顿·梅奥（Elton Mayo）等人想探究在什么样的工作条件下生产率会最高，他们在实验中提高照明水平及改进其他工作条件，并观察由此引起的工人行为上的变化，著名的生理学家和电力工程师也参与了这项研究工作及其他应用心理学的研究。由于这次实验的结果未能提高生产率，使心理学家丢弃了关于实质环境对人的心理影响的研究，遂致这方面的工作转移到环境工程师、建筑师和规划专家的手里，环境对人心理影响的研究开始初步应用到环境设计中。第二次世界大战结束以后，人们开始重建自己的家园，并试图将其建成较为理想的环境，希望构成一个新的社会和健全的世界，欧洲有几位社会学家把他们的注意力集中到环境问题上来。这类研究鼓励进行广泛的社会调查，最后这些工作的结果以立法的方式固定下来，同时启动了环境心理学的研究[②]。

　　20 世纪 50~60 年代开始，环境心理学同时在三个不同地方和三个不同方面萌芽和成长。爱特森（Ittelson）和普洛桑斯盖（Proshansky）在纽约开始研究医院建筑对精神病人行为的影响，同时，保罗·西瓦顿（Paul Sivadon）在法国得到世界卫生组织的支持，对实质环境在精神病人的治疗过程中的作用进行了观察。1960 年，凯文·林奇（Kevin Lynch）和他的学生们首次从城市使用者的角度进行了大规模的调研，由此分析了城市空间知觉的影响要素，出版了《城市意象》（the Image of the City）一书。在这以后，Hall 的《隐藏的维度》（The Hidden Dimension）和 Sommer 的《个人空间》（Personal Space）进一步强调了城市规划中出现的心理问题，呼吁强调了由心理学家、建筑师和规划师共同合作解决这些问题的重要性。

　　"环境心理学"这一术语是在美国医院联合会会议（1964 年）上被提出的，同时在这一时期，哈佛大学和麻省理工学院相继开设了环境心理学的课程。1966 年美国

① Barker，Roger G. Behavior Settings in the Midwest，1963–1964：[Oskaloosa，Kansas]. [distributor]，1999–06–16. https：// doi.org/10.3886/ICPSR02703.v1.

② 徐磊青，杨公侠. 环境心理学 环境知觉和行为 [M]. 上海：同济大学出版社，2002.

《社会问题学报》(Journal of Social Issue)为环境行为与实质空间的研究工作出了一本专集，以"人们对实质环境的反应"为主题，首次反映出学术界重视此领域的研究工作，此后专业性学术刊物逐渐出现。1968 年，纽约市立大学开始招收环境心理学的博士研究生，此后，宾州州立大学开始招收"人与环境关系"方向的博士生，同年，"环境设计研究学会"(Environmental Design Research Association，EDRA)成立并于次年召开第一次大会，《环境与行为》(Environment and Behavior)杂志同时创刊，1969 年《环境与行为》杂志问世，成为相关研究成果最主要的发表园地之一。此外，比较重要的国际学术刊物有创刊于 1969 年的《设计与环境》(Design & Environment)，发行于 1971 年并在 1984 年改名的《建筑与规划学报》(Journal of Architectural & Planning Research)，以及 1981 年创刊于英国的环境心理学又一非常重要的学术阵地——《环境心理学学刊》(Journal of Environmental Psychology)。此外，1970 年纽约市立大学的普罗尚斯基 (H.M. Proshansky) 和亚利桑那大学的伊特尔森 (W.H. Ittelson) 等人合编了第一本《环境心理学》教材。这些著作和学术期刊使环境心理学获得了科学上的地位。

1968 年环境设计研究协会 (Environmental Design and Research Association，EDRA) 成立，它的成员包括建筑师、规划师、设施管理者、室内设计师、心理学家社会学家、人类学家和地理学家等。自成立之日开始，协会便积极赞助环境心理学及其相关研究，每年召开国际会议发表论文并出版论文集，所涉及的研究主题包括建筑环境研究、行为研究、设施规划和使用后评价等，它是英语国家中推动环境与行为研究工作最为积极的学术团体。美国心理学会 (APA) 于 1978 年正式成立人口与环境心理学分会 (第 34 分会)。国际应用心理学联合会 (International Association of Applied Psychology，IAAP) 也成立了环境心理学分部。欧洲在 20 世纪 50 年代末和 60 年代初也形成了环境行为研究的潮流。欧洲学者公认，作为一门新兴的独立学科，环境心理学虽然起源于北美，但欧洲各心理学派都对环境心理学的形成与发展作出了直接或间接的贡献。其中英国是起步最早的国家，主要代表人物有心理学家特伦斯·李 (Terence lee)、戴维·坎特 (Darid Canter) 等。1970 年，在坎特等人的倡导下，第一次建筑心理学国际研讨会 (International Conference on Psychology of Architecture) 简称 IAPC，后来为欧洲的"人 – 环境研究国际学会"(IAPS) 所替代，并在金斯敦 (Kingston) 召开。1972 年，坎特 (Canter) 和李 (lee) 拟定了这一领域的第一个高校环境心理学课程教学大纲。它表明环境心理学这一术语首次为英国所接受，并替代了原有的建筑心理学名称，因而具有重要的意义。1979 年，在坎特的主导下，《环境心理学杂志》(Journal of Environmental Psychology) 创刊，它与北美 1969 年创刊的《环境与行为》杂志成为迄今这一领域最有影响的两种定期刊物。亚洲各国中，日本在环境 – 行为领域中的研究始于 20 世纪 60 年代，处于领先地位，并在 20 世纪 70 年代迅速发展。1980 年，日本与美国在东京联合举行了以环境 – 行为为主题的学术讨论会，这是在日本举行的该领域第一次国际性学术会议，会后日本成立了"人 – 环境研究学会（MERA）"。上述众多学术事件的发生，表明环境心理学正式出现在世界学术界中。

在环境心理学的发展过程中，规划师、建筑师、环境工程师、室内设计师等建筑环境领域的学者广泛参与其中，甚至成为这一领域的主要研究者，他们将环境心理学的研究成果应用到环境设计中去，环境行为学也借此不断完善。

1.5.2　环境行为研究的发展历程

环境行为研究兴起的早期，研究领域宽泛并且理论基础较为薄弱，但在大量实证研究的积累上得到了较快的发展。最初，环境行为研究主要集中在以下领域：①知觉与环境、环境感知、认知地图；②环境描述性评价及环境评价量表优化；③环境态度、环境决策；④个人空间、拥挤；⑤居住环境、机构环境与行为；⑥生态心理学与行为场合理论。此时，环境行为研究以不同但又相关的专题呈现，尚未建立较为系统的理论框架来理解人与环境之间的关系。[①]

在 1968~1978 年这十年间，人口俱增、自然资源缩减、环境恶化引起了人们对生态环境的广泛关注。心理学家与规划师、建筑师越来越多地参与到环境对人的行为影响研究中来，与此同时，他们遇到了一些主流行为科学尚未解决的概念性和方法论问题：①缺乏适当的环境分类，这使得很难评估在不同情况下行为观察的可比性，也难以衡量实验室和实地研究的生态有效性；②除巴克的生态心理学（行为场合理论）外，缺乏可供选择的理论视角以探讨人与日常环境之间错综复杂的关系；③在自然发生的环境中观察个体和群体行为的有限方法范围。心理学家、设计从业者和其他研究人员针对这些问题做了许多尝试，很大程度上反映了当时环境行为研究的活力和发展方向。

在众多研究探索下，环境行为研究领域主要取得以下进展：第一，该领域跨学科和问题导向的性质已经形成了高度的方法论折衷主义，在研究诸如环境认知、环境评估和人类对环境应激源的反应等问题时，创造性地结合了观察、自我报告、数学模型和模拟策略。第二，环境 – 行为研究越来越重视外部效度的评估，即在一种情况下研究的现象在多大程度上代表了在其他环境下发生的现象。例如，关于人类拥挤的研究是在不同的实验室和自然主义环境下进行的，能多大程度反映人类对高密度反应的具体情况。第三，环境行为研究领域的研究者在整合各种理论观点时，越来越多地将现有的认知发展、人格、人际过程和人类学习等心理学理论与系统理

---

① CRAIK, Kemeth H. Environmental Psychology. Annual review of Psychology, 1973, 24. 1：403–422.

论相结合。在理论上提出动态的交互模型，开始强调环境和行为之间的双向关系。第四，人们越来越重视心理上或感知上对环境和行为自由的控制，认为这是人类幸福的决定因素。越来越多的实验室和现场研究表明了环境控制在决定人们对环境反应的质量和强度方面起着至关重要的作用。在理论与方法发展的同时也产生了一些分歧，如环境行为研究是以设计为导向还是以理论为重点？环境是用客观环境还是主观环境来解释？环境使用者的角色是主动调节环境还是作为环境的被动客体？ ①

1973~1977 的五年间，空间认知、个人空间、环境应激和生态心理学的理论进展尤为明显。此外，在测量环境偏好和态度、评估环境质量以及分析与生态有关的行为实证研究也取得了诸多进展，而在自然环境对行为的影响方面则研究较少。

环境行为研究在 20 世纪 80 年代进入了蓬勃发展的时代 ②，在 20 世纪 80 年代的前半段，在有研究成果的基础上，概念清晰度和解释精度有了细化的推进，并对传统关注点的调查范围进行了拓展。这一时期主要的研究领域包括环境评估、认知地图、环境应激和空间行为。20 世纪 80 年代后期，研究内容进一步拓展，如对环境应激的研究从传统的拥挤、噪声拓展到了技术风险，与此同时，开始对领域性、环境与犯罪的关系进行探究。

20 世纪 80 年代后期到 20 世纪 90 年代中期，环境行为研究的发展更倾向于增加环境变量与情境的整合，从不同的维度提出了六种理论框架：唤醒理论（Arousal Theory）、环境负荷理论（Environmental Loading Theory）、应激与适应理论（Stress and Adaptation Theory）、私密性调节理论（Privacy-Regulation Theory）、生态心理学和行为场合理论（Ecological Psychology and Behavioral Setting Theory）和交互理论（Transactional Approach Theory）。在以上理论构建的基础上，大量的实证研究也在现场展开，相较于以往的研究更加重视建成环境与行为的关系，如大量研究关注居住环境、工作场所、医院、学校、监狱以及大型社区环境的行为，以说明环境应激刺激（如温度、噪声）、态度和行为对犯罪、人口和灾难等问题的影响，还有对邻里关系、地方依恋、公共场所和自然环境问题的思考。

这个时期环境行为研究发展主要呈现以下特征：①更多的研究是在现场而不是在实验室进行的，这与这一阶段环境设计研究的占比较多有关；②研究者都开始注意研究工作的连续性，重复或扩展早期工作的研究增多，表现出累积相关知识的努力；③研究采用多重方法，涉及多种情境和多样人群，特别是包括不同文化背景的被试者，跨文化的比较和整合成为众多学者的关注焦点；④多学科间的合作越来越多，在研究成员中，心理学专业的占比不再呈现绝对的优势。

---

① STOKOLS, Daniel. Environmenfal psychology[J]. Annual review of psychology, 1978, 29.1: 253-295.

② Holohan C. Environmental Psychology[M]. New York: Random House, 1982.

　　截至 20 世纪末，近 30 年的环境行为研究中，环境行为研究提供了大量分析人 - 环境关系的概念和方法。研究范式已经从单一特异化转向了多范式、跨范式，且越来越强调对环境和行为的分析。环境行为研究的发展已经扩展至全球范围。在这些工作的基础上，斯托克尔斯[①]提出 21 世纪的环境行为研究也许会在如下一些主题上有更突出的发展：在外层空间的生活和工作会有什么特点；如何形成有效的政策以减少工业化和发达国家对自然资源的无限度消耗，并使其承担保护环境的责任以减少冲突；对广义的生态环境最广泛的理解等。文章还特别说明了将来的研究可能会受到以下因素的影响：①全球环境变化；②群体间暴力和犯罪；③新的信息技术；④健康促进的环境策略；⑤社会老年化进程等。

　　近十年来，环境行为研究已越来越受到广泛的关注。两本关于环境行为研究的专业杂志（Journal of Environmental Psychology，Environment and Behavior）的影响因子在 JCR 分区上升到 Q1 区。其中《环境心理学》期刊的投稿数自 2002 年至 2012 年十年间翻了两番，截至 2012 年，JEP 接受了逾 40 个国家的投稿[②]。近年来，环境对人类行为所表现出来的脆弱以及在改善人类生活中的潜力，让社会大众开始逐渐意识到自然环境的重要性。与此同时，人们认识到环境行为研究能够为构建可持续性的人居环境贡献想法和解决方案[②]，包括研究抑制或有助于可持续发展、气候健康、改善自然的行为选择；研究地方依恋和认同来认识人类对家、工作环境、学校和公共空间的影响以及它们对人类的影响；研究可持续的环境和亲环境行为的相关因素研究；研究气候变化、人类行为干预和教育策略；研究自然（提供）的恢复和造成的压力、地方依恋和认同的发展，以及结合新的技术和手段来研究拓展环境心理学的经典内容，如环境知觉和评估、空间认知和寻路、对噪声的反应、社会空间以及身体活动等。随着人们在虚拟环境中的时间越来越多，在线的交互性研究也备受关注。

1.5.3　环境行为在早期设计实践中的发展

1. 设计理论方面

　　20 世纪 50 年代中期城市规划家凯文·林奇（Kevin Lynch）开始运用了心理学有关"图式"的理论，研究人们对三座不同城市的意象，他基于这三座城市的研究于 1960 年出版《城市意象》一书，至今享誉盛名。进入 20 世纪 60 年代后，环境行为科学蓬勃发展，挪威建筑学教授诺伯格·舒尔兹（Christain Norberg-Schulz）以皮亚杰心理学的理论（研究儿童对时间、空间、运动、物理因果性的认识）为基础，

① Stokols D. Shumaker S. People in places：A transactional view of settings[M]. In J.Harvey（Ed.），Cognition，social behavior，and the environment. Hillsdale，NJ：Lawrence Erlbaum，1981：441-488.

② Gifford R. Environmental psychology matters[J]. Annual Review of Psychology，2014（65），541-579.

研究"空间"问题，写出《存在·建筑·空间》一书，在对"空间"问题的论述上更进一步，为环境行为理论作出了新贡献。文丘里（Venturi）的《建筑的复杂性与矛盾性》虽较多地谈到建筑形式问题，但其中的许多观点都与心理学有关。美国加州大学建筑学教授克里斯多弗·亚历山大（Christopher Alexander）于 20 世纪 60 年代提出较新观点：城市并非树型（A Gity Is Not A Tree），并 20 世纪 70 年代出版了三本著作：《The Timeless Way of Building》（建筑的永恒之道）、《A Pattern Language》（模式语言）、《The Oregon Experiment》（俄勒冈的实验），在世界范围内有较大影响。

2. 设计方法方面

20 世纪 60 年代是对近代建筑理论进行检讨的年代，批评来自许多方面：业主、使用者、社会科学家，以及建筑师在内。虽然建筑师都希望自己设计的"环境"具有很强的适应性，但有些建筑建成后，空间却缺乏生机。虽然原因是多方面的，但也促使一些心理学家和建筑师去研究传统的设计方法与原则，提出一些新的思考：乔恩·朗（Jon Lang）及查尔斯·伯纳特（Charles Burnette）从管理科学、系统论等角度去研究设计方法的正确模型，试图使设计过程科学化，具体做法是应用计算机把社会科学数据、观点综合到设计中去。亚历山大（Alexander）把设计设想为多种模式的组合，模式可按层次分类，也可灵活结合，以形成一个从规划到设计的大体系，也是设计标准化的初探[①]。20 世纪 70 年代以后，普遍强调对人们在使用空间中的行为做观察记录，同时将人们的行为与周围环境的关系加以分析，以此作为设计构思的源泉之一[②]。

1.5.4 环境行为研究的相关组织

1. 国际相关组织

环境行为学与环境心理学密切相关，因此，其相关的国际协会和组织机构始终具有紧密的关联。环境行为学于 20 世纪 60 年代在北美兴起，1968 年，萨诺夫（Henry Sanoff）在美国成立了环境设计研究协会 EDRA（Environmental Design and Research Association），并逐渐成为世界性的学术研究组织。1969 年在美国举办了第一届环境设计研究会议，并于同年创办《Environment and Behavior（环境与行为）》期刊。首次参加 EDRA 的成员有来自心理学、建筑学、室内设计、环境美化、地理学、社会学、生态学、都市设计、人类学等学科的专家学者。

在欧洲，1970 年在坎特（David Canter）等人的提议和领导下，在英国举办了首届国际建筑心理学会议 IAPC（International Architectural Psychology Conference）。

---

① Alexander C. A Pattern Language[M]. Oxford：Oxford University Press，1977.

② 李道增 . 环境行为学概论 [M]. 北京：清华大学出版社，1999.

之后变更为"心理学与构筑环境会议""环境心理学会议"等，1982年定名为"人与环境研究国际学会"，IAPS（International Association for People-Environment Studies，IAPC 是其前身），同时创办了《环境心理学学刊》（Journal of Environment Psychology）。

在亚洲，日本的环境-行为研究起步于1972年的日本建筑学会心理·生理分会，该分会于1980年举办了第一届日美双边会议，之后到1995年间共举办了4届日美双边会议。1982年"人间-环境学会"（Man-Environment Research Association，简称缩写MERA）成立。1992年首期学会学刊《JOUMAL》刊出，1995年首届大会召开。MERA除日美双边会议外，1997年在东京举办了首届国际会议MERA97，2000年在福冈举办了亚太地区国际会议，成为影响亚洲地区的学术组织。

1980年澳大利亚举办了第一届国际会议，定名为"人与物理环境研究学"（People and Physical Environment Research Association，简称缩写PAPER），PAPER至1998年共举办了11届会议，2005年宣布解体[①]。

1997年11月，由日本"人-环境研究学会（MERA）"主办的，欧洲"人-环境研究国际学会（IAPS）"、美国"环境设计研究协会（EDRA）"和澳洲"人与自然环境研究（PAPER）"三大组织协办的"面向21世纪的环境-行为研究国际会议"在东京大学山上会馆召开，大会根据16个国家的学者所提交的110篇论文归纳出10个热点课题，分别为：建筑环境的文化变迁、城市环境意识与环境认知、环境-行为的跨文化比较研究、规划与环境评价、特殊群体的环境知觉与环境认知、视觉心理学与听觉心理学、人体工程学、环境评估标准、空间与行为、特殊环境设计中的行为和心理问题。

由于各个国家所面临的环境问题不同，各国环境行为学研究者关注的角度和主题也会相应不同。比如，日本的自然灾害频繁发生，自然灾害，如地震、洪水、海啸的知觉及其对个体行为的实际影响引起了环境心理学家的重点关注。而人少且气候寒冷的瑞典，环境心理学家更关心能源保护与风景研究。在德国，第二次世界大战后重建的需求使环境心理学家对建筑和社区设计非常关注。伴随城市化发展带来的问题和自然资源的减少，这些已成为许多拉丁美洲国家的环境心理学研究的前沿热点问题。在各个国家和地区，环境行为学发展的特点也反映了这门学科问题指向的特点，如荷兰和瑞典的研究者关注自然景观对降低愤怒的影响，发现心理康复者对森林景观有更强的需要和偏爱。英国学者关注背景音乐对餐馆顾客消费的影响（当以古典音乐为背景时，顾客报告说他们会消费得更多，而实际消费也更高）。法国学者则探讨了城市夜晚照明的社会心理问题，检测了人们对

---

① 陈烨.景观环境行为学[M].北京：中国建筑工业出版社，2019.

夜晚户外照明的评价。加拿大学者更多关注了环境灾害，如对洪水的认识与准备行为之间的相关；山崩带来的长期影响；洪水灾害对乡村社区居民的影响；灾害过后的社会支持、应对和心理健康等。墨西哥的学者则侧重研究环境污染的影响，如碘超标环境对学龄儿童的认知能力，以及暴露在污染环境中的儿童神经心理的影响等[①]。

尽管如此，随着社会的发展以及全球化进程的推进，不同国家、不同地区也往往会面临共同的问题。例如，随着地球臭氧层的破坏、全球变暖、自然资源的减少，以及各种数字技术对人们生活的渗透影响等。

2. 国内相关组织

我国的环境行为研究起步较晚，20世纪80年代，环境行为学理论传入中国，中国研究者才开始专注于环境行为研究。我国早期的环境行为研究主要是对西方环境行为研究的理论和发展进行梳理，以求对我国环境行为研究提供参考，随着环境行为研究不断深入，在理论和实证研究中取得了较多成果和进展。1984年，清华大学的李道增先生在全国开设了"环境行为概论"课程之先河。1993年也是非常重要的一年：4月，英国环境心理学家戴维·坎特（David Canter）应同济大学杨公侠教授的邀请来中国讲学，先后在清华大学、同济大学和华东师范大学为学生授课；6月，哈尔滨建筑工程学院常怀生教授等人联名发表《关于促进建筑环境心理学学科发展的倡议书》，呼吁社会促进建筑环境心理学学科的发展；7月20日，在常怀生、朱敬业、杨公侠、杨永生等人的倡导下，相关学者在中国吉林省召开了首届"全国建筑学与心理学学术研讨会"；12月，《建筑师》杂志（总第55期）专门为这次会议出版了一期专刊。这些关键性事件应该可以看作这门学科在中国开始的标志。1993年以后，环境心理学研究逐渐展开。1996年，第二次"全国建筑学与心理学学术研讨会"在大连理工大学召开，会上成立了建筑环境心理学专业委员会，原建设部副部长周干峙先生为大会题写了贺词（图1-7）。1998年"第3届环境心理学会议"在青岛理工大学召开，会议为中日双边会议，时任MERA会长的高桥鹰志先生率10名日本学者出席会议，并作"人间-环境学会的产生及其发展"的专题报告。2000年5月"第4届环境行为研究国际会议"在位于南京的东南大学召开，本届会议为首届国际会议，

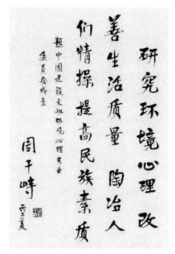

图1-7　周干峙院士题词
（来源：由中国环境行为学会
现任会长邹广天教授提供）

---

① 苏彦捷. 环境心理学 [M]. 北京：高等教育出版社，2016.

会议收到论文 58 篇,会议论文以英文版印刷装订。会议通过决议,学会正式定名为"环境 – 行为学会"(Environment–Behavior Research Association,简称缩写 EBRA),更名后一直沿用至今。中国环境行为学会成立 20 余年来,每两年在各地轮流召开一次学术研讨会,现已召开了 13 次环境行为研究方面的系列会议,包括 2 次全国会议、1次中日双边会议、10 次国际会议(表 1–1)。历届国际会议都邀请了北美环境设计研究协会(EDRA)、欧洲人与环境研究国际协会(IAPS)、日本人间 – 环境学会(MERA)、中国台北人与环境关系研究会(HERS)的成员参加,促进学术交流,共享研究成果,研讨会影响力已达到世界水平。基于上述国际会议,出版了 10 部国际学术会议论文集,学会主要委员主编或参编了《建筑学报》《建筑师》《新建筑》《时代建筑》《西部人居环境学刊》等多种重要期刊的论文专辑。中国环境行为学会科研论文的定期交流、学会委员的定期讲座以及国际会议在国内知名高校的轮流承办,极大促进了环境行为学科在国内的发展和传播,在我国环境行为和环境心理教育、设计应用服务以及国内外学术交流等方面均做出了持续性的贡献。

中国环境行为学会历届会议主题一览表 表 1–1

会议名称	会议主题	会议地点	承办单位	会议时间	会议性质
首届全国建筑学与心理学学术研讨会		吉林		1993 年 7 月 20 日	全国学术会议
第二届全国建筑学与心理学学术研讨会		大连	大连理工大学	1996 年 8 月 20 日	全国学术会议
全国建筑环境心理学学术研讨会		青岛	青岛理工大学	1998 年	中日双边会议
中国环境行为学会第一届环境行为研究国际学术研讨会(EBRA2000)	面向人性化的环境	南京	东南大学	2000 年 5 月 26 日 –28 日	国际研讨会
中国环境行为学会第五届环境行为研究国际学术研讨会(EBRA2002)(前四届会议看作国际会议)	都市的文化、空间与品质	上海	同济大学	2002 年 10 月 23 日 –26 日	国际研讨会
中国环境行为学会第六届环境行为研究国际学术研讨会(EBRA2004)	舒适宜人的空间环境	天津	天津大学	2004 年 10 月 22 日 –25 日	国际研讨会
中国环境行为学会第七届环境行为研究国际学术研讨会(EBRA2006)	变化中的和谐	大连	大连理工大学	2006 年 10 月 20 日 –22 日	国际研讨会
中国环境行为学会第八届环境行为研究国际学术研讨会(EBRA2008)	关注不同人群的生活品质	北京	清华大学	2008 年 10 月 17 日 –18 日	国际研讨会

续表

会议名称	会议主题	会议地点	承办单位	会议时间	会议性质
中国环境行为学会第九届环境行为研究国际学术研讨会（EBRA2010）	冲突与挑战：可持续的环境与生活方式	哈尔滨	哈尔滨工业大学	2010 年 10 月22 日 –24 日	国际研讨会
中国环境行为学会第十届环境行为研究国际学术研讨会（EBRA2012）	历史与现实多维转型视点下的环境与行为	长沙	湖南大学	2012 年 10 月19 日 –21 日	国际研讨会
中国环境行为学会第十一届环境行为研究国际学术研讨会（EBRA2014）	生态与智慧：迈向健康的城乡环境	广州	华南理工大学	2014 年 11 月7 日 –8 日	国际研讨会
中国环境行为学会第十二届环境行为研究国际学术研讨会（EBRA2016）	既成环境的复兴与再生	重庆	重庆大学	2016 年 10 月28 日 –29 日	国际研讨会
中国环境行为学会第十三届环境行为研究国际学术研讨会（EBRA2018）	城乡环境的差异与融合	武汉	华中科技大学	2018 年 11 月3 日 –4 日	国际研讨会

　　第十三届环境行为国际学术研讨会（EBRA2018）于 2018 年 11 月在华中科技大学召开，国内外参会者达 360 余人，会议以"城乡环境的差异与融合"为主题，围绕大会主题，对环境行为理论与方法；城乡环境及生活方式的变化；环境行为研究与大数据及其技术工具；特殊人群的环境行为；使用后评价；建筑策划；空间知觉与认知；性别差异的空间和行为；灾害与环境行为；绿色建筑；遗产保护与环境行为；环境设计研究；环境行为教育等专题进行了学术探讨，并出版了被中国知网收录的大会论文集。

　　作为一门交叉学科，既要服务于建筑学学者所关注的建筑、规划和景观设计，也要纳入心理学、社会学、环境学、生物学等学者所关注的宏观生态环境视野。无论是强调融合还是强调个性，都需要我们借助国内外相关研究组织的成果及平台，为环境行为学的学科构建提供清晰、明确并且一致的框架。

1.5.5　环境行为研究的发展方向

1. 研究视角：从广义行为到日常行为的转变

　　过去环境行为的研究视角多是广义上的人类行为，但近年来，越来越多的环境行为研究聚焦在日常生活的人类行为和实践上，其中，日常生活中重复性高的活动更是研究的主要关注点[①]。并且，随着环境行为研究范围的拓展，环境行为所研究的

―――――――

① 里卡多·加西亚·米拉，张秋圆. 可持续发展转型过程中环境心理学与环境政策融合路径研究——"威望号"事件的启示 [J]. 新建筑，2019（04）：9–13.

不再仅仅是尺度角度较小的建筑及广场、公园等小尺度公共空间，技术的发展让环境行为研究的研究尺度扩大，例如利用 GPS 等工具记录居民较大范围的行为活动，利用先进的技术工具研究较大尺度的环境与日常行为关系也是未来环境行为研究的重要内容。

2. 研究内容：从研究行为过程的理论到探讨品质生活方式的转变

安德鲁·D·赛德（Andrew D Seidel）统计环境行为研究领域最有影响力的两个专业协会（EDRA 和 IAPS）1969~2016 年的会议论文集，他将论文分为两类：第一类：①沉思和建筑理论；②个案研究或定性研究；③研究理论发展；④研究方法发展；⑤实证研究。第二类：①间接关系到人们对物理空间的使用；②直接关系到人们对物理空间的使用。在 EDRA 和 IAPS 的论文中，50%~60% 都是研究理论、方法与经验主义，而且范围相当一致。然而，过去的 10 年里，只有 30% 集中研究人与建成环境。一方面，安德鲁的研究表明人与建成环境的研究还存在很大的提升空间，另一方面，虽然环境问题愈加严重（如气候变暖、温室效应、交通拥挤、大气污染等），但人们对于生活品质的要求越来越高，未来需要更多的研究探索人与建成环境的互动关系，为进一步改善建成环境、探索人类品质生活方式提供有益的参考。

3. 研究模式：从多学科合作到多学科共创的转变

当前学术界的学科研究模式主要有三种：单一学科独立研究模式（例如高度专业化的单一学科内的研究）、多学科合作研究模式（例如不同学科研究者在同一团队工作，但保持学科间的相对独立，采用各自学科的概念和方法从自身学科角度提出现实世界问题的解决办法）以及多学科交叉模式（例如不同学科知识的相互融合创新）。也就是说，当今各个学科通常以各自独立的方式运作，但是涉及学科间知识互相分享和整合时，只有通过将重点转移到学科层面知识整合的跨学科模式，才能产生创新知识（可能涉及非本专业的观点）、创新视角和创新成果[①]。环境行为研究是一个多学科交叉的研究领域，它所面临的任务涉及众多的方面，仅从单一学科的观点是无法完全了解的。环境行为研究在我国呈现出社会学、心理学和建筑学三个大的方向，然而这三个学科之间真正共融共创的研究并不多，与环境心理学本身多学科交叉的特点有一定的矛盾。学科之间的相互合作既是环境行为研究面临的挑战，也是未来环境行为研究发展的方向。

---

① 里卡多·加西亚·米拉，张秋圆. 可持续发展转型过程中环境心理学与环境政策融合路径研究——"威望号"事件的启示 [J]. 新建筑，2019（04）：9-13.

第 2 章

环境知觉与空间认知

2.1　环境知觉

　　知觉是个体通过感觉器官认识外部世界的过程，是人与环境产生交互作用的重要环节，外部环境将众多信息呈现提供给个体，环境知觉是个体认识其所处外部环境的媒介。

2.1.1　什么是环境知觉

1. 知觉与感觉

　　当我们在城市中由远而近向一幢建筑行走时，首先会看到它外形，是高大还是矮小；进而看出它的外墙颜色，是白色还是红色；再走近便能看清建筑立面材质，是白色水刷石装修还是红砖砌筑；在综合我们观察到的感官信息基础之上，再结合我们以往的经验，就可以判断出这是一栋商业建筑还是住宅楼。这整个过程就是从感觉（Sensation）到知觉（Perception）的形成过程。感觉是我们的大脑对直接作用于感觉器官的客观事物个别属性的反映。我们通过感觉器官而获得了对建筑物外形、色彩、材质、构成因素的认识，对这些个别属性的认识就是感觉。这是我们对客观世界认识的最直接、最简单、最初级的形式。把这些简单的、孤立的个别属性综合到一起就构成对各个部分的整体反映，再结合人们已有的实践经验，判断出是一栋商业建筑还是住宅楼，做出这种判断性的认识就是知觉。知觉是在感觉基础上的深化，是对客观世界认识的最普遍的形式。感觉与知觉都是现实客观事物作用于感觉器官而产生的反映。它们之间的差别在于感觉的产生主要借助于外界刺激与生理功能，而知觉的产生，除此之外更有赖于学习历程[①]。

人们总是在个人经验的基础上把多种属性构成的事物知觉为一个整体特性。人在认识客观世界的过程中，不仅形成了属性和物体间关系的经验，而且也形成了物体各属性间关系的经验。当物体直接作用于人的感官时，人不仅能够反映这个物体的个别属性，而且能够通过各种感官的协同活动，在大脑里将物体的各种属性按其相互的联系和关系整合成整体，从而形成该事物的完整映象，这就是知觉。因此，知觉是人脑在个人经验的基础上对直接作用于感觉器官的客观事物的整体反映[②]。

2. 环境知觉及其特征

环境知觉（Environmental Perception）是人脑对直接作用于感官的环境属性的整体反映；这种知觉是外界对人产生感官刺激而上升到认知的过程，与人的知识经验密切相关，因而环境感知具有一定的主观性。

环境知觉是一个很复杂的过程，在这个过程中，时间是一个不可忽视的重要变量，若是将时间考虑进来，则会发现知觉并非恒定不变的，它会随着时间而发生变化。

（1）知觉适应或知觉习惯化

如果感知到的刺激是恒定的，那么人们对它的反应往往会越来越迟钝。例如，久居高速路或机场附近的居民，其入睡几乎不受影响，但新迁入的居民可能会因交通噪声而难以入睡，这就是知觉的适应或习惯化。有心理学研究者（Glass，Singer，1972）[③]认为，对适应或者习惯化的解释可以分为认知和生理两方面。习惯化涉及生理过程，适应则侧重认知过程。但在实际使用时，我们常将这两个概念互换使用。也就是说，从生理的角度解释习惯化主要是指当刺激反复出现，使得感官对刺激的敏感性降低。而从认知的角度解释，则认为当刺激反复出现时，人们通过习得，就对刺激不太关注了。另外，在适应的过程中可预测性和规律性是两个影响适应的重要因素。例如，有规律的噪声要比杂乱无章的噪声更容易让人适应，因为人们最易适应恒定的刺激，而不可预测的噪声需要我们分配更多的注意力来评估其危害性，所以可预测性也是影响适应的一个重要因素[②]。

（2）对变化的知觉

如果我们很快适应了某种环境刺激，那么当刺激发生变化时是否能感知到它的变化呢？例如，在空气高度污染的城市中生活的人们，很难察觉到空气质量的变化。萨默（Sommer，1972）[④]认为，韦伯－费希纳定律（Weber-Fechner）可以对此作出解释。

① 常怀生. 建筑环境心理学 [M]. 北京：中国建筑工业出版社，1990.

② 苏彦捷. 环境心理学 [M]. 北京：高等教育出版社，2016.

③ Glass D C, Singer J E, Aversive Stimuli. Book Reviews: Urban Stress. Experiments on Noise and Social Stressors[J]. Science, 1972: 178.

④ Sommer R, Personal space. the behavioral basis of design[J]. Architects, 1972: 176.

研究发现，人们对于两个刺激的感知不是取决于两者差异的绝对值，而是取决于差异的相对值。对于低强度的刺激，只需要一个很小的强度变化就可以觉察到其变化；而对于高强度的刺激，则需要较大的强度变化才能觉察其变化。因此，这个定律说明，刺激强度的增量与原刺激强度的关系，影响着人们对刺激变化的知觉，也正是因为这样的原因，资源滥用、环境破坏、物种灭绝这些逐步的生态破坏很难被人们察觉，同理，在个别城市推倒重建式的城市更新过程中，周围环境的短期急剧的变化往往会导致原居住民尤其是年长者难以适应。

3. 环境知觉的意义

从 20 世纪 80 年代起，我国建筑界的专家和学者相继从欧美、日本等国家引入环境心理学的相关理论和方法，将环境知觉、环境行为等理论应用在诸如城市规划、建筑设计、环境设计等相关领域，极大地推动了我国建筑学、城乡规划等学科的发展。例如，在建筑的空间设计、形式设计、色彩设计、室内设计和居住区规划等方面，借助环境知觉相关的知识，设计者可以了解使用者的知觉感受，分析使用者的空间需求，合理调整建筑空间的大小、高度、距离，优化建筑轮廓、线条、形状、表面状况等，充分考虑人与物的静态和动态关系，使建筑空间的设计与环境规划满足使用者的知觉与行为需求。

2.1.2　环境知觉理论

关于人对环境的知觉，不同学派的心理学家分别从不同的角度给予了解释，由此建立了相关理论。尽管不同的理论有着不同的出发点，甚至相互间还会有彼此对立，但每一种理论都会从不同视角对我们有所启发和帮助。本章节我们主要介绍三种环境知觉理论：格式塔知觉理论、生态知觉理论和概率知觉理论。

1. 格式塔知觉理论

格式塔心理学诞生于 1912 年，兴起于德国，主要代表人物有韦特海默（Max Wertherner）、考夫卡（Kurt koffka）和苛勒（Wolfgang kohler），德语格式塔意指形式或图形，中文译为"完型"或音译为"格式塔"。在格式塔心理学知觉理论的应用中，几乎把格式塔视为"有组织整体"的同义词，即所有知觉现象都是有组织的整体，都具有格式塔的性质。于是，凡能使某一感知对象（如建筑面、平面）成为有组织整体的因素或原则都被称为格式塔[①]。

（1）格式塔理论基本观点

1）知觉的整体性

格式塔理论认为人的知觉经验是完整的格式塔，不能人为地区分为元素。例

---

① 林玉莲，胡正凡. 环境心理学 [M]. 北京：中国建筑工业出版社，2000.

如，房屋与其周围的树和天空，人们看到的不是多少光和色的元素，而是房屋、树木和天空。虽然它们的确由若干元素组成，也只能看到这些元素形成的整体，也就是说我们的感知是整体先于部分，并非部分之和，且部分也不完全代表整体的特性。[①]

2）知觉的同构性

在格式塔知觉理论中，同构是指物理刺激与该刺激所创造的大脑状态之间的对应关系。当人们感知到高楼大厦时，大脑中也会存在一个与高楼大厦对应的感知对象，这便是知觉的同构现象。对应关系是理解知觉同构性的关键，这也解释了特定的物理现象会引起特定的生理和心理现象。

3）知觉的意匠性

格式塔的观点认为知觉并不是被动的记录，而是一个积极主动的过程。例如在海上航行时，常可以看到海天一色的美景，虽然眼前大海与天空浑然一体，但我们内心明白大海与天空永不相交；这些"眼见不为实"的例子表明在知觉过程中经验与习得起着支配作用。知觉主体可以有效地解释自己所看到的对象，甚至有时这种解释是取决于知觉主体的所在。

（2）格式塔组织原则

现实生活中，人们总是对知觉范围内所感知到的对象进行秩序化组织，从而增强自己对于环境的理解与适应。由于人对于环境的知觉与环境刺激具有同构性，所以环境刺激对于人的知觉效果有直接影响。

1）图形与背景

在一定的场内，我们总是有选择地感知一定的对象，而不是明显感知其中所有的对象——有些突显出来成为图形（Figure），有些则退居衬托地位成为背景（Ground），俗称图底关系。丹麦学者鲁宾（Kobin）最先注意到这类现象,在他绘制的"两可图形"（图2-1）中，以黑色为底看到的是花瓶，而以白色为底，则看到的是两张相对的人脸，大多数被试者都会在花瓶和人脸之间反复琢磨，模棱两可。图中的花瓶虽然面积占比不大，但因为使用的是具有视觉夸张感的白色，相对视的人脸虽然面积占比较大，但却使用了具有视觉收缩感的黑色，鲁宾用该"两可图形"图底关系反复反转的例子来说明图形与背景的相互依存关系。

图底关系在规划、建筑设计中应用广泛，一般的运用规律是图形较清晰，背景相对模糊；图形面积较小，背景面积较大；图形应是注意力的焦点，背景则是图形的衬托。

图2-1 两可图形
（来源：根据鲁宾原图作者自绘）

---

① 林玉莲，胡正凡 . 环境心理学 [M]. 北京：中国建筑工业出版社，2000.

最早将图形与背景关系运用于城市空间结构的分析的是 18 世纪的"诺利地图"（Nolli Map）（图 2-2）。诺利在绘制罗马地图时原本想强调建筑物的重要性，因此他首先将所有建筑物全部涂黑，结果却意外地发现原本不被强调的街道和广场因为线性留白的原因，呈现出叶脉状的连续性和完整性，在地图中可看到，建筑物与外部空间的关系被清楚地表达出来，由于建筑物的覆盖密度明显大于外部空间，因而外部空间很容易获得"完形"，由背景反转为图形，由"消极空间"转变为"积极空间"。

诺利地图的"图底分析"后来受到了许多建筑师的青睐，芦原义信就曾利用图底关系的反转来证实他提出的"逆空间"概念，在其影响力较为广泛的著作《外部空间设计》和《街道的美学》中均就"逆空间"进行了有益的探讨。建筑师对自己设计的"建筑所占据的空间"十分关心，这是自然，但建筑没有占据的"逆空间"，即建筑周围的外部空间也应受到同样程度的关心，因为它往往是非常重要的有着城市记忆承载的公共空间，比如街道和广场。

在城市用地中，设计建造的垂直方向扩展的实体要素，很容易导致"大量不符合使用和娱乐用途的开放空间"，如在许多现代小区中，由于高层公寓的存在，建筑覆盖率很低，所以很难赋予空间以整体连贯性。与"诺利地图"不同，这种空间给人的主要印象是作为主体存在的建筑物，而互有关联的街区格局则已不复存在。当城市主导空间形态由垂直而不是水平方向构成时，要想形成连贯整体的城市外部空间几乎是很困难的，如何保持和延续原有城市的空间结构和机理是城市更新和发展中需要深入思考的问题。

在 1859 年启用的巴黎 – 巴士底火车站的原址上设计建造巴士底歌剧院（图 2-3），对于巴黎政府和民众而言是一项非常谨慎的决策，建筑师卡洛斯·奥特运用图底关

图 2-2　诺利地图
（来源：By Nolli）

图 2-3　巴黎巴士底歌剧院
（来源：作者自摄）

系的原则，保留延续了原巴士底火车站的街道界面，从1700名建筑师参与的国际竞标中脱颖而出，最终建成的巴士底歌剧院依然能让巴黎人寻找得到"回家的路"，图底分析已逐渐成为现代城市设计处理错综复杂的城市空间结构和城市用地文脉的有效方法之一。

2）群化原则

格式塔心理学认为，当人们在观察时，知觉具有控制多个刺激，并使它们形成有机整体的倾向。这种使多个刺激被感知为统一整体的控制规律，通常被称为群化原则。

①相似原则：彼此相似的元素易被感知为整体，这是人认识世界时通过分类简化刺激对象的方式。物以类聚是人们根深蒂固的概念，无论是色彩、形状或质感方面的相似，在一定范围内均会产生被纳为整体的视觉效果。如果视线范围内某一种元素稍有组织，则易被感知为图形，其他元素则被弱化为背景。真实环境中常常是邻近性与相似性共同起作用。例如，城市街景是由诸多建筑组合而成的，由于沿街建筑的功能和类型不同，其高矮和形态甚至都有差别，我们可以结合原有的街景特征和风格，提取基本的构成元素，在基本元素的基础上进行渐变和组合，在整个街景大同小异的视觉感知中以形成有韵律的整体感和连续性（图2-4~图2-7）。

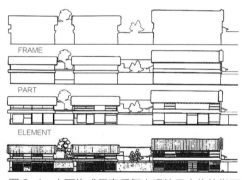

图2-4　立面构成元素反复出现的日本传统街区
（来源：作者自绘）

图2-5　都铎建筑元素再现的英国切斯特
小镇街景
（来源：作者自摄）

图2-6　街景色彩和立面切分协调的香榭丽舍大道
（来源：https://mp.weixin.qq.com/s/x8b4I3hZUWsJ-lekBjpfvw）

图2-7　拱廊元素重复相似的意大利
波尔查诺的街道
（来源：https://www.dreamstime.com/）

②简化原则：由于人的短期记忆能力是有限的，而环境中需要面对的事物和信息又是繁杂的，为了快速和较为准确地捕捉各种事物特征和信息，在不知不觉中人们会化繁为简地对其进行抽象提取，以便于储存和记忆。

简单的几何形体尤其是原始的几何形（圆形、正方形、三角形、椭圆形）之所以容易被感知为图形，是源于人类为了生存从原始人就开始建立的大自然依恋，圆形代表使万物生长的太阳，方形是提供粮食的田亩和池塘，三角形是"背后有靠"的大山，椭圆形是可以食用的植物叶。人类对这些原始几何形态的亲切情感会导致对其的优先审美认可，因而在面对比较繁复的形态时，总会试图将其简化为自己认知结构中最基础的最稳定的原始几何形。我们同时也会发现，许多建筑大师和雕塑大师的极简风格的作品也受到了使用者的青睐（图2-8、图2-9）。

图2-8　卢浮宫现代美术馆
（来源：作者自摄）

图2-9　大理杨丽萍大剧院
（来源：作者自摄）

③完型原则：一个有倾向于完成而尚未闭合的图形，在有理智的眼睛看来往往是连续的，通过审美补充易被看作为一个完整的图形，而当这个形体在透视中看到时，完型的效果还会更加明显。例如，仅仅看到对称布局的四个直角，就感到由这四个直角所包围的正方形；缺了一个角的三角形仍被看成是完整的三角形。这些图形虽未闭合，或距闭合甚远，但其辅助线的倾向引导我们把它们视为整体，也可以说其中包含力的作用和动态趋势。

在城市中，我们会看到运用完型原则进行平面或立面设计的建筑、景观案例，图2-10中的浅水汀步通过裂变和位移设计手法形成浅水的灵动连续空间，从完型心理的角度，仍会让使用者感觉到是一个完整的步道界面。

同理，以城市广场为代表的城市公共空间不仅平面应完整简单，而且四周界面应保持一定的连续性，否则就会散乱无章，造成"泄气"，会影响活力的营造。城市中各功能组团的空间布局也一样，各组团相互有围合倾向的建筑，因为完型法则的影响，被围合的空间往往给人以较强的领域感（图2-11、图2-12）。

（3）格式塔知觉理论在环境设计中的应用

格式塔知觉理论是在现象学的观点和方法基础上提出的，从理论上阐明了知觉

 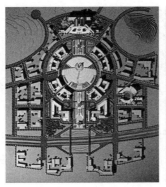 

图2-10　武汉某社区汀步　　图2-11　城市广场示意平面图　　图2-12　城市高新产业园区示意
　　　　景观小品　　　　　　　（来源：根据城市设计方案整理　　　　　平面图
　　（来源：作者自摄）　　　　　　自绘）　　　　　　　　　（来源：根据城市设计方案整理自绘）

整体性与形式的关系，为设计中"统一中求变化，变化中求统一"这一传统信条找
到了科学的依据，易为设计者和研究者接受和偏爱，它的组织原则对环境设计确有
重要的指导意义。但是，设计者也不应忘记格式塔心物同型的基本观点，脱离了使
用者生理和心理需要的格式塔得不到使用者的认可，也就不能算作成功的设计。另
外格式塔知觉理论主要适用于二维平面和视点静止的三维景观，对城市三维空间尤
其是动态三维空间景观分析稍欠成熟。

2. 生态知觉理论

生态知觉理论（Ecological Theory）是由美国生态心理学家吉布森（J.Gibson）[①]
提出的，也是心理学众多学派中的一个分支——生态心理学。吉布森的生态知觉理
论有以下四个特点：第一，强调感知系统的整体性和有机体的整体性；第二，强调
感知的积极性；第三，强调感知与行为的关联，感知不是静止的状态，而是在环境
行为的过程中产生；第四，强调感知的直接性。生态知觉理论联结人与环境，揭示
了知觉与行为的不可分割性以及与生存直接相关，这些都为技术和设计的方法论提
供了理论基础。

（1）环境的提供

生态知觉理论认为，知觉是一个有机的整体过程，人感知到的是环境中有意义
的刺激模式，并不是一个个分开的孤立刺激。因此，对我们来说，不需要从环境作
用于我们的各种刺激引起的感觉，并经过重建和解释中介去建立意义；这种意义已
经存在于环境刺激的模式之中，如河流可供人们行船、钓鱼、游泳，但不能供人们
睡觉和运动。自然界中许多客体具有恒定的功能特性，吉布森把环境客体的这种功
能特性称为"提供"（Affordances）。而环境知觉正是环境刺激生态特性的直接产物。

---

① Gibson，J.J. The senses considered as perceptual systems[M]. Boston：Houghton Mifflin，1966.

人在观察客体时最重要的是"你看到了什么",而不是"看到的东西怎么样"。从生态观点来说,知觉就成为一个环境向感知者呈现自身特性的过程。当环境刺激构成对个人的有效刺激时,必然会引起个人的探索、判断、选择性注意等活动,这些活动对于个人利用环境客体的功能(如觅食、娱乐等生存生活功能)尤其重要。

(2)知觉反应的先天本能

吉布森认为,机体的很多知觉反应技能不是习得的,而是遗传进化的结果,即感知是机体对于环境适应进化的结果。他的妻子同为美国科学院院士的伊琳娜·吉布森(E.J.Gibson)根据吉布森的生态知觉理论于1960年设计了著名的"视觉悬崖"来测量婴儿深度知觉。实验发现,90%以上的婴儿被试者会躲避着看起来较深的一侧,即使母亲在对面召唤也不行;有的孩子即使双手已经触到玻璃,触觉告诉他玻璃是坚固的、稳定的,但他们还是更加信任自己的视觉证据;一出生就会走的动物如山羊,总是沿着清晰的边界行走;根据这个研究结果,吉布森认为动物的这个重要知觉能力是先天具备的。

(3)可供性内涵的扩展

1988年,认知科学学会的创立者之一,著名认知科学家诺曼(Donald Arthur Norman)将"可供性"一词恰当地引入人机交互设计中,通过他的著作《日常生活的设计》,可供性概念在人机交互和交互设计领域得以推广。可供性这一概念不仅依赖于行为的物理性能,而且与他们的目标、计划、价值观、信仰、过去的经验有关。这样的定义扩展了吉布森的生态知觉理论,对于以往设计中忽视人的因素有很大改观,特别是智能人工物的设计,要把它的行为与环境关联的各种可能性预先设想出来,要分析环境的正式可供性与可采取的行为,使其具有有机体的感知能力,形成应对环境的智慧,以增强它的生存能力。同时为人所使用的人工物设计要在人机互动的界面设计中考虑,人工物可能会给人提供哪些技术可供性,会诱导哪些使用行为的发生?"一个好的设计产品是可以通过一组连续的和嵌套的可供性来引导对完美设计的注意力。"[1]

(4)可供性关乎设计本原的回归

1)设计关乎人的生存

动物受自己所处的小生境影响,要适应环境获取生存的能力,这种长期作用世代积累遗传给后代,因而动物先天具有时间、空间、中立等物理环境的感知能力,面对各种环境时的一种直接反应就是感知可供性,继而在可供性的诱导下产生行为。这一系列的过程就是动物生存的根本能力。从另一方面来说,人的有些行为之所以

---

① Gaver W, Technology affordances[C]. Proceedings of the SIGCHI conference on Human factors in computing systems: Reaching through technology. New Orleans, Louisiana, 1991: 79-84.

发生，正式自然本性被环境所唤起。吉布森的生态知觉理论认为行为和意识是一种动物发现和使用环绕在它周围环境的关键资源，人的感知能力同样也是这样预先地存在了，后天只是激发起这种能力，并不是后天的环境刺激才使人具有这样的能力。

2）设计目的是让技术人化

环境设计的本质是人们的预想变成现实性的周密方案。设计活动是主体意识外化为真实人工环境的过程。人工环境不是一个违反自然规律的怪物，也不是与社会系统的各种尺度、文化和已有的环境不相协调的东西。人工环境应该是以人性化为依据，经过与原有环境的协调从而实现一系列的进化和演变。"可供性可以作为建筑实践的一种工具，探索设计的意图与实际使用的人工环境是如何连接的，以避免设计的失败。"[1]

3）最本原的设计是最有生命力的设计

吉布森的可供性理论虽然强调人与环境的互动，却与通常的意义不同，需要从深层生命系统的结构形式和动力去理解环境中的行为。最本源的因素往往最终决定设计的成败，设计的本原应符合人性和自然性，社会、经济、政治、文化这是下一层次的问题。在理解人的认知过程时，往往犯的错误是以为进入了高级的认知模式后，基础的认知模式便退居其后，不起主要作用了，实际上这些基础的认知模式是经常地、无意识地起到关键作用，而且恰恰是这些自动地、无意识就起作用的认知模式是最基本的反应模式[2]。

3. 概率知觉理论

（1）基本观点和理论模型

1934年美国心理学家埃贡·布伦斯维克（Egon Brunswik，1956，1952）[3][4]受德国格式塔心理学的影响，根据真实环境中的实验结论提出"透镜模型（Lens Model）理论"，因为他将"环境的概率"引入心理学领域，又称为概率知觉理论。环境给人提供了大量线索，只有一小部分对于观察者是有用的，观察者只注意了这一小部分而忽略其他部分（透镜），这个理论很适合用来解释环境知觉的个体差异。

例如，来自各种不同文化背景的观察者常常对深度的信息理解不同，就像赫得逊发现的那样，考虑到长矛的射程不够远，习惯于二维平面思考的某些非洲人看来，图中长矛投掷者的目标是二维平面看起来更近的大象，而有着三维透视教育的人看来，图中的大象因看起来比羚羊还小，暗示了大象在远处羚羊在近处的信息，因而

[1] Maier J R A, Fadel G M, Battisto D G. An affordance-based approach to architectural theory, design, and practice[J]. Design Studies, 2009, 30（4）: 393-414.

[2] 罗玲玲. 环境中的行为 [M]. 沈阳: 东北大学出版社, 2018.

[3] Brunswik E. Perception and the representative design of psychological experiments[M]. Berkeley: University of California Press, 1956.

[4] Brunswik E. The conceptual framework of psychology[J]. Psychological Bulletin, 1952, 49（6）: 654-656.

图 2-13　构造论的举例
（来源：《心理学纲要》下册）

知觉到长矛的投掷对象并非是远方的大象，而是近处的羚羊（图 2-13）。

在感知物质环境中个人起着极其主动的作用这一观点，在阿德尔伯特（Adelbert Ames）的相互作用心理学中得到进一步发展。阿德尔伯特强调指出，知觉过程中个人的作用是动态的、创造性的，个人对环境的概率判断有明显的个性，反映个人独特的观点、需要和目的。"我们每个人所了解的世界多半是根据我们与环境交往的经验而创造的世界。"[1]

布伦斯维克赞成从整体出发展开研究，不过更强调物质环境与知觉环境的一致性。与吉布森的观点相反，他认为外部环境提供的信息并不能正式准确地反映实际情况，他强调积极主动的知觉，主动解释环境提供给我们的感觉信息，更注重后天知识、经验和学习的作用。相比较而言，吉布森更强调环境的重要作用，布伦斯维克则强调主体的知觉主动性[2]。

（2）概率知觉理论在环境设计中的应用

概率知觉理论对环境的开发者、设计者和管理者来说包含两层含义。其一，按不同环境的功能性质恰当地运用确定性与不确定性；其二，承认自己的认识与环境使用者需要之间的差距，从而使自己能比较主动和客观地去了解他们的生活和需要[1]。

实际环境中由于人的不同需要而产生了各种各样的场所，有的场所需要提供适当的复杂性、不定性甚至错觉以维持一定的唤醒水平和兴趣，如游览和娱乐场所。而有些场所则需要提供较清晰的知觉判断，强调简单性、确定性、便捷性，如医院、车站、机场、商场、交通要道等。如果设计不当，就会引起不良反应，甚至造成严重后果。在工作或交通环境中，知觉的清晰性对安全和效率起着至关重要的作用。如适度充分的照明、醒目的标识等。路旁令人分心的视觉刺激、使用不当的现代建筑玻璃幕墙等常常干扰视觉的清晰性而成为事故隐患。概率知觉理论能够帮助我们更好地理解景观环境，在某些场合增加景观对象的不确定性，提供更多的惊喜和刺激，甚至可以利用视错觉创造出人意料的效果。苏州园林面积均不大，大的四五亩，小的不足一亩，沈复曾论及园林建造的艺术规律"以小见大，小中见大，虚中有实，实中有虚，或藏或露，或浅或深"，通过一系列的对比手法，在空间上"一勺代水，一拳代山"，以有限面积造无限意象空间。

① 林玉莲，胡正凡.环境心理学 [M].北京：中国建筑工业出版社，2000.

② 徐磊青，杨公侠.环境心理学 环境知觉和行为 [M].上海：同济大学出版社，2002.

不同学派的知觉理论从不同视角解释客观世界与现象世界之间的关系，比较上面三种知觉理论，我们不难发现，格式塔知觉理论主要强调视觉的直觉作用；生态知觉理论强调机体先天的本能和环境所提供信息的准确性；而概率知觉理论更重视在真实环境中得出的结论，更重视后天知识、经验和学习的作用。

2.1.3 环境知觉的特点

1. 知觉常性

有确切证据表明广泛存在着环境知觉的常性，例如，室内整齐地排列着一张张桌子和椅子，前面是一个讲台，墙壁上挂着黑板的房间是教室而不是教堂。大片森林所包围的一片空地，当中有一圈石头，其中燃烧着熊熊篝火的地方是野营地而不会用来钓鱼。诸如此类的，即使教堂在战时成为一个临时医院，或是已经改用作仓库，教堂仍会被看成是教堂；足球场依然会被看成是足球场，而不是图书馆，即使曾用来作为书市。这些知觉常性是人类不断学习并反复强化、建立牢固的心理表象的结果。这种强化的负面影响是标签化和僵化，当然更多地可以作为积极因素来考量，即使在一个复杂的公共建筑中，人们也可凭借知觉常性寻到洗手间和电梯间。就像 IT 从业者无论去到哪个城市移动办公，只要看到星冠美人鱼的笑脸 LOGO，他们就知道星巴克就在不远处（图 2-14）。

2. 认知容量

我们在生活中常常发现，超过一定数量的数字我们很难记清。心理学家也早已注意到人的认知能力是有限的。早在 100 多年前 Hamilton 就发现人能立刻记住的石子数量不会超过七颗。后来 Jevous 又进一步用黑豆做实验，结果也发现人们的注意力不会超过六或七个，一旦超过这个数字，正确率就会低于 60%。

人类加工信息的容量是有限的，其环境知觉也受到了这种有限性的影响。为了使人们能记住更多的"石子"，可以按特征试图将其分成六、七组，每组中可包含六、七个"石子"，通过层级记忆，最终可获取更多的"石子信息"。这种注意力的局限性对规划师、建筑师和景观设计师均有很大启示。一个纷繁复杂的街景会让路人看起来混乱不堪，如何把各视觉要素组织在少数几个系统中是城市道路视觉形态设计的关键之一。与此类似，当初次到访者来到一栋公共建筑的门厅，当他发现有多条路径可通

1971
星巴克在西雅图派克市场开始经营咖啡豆业

1987
星巴克开始供应手工调制的浓缩咖啡饮料

1992
星巴克成功上市

2011 至今
星巴克已成立 40 多年，并进入新的发展阶段

图 2-14 星巴克不同时间段 LOGO
（来源：根据 https://mp.weixin.qq.com/s/zBUIzdJVgxeBZZvhwZNoew 整理）

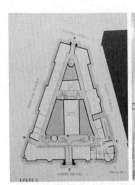

图 2-15　美国曼彻斯特市政厅室内的路径选择

（来源：作者自摄）

向建筑的各个部分时，可以想象他会有选择的困惑。一个明确的门厅路线应该是让使用者在门厅做出的选择限于合理的数字内，如两个或三个。美国曼彻斯特市政厅是由一栋历史悠久的教堂改建而成的，或许因为原有教堂功能布局的影响，当其进行了市政厅功能置换后，由于进入大厅后面临的路线选择过多，因而在实际使用过程中，给来访者造成了路径选择困惑，以至于在某些路径当口放置了止步牌以进行弥补（图 2-15）。

　　同理，大到设计世博园，小到设计一栋建筑，我们都可以分园区、分街段、分功能来进行空间序列组织，以使使用者和到访者能记住更多的"石子"。

　　3. 对环境的无意识

　　有时我们可能对环境太熟悉了，因而对周围的事物不太注意。一句成语"熟视无睹"很能贴切地说明人的这一特性，我们的术语称为"对环境的无意识"用来形容对环境的麻木状态，此情况的发生也通常由于在环境的某些方面过于强烈而导致忽略其他方面。譬如我们的视听器官被朋友的侃侃而谈所吸引，或是为了某个技术上的关键问题日思夜想，就不关心其他方面所发生的事情。也存在此类情况，某个环境要素基本上与自己没有产生关联，人们也很少会意识到它，例如没有私家车的人很少注意到加油站。

　　对环境的无意识有较大的负面影响，它会使人们陷入一种不易察觉的危险之中。最为明显的就是环境污染。譬如空气污染，污染是逐步形成的，且大多数居民却不了解空气质量评价的数据指标，直到有一天政府不得不公开空气品质指数之后，人们才惊讶地发现自己已经处于空气污染的环境中。

　　人们注意空气污染主要在于它的陌生感。当刚刚进入一个有雾气的场所，或是所在之处雾气的浓度突然增加，这种空气品质的突然变化容易引起人们的警惕。1958 年 1 月，供职于美国鱼类及野生动植物管理局的海洋生物学家蕾切尔·卡森（Rachel Carson）收到朋友的一封信，信中提及后院喂养的野鸟都死了，可能与前一年飞机在那个地区喷洒过农药有关。这引起了卡森的高度关注，她开始搜集杀虫剂危害环境的证据，研读了数以千计的各类论著，于 1962 年出版了《寂静的春天》一书，在全世界范围内引起轰动，并直接导致 DDT 杀虫剂的禁用，卡森的呐喊唤醒了民众的环保意识，开启了全球的环境保护事业。

2.1.4　环境知觉的影响因素

不同的人对同样的环境会有不同的知觉和反应，环境知觉不仅与感知对象不能分离，也不能和感知的主体分离。影响环境知觉的主体因素包括个体的年龄、性别、文化以及个体经验。

1. 年龄和性别

对不同年龄的个体来说，环境知觉的范围也不同。儿童环境知觉的范围主要以家和学校为中心；年轻人学习和活动能力都较强，环境知觉包含的范围更广；而老年人由于行动不便，加上感知觉的逐步衰退，所以环境知觉的范围较窄。另外，从环境知觉的内容看，儿童环境知觉的内容缺乏细节，只会把握大致轮廓；而老年人的时空知觉和方位知觉则因感觉的退化而模糊不清，其知觉能力与年轻时相比会下降。环境知觉的性别差异表现为男性的知觉范围更广阔，可以同时加工不同的信息；而女性更偏爱特定的标志物和与她们接近的对象[1]。

了解环境知觉的这些个体差异，可以帮助环境设计者在设计时更加人性化，并为使用者提供最"有用"的环境信息。例如，儿童、老人使用的环境标志应该更加简洁显眼；卫生间、电梯等重要设施的引导更加连续合理；不同年龄段住宅的装饰及色彩应考虑差异化需求。

2. 文化

环境的知觉体验过程可分为三个阶段：感知———一定时间内对所处环境的直接体验和感受；认知——对接受的信息刺激理解、学习和构造，并在心理上重现；评价——判断和决定行为。知觉体验过程的前一部分主要是生理、物理的，而后两部分则是高级的心理过程，与社会文化相关联。如前所述，人对环境的知觉体验是对被主体选择、过滤后建立的心理意象作出判断。由于人具有一定的社会文化背景，而心理意象的产生是以大脑中文化因子为基础，以固有的价值规范、行为动机和心理期待为标准。所以对环境的知觉体验是通过主体的观念、信仰、生活方式、行为准则等社会文化体系作为中介来完成的[1]。

因此，处于不同文化背景中的个体具有不同的感知特征[2]。例如，南美人、阿拉

① 苏彦捷. 环境心理学 [M]. 北京：高等教育出版社，2016.
② 林玉莲，胡正凡. 环境心理学 [M]. 北京：中国建筑工业出版社，2000.

伯人更喜欢有嗅觉和触觉的人际交往；德国人对视听觉的隔离要求较高，他们不喜欢视听觉上的无关干扰；而法国人更喜欢在人际交往中感觉方面的互动共融。了解不同文化背景下的个体环境知觉特征，不仅有利于提高个体的环境知觉能力和相互交往，而且对于环境设计有更多帮助。

3. 个体经验

知觉对事物的反映不是指对事物各种感觉刺激的简单总和，而是对事物多种属性和各部分之间相互关系的综合反映，是比感觉更复杂的心理过程。此外，个人经验也限制了人们的注意力，人们所感知到的往往是与自己很有关的信息。我们理解感知到的刺激是依赖于我们在日常活动中积累的知识和经验的。不同的个体具有不同的经验，因而形成不同的知觉结果。面对同样的一座建筑，老年人关心它的方便性，建筑师关注它的美学或结构，幼儿会因为没有足够认知距离的经验而以为高楼下的事物很渺小了。大多数情况下，人们是根据自己的知识经验来知觉环境信息的①。

不同的经历也会导致不同的环境知觉。刚果的俾格米人由于缺乏透视知识而不能辨别远处的牛群。爱斯基摩人对雪很敏感，他们能分辨出常人看来无任何区别的雪，如重雪、粉末雪和新雪等，因为环境中的这些细节对他们很重要，一个阿拉伯向导可以在广袤的撒哈拉大沙漠中找到道路，非洲丛林中的土著居民可辨识并利用大象的足迹，刚多拉船夫能够区别威尼斯的运河而穿过威尼斯。从这点上说，环境知觉是由感知者的目标所决定的，主动地探索会产生更丰富的知觉②。

比较重要的是不同专业人士之间的知觉差异，有些人一旦接受了正规的职业教育之后，他们看待世界的方式会变得很"特殊"。普通人关注于风景旅游区的山坡、小溪和山谷，而工程师能很快察觉到用地边界及水坝、桥梁等构筑物；普通人会被步行街建筑的局部雕窗、店面所吸引，而建筑师却能读出其中的形式和主义；普通人关注于绿道沿途的山水花木，而景观设计师却能敏感考量驿站分布和景观串联的合理性。

2.2 空间认知

人类正常的生产生活，就必须在环境中定方位和寻址，并能在付诸行动前试图理解环境所包含的意义，这是人类为了生存的基本能力，对陌生环境进行不断适应，通过记忆重现环境意象来寻路，记忆重现环境的意象是人类基本的生存技能。

---

① 苏彦捷. 环境心理学 [M]. 北京：高等教育出版社，2016.
② 徐磊青，杨公侠. 环境心理学 环境知觉和行为 [M]. 上海：同济大学出版社，2002.

2.2.1 空间认知及其特征

认知是对经由感知觉系统输入的刺激所进行的心理加工，包括：转换、缩减、添加、存储、提取和使用。认知主要包括下列两组过程：一个是编码操作，即对感知觉输入的刺激进行编码形式的转换（如从听觉到视觉）、过滤筛选和自动添加，使原始的物理刺激转变为有意义的心理信息。另一个过程是记忆和应用操作，即把先前经过编码处理后的感知觉输入存储在记忆中，在需要的时候进行相应的提取和使用[1]。根据认知的概念界定，当我们对环境中的空间信息进行心理加工时，就是在进行空间认知。空间认知是由一系列心理变化组成的过程，个人通过此过程获取日常空间环境中有关位置和现象属性的信息，并对其进行编码、储存、回忆和解码[2]。空间认知涉及一系列空间信息的加工，这些信息包括方向、距离、位置和组织等。

空间认知的早期研究是由规划设计人员和地理学家完成的，这两个学科关注的是实质环境对空间认知的影响。以林奇（Lynch）为例，他感兴趣的是城市中哪些元素容易被市民记忆，这些元素如何组织才能使一个城市容易辨认，他的研究奠定了现代城市设计理论的基础。另一方面，心理学家比较关心空间认知的个体差异，如年龄、性别和经验对空间认知的影响。因而地理学家和规划人员强调的是结果，心理学家更关注空间认知的过程，特别是空间信息编码和解码方式，后续一些研究记忆的心理学家也投入此领域工作中，研究方向又渐渐转向了场所的学习过程[3]。

2.2.2 认知地图

心理学家认为，人类能够识别和理解环境，是因为我们能在记忆中重现环境的形象。这种对感知过的事物重现的形象称为表象（Image），对具体的空间环境的表象称为"认知地图"（Cognitive Map）。贝尔（2009）[4] 提出认知地图是人们对自己所熟悉的环境非常个性化的心理表征。

1. 认知地图的研究历史

认知地图研究的直接渊源是美国心理学家托尔曼（Tolman，1948）[5]。他对老鼠在迷宫中空间行为进行观察，发现老鼠并不是通过一系列的尝试与纠错从而从起点无误地到达目标，而是根据对情境的"认知"，获取到达目标的手段和途径，并从中建立起一个完整的"符号格式站"模式。托尔曼把老鼠这种对地点情境的习得形象地称为"认知地图"。他强调场所学习不能简单地看作刺激–反应的联想过程，在这个

① Ulric Neisser. Cognitive Psychology：Classic Edition[M]. Psychology Press，2014.

② Downs R，Stea D. Images and Environment：Cognitive Mapping and Spatial Behavior[M]. Chicago：Aldine，1973.

③ 徐磊青，杨公侠 . 环境心理学 环境知觉和行为 [M]. 上海：同济大学出版社，2002.

④ 保罗·贝尔，托马斯·格林，杰弗瑞·费希尔，等 . 环境心理学 [M]. 朱建军，吴建平等译 . 北京：中国人民大学出版社，2009.

⑤ Tolman，Edward C. Cognitive maps in rats and men[J]. Psychological Review，1948，55（4）：189–208.

过程中动物学习的并非是简单机械的运动反应，而是达到目的的符号及其所代表的意义。

　　对人类认知地图的研究源于林奇① 在《城市意象》（The Image of the City）中的研究。他假设人们头脑中的环境心理表象像地图一般，将美国波士顿、泽西城和洛杉矶三个城市的部分市民作为被试者进行大量的调研访谈。林奇让被试者画出所在城市的草图，同时要求他们对某些具体路线进行标识，例如，从家到工作地点的线路。另外，还让被试标出所在城市的显著标志。林奇是最早对城市认知地图进行研究的学者，并被推广到其他尺度的实质环境研究中，如建筑物、区域等。后续有部分学者将其研究作了有益的推进和深化，其研究方法也延伸到了其他空间尺度。

　　2. 认知地图的构成要素

　　林奇整理和分析研究数据时发现，在被试所绘的三个城市认知地图的构成中有一些共同的因素。林奇将这些因素总结为认知地图的构成要素：道路、边界、区域、节点和地标。

　　道路（Path）：人们在环境中所使用的行进通道，它可以是大街、步行道、公路、铁路或运河等连续而带有方向性的要素。其他环境要素一般沿着路径布置，人们往往一边沿着路径运动一边观察环境，路径是认知地图中的主要元素（图2-16）。

　　边界（Edge）：是两个面或两个区域的交接线，不一定是线性成分，但倾向于是线性的，具有限定和封闭的特征，如河岸、路堑、围墙、海岸线等，除了以上"实"边界之外，也有示意性的象征性的可穿透的"虚"边界（图2-17）。

　　区域（District）：是具有某些共同特征的城市中较大的空间范围。有的区域具有明确的可见的边界，有的区域无明确可见的边界，同时伴随着区域特征逐渐减弱（图2-18）。

图2-16　曼彻斯特码头区的水上路径
（来源：作者自摄）

图2-17　切斯特小镇的古城墙成为新旧的边界
（来源：作者自摄）

① Lynch K. The Image of the City[M]. Cambridge：MIT press，1960.

节点（Node）：是具有人流、物流和信息流集中的行为特征。节点通常是路径的起点、终点或者路径的交汇点，如交叉口、车站广场、交通枢纽等（图2-19）。

地标（Landmark）：是具有明显特征且较为突出的建筑物或构筑物，通常可作为参照物来帮助人们寻路，著名地标甚至可以成为一个城市的象征（图2-20）。

3. 认知地图的研究方法

林奇在他1960年出版的《城市的意象》一书中，详细介绍了美国三个城市——波士顿、洛杉矶和泽西市市民的认知地图，其理论和方法很快在美国及世界其他地区被推广应用。林奇早期采用四种方法研究市民的认知地图：

（1）林奇的草图法

林奇在研究中使用的最主要方法是让被试画出生活城市的草图，这种方法至今仍被环境行为学界经常使用，该方法也可用于建立认知地图的描述术语，如路径、边界、区域、节点、地标。草图提供了丰富的数据来源，但也随着研究问题的复杂显露出一些不足。首先，草图所表现出的被试间差异并不是研究者要测量的心理地图的差异，例如，绘画能力的不同会影响人们所表达的认知程度，会导致测量结果存在偏差。其次，对草图的分析也存在困难，例如分析时是否要包括建筑物、标志物和路径的名字？作为研究者，需要足够了解这个城市，才能正确地辨认出图中未作标记的建筑、街道和量化草图上的错误。

为了减少研究中的误差，林奇使用草图方法的同时，通过访谈或文字描述

图2-18 苏州平江历史保护街区
（来源：作者自摄）

图2-19 "民间会客厅"广西程阳风雨桥
（来源：作者自摄）

图2-20 部分著名城市地标的抽象提取
（来源：作者自绘）

来进行补充，让居民说明城市的环境特征、独特的要素或个人体验。尽管草图方法存在一些不足，但因其简单直观且能收集到足够丰富的研究数据，因而它仍是目前认知地图研究最广泛使用的方法。

（2）林奇的再认任务法

在林奇的研究中，除了画草图，他还将有地标的照片和其他陌生地点的照片混放在一起，请被试者报告他们是否能认出有地标的照片。林奇用这种再认任务（Recognition Task）的方法是对草图方法的信度进行检验。米尔格瑞姆及其同事（Milgram Jodelet，1976）[1] 重新使用了这种方法，因为它能避免由于被试绘画能力不同造成的潜在影响。但这种方法限制了对各种空间元素之间方向和距离的比较。此外，这种方法是"再认"而非回忆，也许被试者不能在草图上画出或标出一个位置，但要在一张照片上再认这个地方却没问题。也有一些学者（Passini，1984）[2] 认为再认任务与我们大多数人在熟悉环境中活动的方式更接近。

（3）记忆环境的图示反应法

地理学家古尔德和怀特（Gould & White，1982）[3] 提出了另一种研究认知地图的方法，即对个体储存的环境图像进行再现。这种再现并不是个体的认知地图，而是环境中的典型特征或属性，如让被试确定生活过的地方特点或性质，并标记在图上。很多研究都采用了这种方法，但基本的一点是它们都依赖让被试根据一些评价维度（如对某一地区的偏爱）来进行等级评定或排列分级，最后，根据评价结果在地图上标出它们。在这类研究中，人们表现出对自己所熟悉的区域更加偏爱。作为一种预测或解释工具，有学者（Gould，2016）[4] 认为这种方法不太成功[5]。

（4）多维测量的平面模拟法

城市人若要在所处的环境中生活，距离估计是一项重要的生存技能。多维测量（Multidimensional Scaling，MDS）是一种统计程序，即让被试估计某些环境中建筑或地点之间的距离，因为这些距离估计也许能代表一些草图中的信息，只要给出每个点与其他点之间的估计距离，计算机就可以产生一些类似地图的平面模拟图。虽然多维测量的方法避免了其他方法中存在的问题（如绘画能力的差异），但它本身也有不足。例如，我们可能因为对一段路的熟悉与否而夸大或缩小它的距离[5]。

---

[1] Milgram S，Jodelet D. Psychological maps of Paris. In A. Proshansky，W. H. Ittelson，& L. G. Rivlin（Eds.），Environmental psychology：People and their physical settings[M]. New York：Holt Rinehart and Winston，1976.

[2] Passini R. Spatial representations，a wayfinding perspective[J]. Journal of environmental psychology，1984，4（2）：153-164.

[3] Gould P，White R. Mental Maps[M]. Boston：Allen & Unwin，1982.

[4] Gould K A，Lewis T L，Lewis T. Green Gentrification：Urban sustainability and the struggle for environmental justice（Routledge Equity，Justice and the Sustainable City series）[M]. London：Routledge，2016.

[5] 苏彦捷. 环境心理学 [M]. 北京：高等教育出版社，2016.

4. 认知地图中的误差

认知地图是对物理环境的主观表征，因此，它比较接近环境但并非精确。认知地图的这种主观性，使得它存在一些误差：第一，环境信息的不完整。人们的认知地图是经过头脑加工的记忆产物，有时会遗漏一些环境信息。第二，环境表征的失真。表现为地理特征、方位和距离上的不正确，如道路斜交常被认为是直交等。第三，环境信息的自添加，即增加了实际环境中并不存在的成分，例如阿普亚德（Appleyard，1970）[①] 的研究发现，一位工程师在他工作环境的认知地图中多画了一条并不存在的铁路，因为根据他的经验，工厂与矿山之间"理应"有一条运输铁路。了解认知地图中的误差，可以让研究者们更好地研究认知地图的构建。

认知地图可以帮助我们解决许多空间问题。认知地图将帮助人们适应环境，帮助人们在环境中的定向、定位和寻路。它能帮助人们在记忆中对环境布局加以组织，提高在环境中活动的机动性。它能比较清晰地认知地图有助于个人充分利用和选择环境的"可供性"，从而使个人建立对环境的安全感和控制感。同时，已有的认知地图也是进一步充实和扩大环境知识的基础，当我们去到一个陌生的城市，我们可依据自己对熟悉城市的认知地图找到自己的目的地，与此同时，我们自己的空间知识网络也在不断地丰富和强化中。

5. 认知地图的获得及影响因素

（1）认知地图的获得

认知地图获得的分析包含两方面：一是儿童认知地图的发生过程，二是成人在新环境中如何获得认知地图。

瑞士心理学家皮亚杰的"三山实验"可能是最适用于解释空间认知发展的理论。实验中皮亚杰询问儿童：玩偶从不同的方位看这三座山是什么样的？结果发现，在多数情况下，小于 7 岁的儿童认为玩偶看到的三座山应该与自己所看到的一样，他们还不能从玩偶的角度去换位判断。皮亚杰称该现象为自我中心主义。

依据皮亚杰的理论，在自我中心阶段的儿童是一种"自我中心参照系统"（Egocentric Reference System）。他们不能区分自己所看到的和别人所看到的环境的差别。该阶段的儿童对环境特征的空间意象之间是片段的，他们的认知地图是以他们曾经探索过的环境中某一位置来定位，不一定以他们当前所处的位置定位。但随着年龄的增长以及对周围环境经验的增加儿童逐渐发展起"部分协调的参照系统"（Partially Coordinated Reference System）。认知地图围绕环境中熟悉的固定场所发展，最早以家为中心，逐渐扩展到少数路径、标志及熟悉的地点，但这阶段认知地图仍是由许多不连贯的片段组成。第三阶段才建立"操作协调和等级整合的参照系统"

① Appleyard D. Styles and Methods of Structuring a City[J]. Environment & behavior, 1970, 2（1）: 100–117.

城市环境行为学

（Operationally Coordinated and Hierarchically Integrated Reference System），这时的认知地图能反映有机的整体环境，而且这个阶段儿童能想象出环境的空间透视关系。儿童环境认知过程依次建立的三种参照系统，也反映了人类在熟悉新环境与认识客观世界的规律。自我中心并不是儿童特有的倾向，人类认识世界总是从自己开始的。例如早期绘制世界地图时，绘制者会将自己国家画在中心位置并且夸大面积。

对于成年个体来说，在一个新的环境中也同儿童一样会建立并逐渐发展认知地图，即在一个新环境中先通过探索不同的路线积累信息，再把它们整合到一起形成认知地图。但相较于儿童，成人获得认知地图多了一个优势，即具备学习经验的成人更容易理解印刷出版的地图，从而帮助自己很快建立起关于新环境的认知。麦克唐纳等人（McDonald，Pellegrineo，1993）[①] 的研究发现，按照信息获得途径的不同，认知地图通常包括两类：一类是初级信息，即通过探索环境获得直接经验；另一类是二级空间信息，即通过地图和其他途径间接获得。由于地图呈现的是全景式信息，人们可借助它获得空间环境的整体信息，因此，二级空间信息的获取成为成人拓展其认知地图的重要途径（图 2-21）。

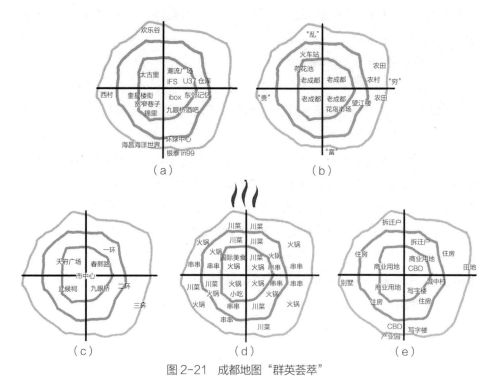

图 2-21　成都地图"群英荟萃"

（a）"时尚族"成都地图；（b）"老成都"成都地图；（c）"私家车主"成都地图；
（d）"吃货"成都地图；（e）"房产者"成都地图
（来源：根据网络调研结果自绘）

---

① Mcdonald T P，Pellegrino J W. Chapter 3 Psychological Perspectives on Spatial Cognition Thomas[J]. Advances in Psychology，1993，96：47-82.

（2）影响认知地图的因素

对环境的熟悉程度、个体的社会经济地位和性别差异都会影响认知地图的获得。首先，就环境的熟悉程度来说，对环境越熟悉，认知地图就越完善，越清晰，细节越多，误差越少，也越接近实际。其次是个体的社会经济地位，表现在社会经济地位高的人，其认知地图要更详尽。有学者认为，这是因为社会经济地位越高的人，接触周围环境的机会更多，有更多机会强化空间知识，使得他们拥有更多的环境经验，从而发展出更好的认知地图。最后一个影响因素是个体的性别差异。认知地图的性别差异非常明显，一般来说，男性更加关心道路与方向，而女性则更加关注区域与标志。导致认知地图性别差异的原因还有待进一步的研究，因为社会化过程（如角色分工等）、经验等其他因素也在其中产生作用，台湾阳明大学神经科学研究所教授洪兰从男女大脑生理结构的角度阐述了导致认知地图性别差异的原因：图 2-22 中 V 是指人类的视觉皮层，V4 负责处理颜色和地标，V5 处理距离和方位，女性的 V4 普遍比男性的大，因而女性善于通过颜色和标志物进行认知，而男性的 V5 比较大，往往会通过方位和距离进行空间认知（图 2-22）。

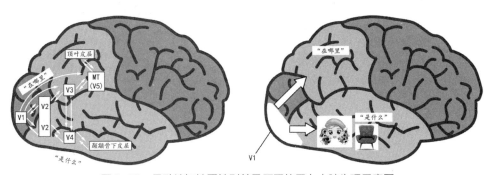

图 2-22　导致认知地图性别差异原因的男女大脑生理示意图
（来源：洪兰《发展的认知神经科学》，台湾：信谊基金出版社，2001）

胡正凡、林玉莲最早将认知地图应用于校园意象，运用简略意象描述法对清华大学、华中理工大学两所高校的校园特征意象进行比对。此后，顾朝林通过照片法和认知草图法采集数据对北京城市意象空间进行调查与分析，以探究不同社会群体之间城市意象的差别[1]；朱小雷重点强调质化研究思想和方法的重要，采用认知地图法、自由报告法等质化研究方法与量化调查法相结合对广州某校园进行主观评价，推动了建成环境主观评价方法体系的实践发展[2]；戴晓玲在对杭州研究中，通过认知

① 顾朝林，宋国臣.北京城市意象空间调查与分析 [J]. 规划师，2001（02）：25–28+83.
② 朱小雷.大学校园环境的质化评价研究 [J]. 新建筑，2003（06）：11–14.

地图法对老中青三个年龄段居民的城市意象进行比较研究 [1]，王彬突破传统的认知地图调研方法，通过网络照片提取意象要素，用以引导网络问卷的设置，结合 GIS 将地点信息进行矢量输入和分析，以形成武汉主城区城市意象的结果 [2]（图 2-23）。近些年随着空间句法、GIS 技术等空间分析技术的逐步成熟与发展，其研究方法也逐渐从认知地图、问卷调查法的传统分析过渡到传统方法与景观评价法、空间分析技术（GIS、空间句法）等新兴技术相结合的综合研究。鲁政将空间句法和认知地图两种方法进行对比研究，得知认知地图的句法分析对揭示人们空间知识的形成机制具有一定的参考价值 [3]；周向频引入 GIS、RS、空间句法等技术手段，对近代公园历史价值进行了探索 [4]；戴代新 [5] 等人通过利用 GIS 技术对获取的认知地图进行投影变换，以实现地理信息配准。

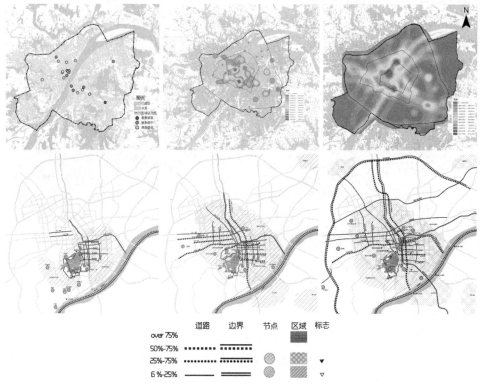

图 2-23　武汉主城区城市空间意象图与杭州城城市空间意象图

（来源：王彬，戴晓玲）

① 戴晓玲，董奇，罗佳丽. 时间变迁视角下的杭州当代城市意象研究 [J]. 建筑与文化，2015（02）：114-116.

② 王彬. 基于多元数据的武汉主城区城市空间意象研究 [D]. 武汉：华中科技大学，2018（06）.

③ 鲁政. 认知地图的空间句法研究 [J]. 地理学报，2013，68（10）：1401-1410.

④ 周向频，陈喆华. 遗产视角下的近代公园数字化研究及其意义——以上海为例 [J]. 上海城市规划，2016（04）：71-75.

⑤ 戴代新，陈语娴. 城市历史公园文化空间价值评估探析——以上海市鲁迅公园为例 [J]. 同济大学学报（社会科学版），2019，30（03）：52-65.

2.3 寻路

在认知地图的基础上，人类会产生许多环境行为，寻路便是其中一种。认知地图是一种静态的空间认知，而寻路则是人们借助空间认知所采取的一种行动过程，需要与空间环境进行不断的交互作用。

迷路是一种让人彷徨、手足无措的不愉快经历，尤其对于一个环境中的初到者而言。伴随迷路的还有压力和焦虑。作为环境中的个体，熟悉环境或者借助工具是避免迷路的最好方法；但作为环境的设计者，应重点考虑如何设计易读易懂的环境，或提供辅助指引以帮助人们安全定位顺利寻路。

2.3.1 寻路及其影响因素

1. 寻路与认知地图

寻路（Way Finding）是非常复杂的活动，它包括计划、决策和信息加工，而所有的这些又都依赖于个体理解空间的能力和心理控制的能力。有学者把它们统称为空间认知能力（Spatial Cognitive Ability）。清晰的认知地图有利于寻路。个体针对周围环境的认知地图不正确，或是利用认知地图的能力出现问题，都易导致迷路。

英国伦敦大学和美国亚利桑那大学的科学家在《自然》（Nature）杂志上发表的论文指出，人和其他高等动物的大脑中均存在着一个辨认和存储地图的部位，它可以通过识别标志物来唤起对某一空间地点的回忆，从记忆中调出相应的"地图"。他们通过记录并分析年轻和年老两组大鼠大脑中辨认和存储"地图"部位的活动情况发现，年轻的大鼠很容易将标志物与存储的"地图"联系在一起，而年老的大鼠在建立这个联系时比较困难。科学家们据此认为，老年人大脑中的"地图数据库"损失得并不多，但利用标志物调看相应地图的能力却大大下降。他们认为，这可能是老年人容易迷路的主要原因[①]。

2. 影响寻路的因素

我们都有过这样的体验，在某些环境中很容易迷路，而在有的环境中却很容易定位并找到目的地。影响人们对环境认知的因素很多，并且较复杂。有一些影响因素我们在前面已介绍过，下面主要从环境特征、个人因素和科学技术的影响几个方面加以分析。

（1）环境特征

可能影响寻路的物理环境特征有三个：差异性、可见性和空间布局的复杂性。

1）差异性（Differentiation）。差异性是指环境中不同地点、位置和物体的可区

---

① 苏彦捷. 环境心理学 [M]. 北京：高等教育出版社，2016.

分性。一般来说，外形奇特且独立的建筑物，更容易被我们记住和识别。邻近的位置和地点可区分性大，就不容易被混淆，也更有利于定位与寻路。而对于内部环境来说，用色彩帮助人们寻路是建筑内部设计常用的手段。

2）可见性（Degree of Visual Access）。可见性是指从较远的地方或不同观测点可以一眼看到目标，这也有助于定位。例如，远远地就能从街上看到一座建筑物。

3）空间布局的复杂性（Complexity of Spatial Layout）。空间布局的复杂性是指在环境中的信息量和难度。例如，交叉路口的结点越少，越不容易迷路。在各种形式的建筑中，一字形的比工字形的简单，工字形的比口字形的简单，口字形的比回字形的简单。

在复杂、多楼层的建筑中寻路，人们可能会使用三种策略中的一种找到目的地。这三种策略是：中央点（Central-point）策略用于了解建筑物最为人所知的情况；指向式（Direction）策略用于依靠方向指引标识和水平空间通廊的情况；楼层式（Floor）策略则用于对楼层方位清晰的情况下[1]。在这三个策略中，楼层式策略被公认为具有最佳的导向性并深得人们的喜爱[2]。

另一方面，选择过多也是迷路的重要原因。贝斯特（Best，1970）用他的例子说明了这一点。他在英国的一个市政厅里考察人们迷路的程度与在该市政厅行走时人们需要做选择的地点数之间的关系。他认为只要减少这些地点的数目，人们减少迷路，于是他就设计了一套指路系统放置在这些地点上给予人们必要的提示，这样人们在该市政厅行走时不仅减少了必须做选择的地点，也使人们很容易做出选择。通过这一措施，贝斯特成功地减少了人们的迷路感。这种指路信息需要精心设计及合理布置，否则过多的指路标志很可能成为新的视觉干扰。

（2）个人因素

1）性别和年龄。在性别方面，女性倾向于使用局部线索[3]和地标来定向[4]，而男性更倾向于沿着路径行进，更依赖自己的心理表征。不同类型的导航方式，对男女的寻路行为影响显著[5]，如男性通常比女性有更好的寻路行为，而且男性倾向于使用绘图一样的搜索策略。在年龄方面，儿童的寻路能力随年龄的增加而不断提高，但这种上升趋势存在性别差异，男孩比女孩更明显。老年人的寻路行为受其认知能力

[1] Hölscher C, Simon J. Büchner, Meilinger T, et al. Adaptivity of wayfinding strategies in a multi-building ensemble: The effects of spatial structure, task requirements, and metric information[J]. Journal of environmental psychology, 2009, 29（2）: 208-219.

[2] 苏彦捷. 环境心理学 [M]. 北京: 高等教育出版社，2016.

[3] Coluccia E, Iosue G, Brandimonte M A. The relationship between map drawing and spatial orientation abilities: A study of gender differences[J]. Journal of Environmental Psychology, 2007, 27（2）: 135-144.

[4] Jansen-Osmann P, Wiedenbauer G. Wayfinding Performance in and the Spatial Knowledge of a Color-coded Building for Adults and Children[J]. Spatial Cognition & Computation, 2004, 4（4）: 337-358.

[5] 房慧聪，周琳. 性别、寻路策略与导航方式对寻路行为的影响 [J]. 心理学报，2012，44（08）: 1058-1065.

下降的影响，常出现迷路现象。

2）文化传统和经验。由于不同文化背景下的人对环境具有不同的表现特征，因此，寻路行为的文化差异很显著。例如，在中国，北方人和南方人就有显著差异，北方人定位惯用东南西北的指向，而南方人通常习惯以自身所处位置为出发点，即用前后左右的指向。这种文化差异也表现在英国人和日本人的寻路行为上。英国人按直角坐标用道路来组织限定空间，从他们的门牌号码可以直接反映出在某一道路上的方向和距离；而日本人定位是命名空间，而不是道路，房屋是按照建成的先后顺序标出号码的。另外，具有不同生活经验和社会经济地位的个体寻路行为也不同[①]。

（3）科学技术

随着科学技术的迅猛发展，手机地图软件、车载导航系统、微信位置分享等逐渐成为人们寻路时的重要辅助工具，人全球定位系统（Global Positioning System，GPS）发挥了重要作用。然而即使人们学习了如何使用这些现代化工具，受个别地区、个别空间的信号影响，受具体空间复杂程度的影响，寻路行为并没有大幅度减少[②]。

2.3.2　寻路与地图

地图可以让我们直接了解距离和方向的关系。对于一个复杂的环境来说，看地图能获得更多的信息。

根据国家标准中不同比例尺的地图图式规范要求绘制的地图，称为标准地图。标准地图与实际环境要完全匹配，是客观的，并且标准地图选择上北下南的方向指向。指路地图与标准地图的相同之处在于，各种环境特征与周围实际环境是相应和一致的。不同之处在于指路地图的方位不一定是上北下南、左西右东，只要是自我指向、图示位置与周围环境结构匹配就可以了。指路地图也不同于认知地图。指路地图的内容是客观的，不能任意添加、歪曲和减少；而认知地图是主观的，环境和个体等很多因素会影响其准确性以及与客观环境的吻合程度[③]。

在交叉路口、结点设置"你在这里"的指路地图可以切实可行地帮助人们寻路。这种地图内容简介，通俗易懂。"你在这里"指路地图具有两个特征：①以当下所处位置为参考点进行指向。一张地图如果能随地形的变化而变化，使用最方便。在地图上位于你前方的目标在实际环境中也在你前方，地图上位于你左方的目标在实际环境中也在你左方。②与周围实际环境结构匹配。"你在这里"地图是把环境中的已知事物与地图中的相应位置匹配。因此，看到地图中的位置，也就很容易明白实际

---

① 苏彦捷. 环境心理学 [M]. 北京：高等教育出版社，2016.

② Ishikawa H. Social Big Data Mining[M]. Boca Raton：CRC Press，2015.

③ 苏彦捷. 环境心理学 [M]. 北京：高等教育出版社，2016.

的地理位置。在使用者辨不清自己所处方位的东南西北时，"你在这里"的指路地图能帮助我们更快地找寻目标[1]（图 2-24、图 2-25）。

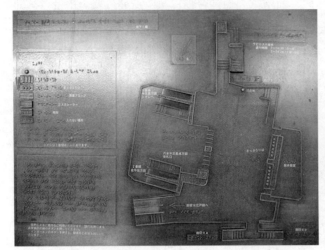

图 2-24　伦敦社区道路交叉口的立式盲人触摸地图
（来源：作者自摄）

图 2-25　典型大学校园双向指
示地图
（来源：作者自摄）

① 苏彦捷. 环境心理学 [M]. 北京：高等教育出版社，2016.

第 3 章

城市宏观环境行为

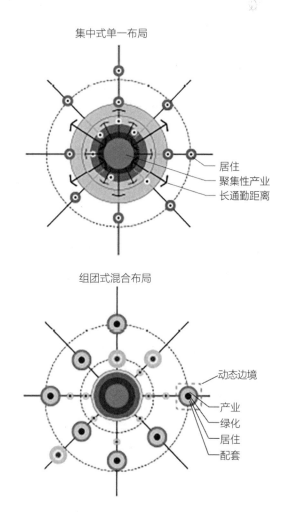

集中式单一布局

居住
聚集性产业
长通勤距离

组团式混合布局

动态边境
产业
绿化
居住
配套

在我们所生活的城市中，有些环境虽看起来虚无缥缈，却实实在在地影响着我们的行为，例如气候、光照、声音、温度以及风等。

3.1 气候与行为

天气是一定区域和一定时间内大气中发生的各种气象变化，是一种相对快速的变化或暂时的情况，比如，今天阴雨绵绵，明天晴空万里；寒流入侵导致气温骤然降低。气候则是一段时期内平均的或主要的天气状况，是一定地区经过多年观察所得出的概括性的气象情况。区分清楚两者的差异十分重要，因为它们对人类行为的影响程度有一定差异。气候与人的长期行为有关联，比如大规模的开发建设会逐渐改变原有的气候；而天气与人的短期行为关联更多，比如狂风骤雨天，游憩出行会相应减少。人类存在于大自然中，气候对人类的心理和行为活动有影响，与此同时，人类自身的行为对气候也存在一定的影响。

按照大气统计平均状态的影响和空间尺度，可以将气候分为大气候和小气候两大类，其中，较大区域范围内各地所具有的一般气候特点或带有共性的气候状况称为大气候；小范围内因受各种局部因素影响而形成的具有和大气候不同特点的气候称为小气候。

3.1.1 大气候

1. 大气候现象

全球变暖、温室效应、厄尔尼诺现象等都是当前与人类行为有关的大气候现象。

（1）全球变暖

全球变暖（Global Warming）是 21 世纪人类面临的最大挑战之一（图 3-1）。早在地质时代以前，全球气候就以多种方式发生变化，然而几个世纪以前，人类活动首次成为气候变化的主要原因。由于燃烧矿物燃料、砍伐森林等对环境的破坏冲击（图 3-2），人类已经改变了地球的热平衡（Intergovernmental Panel on Climate Change，2007）[1]。尤其是近 100 年的人类活动对气候变化较过去有了重大的影响，大大改变了气候变化的规律，增加了气候变化的不确定性和人为性。中国气候变化趋势与全球变暖总趋势基本一致，近百年来观测到的平均气温已经上升了 0.5~0.8℃，略高于全球平均温度。中国气候变暖最明显的地区是西北、华北和东北，长江以南地区变暖不明显；从季节分布来看，中国冬季增温最为明显[2]。

（2）温室效应

最近几年全球气候出现了温室效应（Greenhouse Effect），它主要是由石油的大量使用和臭氧层的损耗而造成的。温室效应促使全球气温升高。根据专家预测，如果温室效应发展到较严重的程度，会造成灾难性的破坏。例如，沿海地区会被淹没，大片地区会变成沙漠。

（3）臭氧层空洞

臭氧层空洞（Ozone Hole）是由于使用氯氟烃导致臭氧层的消耗所致。氯氟烃多用于空调、冰箱的制冷剂和液化气罐的推进剂。当氯氟烃进入大气层后，受到紫外线照射时，会使臭氧加速分解成氧气。由于南极特殊的气候和环境，那里的臭氧层损害最大。臭氧层的消耗会造成皮肤癌、免疫系统受损以及农作物的生长阻隔，

图 3-1　全球气候变暖

（来源：https://dy.163.com/article/DP3SQ93Q0518VBTG.html；NTESwebSI=CF8F510219E006A49A601C0E1DD59060.hz-subscribe-web-docker-cm-online-rpqqn-8gfzd-r5j7g-578964sqd4q-8081）

图 3-2　燃料气体排放

（来源：https://dy.163.com/article/DP3SQ93Q0518VBTG.html；NTESwebSI=CF8F510219E006A49A601C0E1DD59060.hz-subscribe-web-docker-cm-online-rpqqn-8gfzd-r5j7g-578964sqd4q-8081）

---

① Professor Strachan. Intergovernmental Panel on Climate Change（IPCC）[J]. United Nations，2007，114（D14）：48–56.

② 丁一汇. 中国气候变化——科学、影响、适应及对策研究 [M]. 北京：中国环境科学出版社，2009.

在臭氧层损耗特别大的地方，如果长时间暴露在紫外线下，皮肤甚至还会被严重烧伤。南美洲南端的阿根廷城市乌什娃伊亚位于南极臭氧洞的边界之内，阿根廷卫生部曾向该市居民提出忠告，让他们在每年9、10月间尽可能呆在室内减少外出。

（4）厄尔尼诺现象

近几年来，世界范围内的厄尔尼诺现象多次发生，使秘鲁、厄瓜多尔等国家遭受了不同程度的自然灾害。厄尔尼诺又称"圣婴"现象，是指赤道中东太平洋海水异常增温的现象，其发生周期为2~7年。厄尔尼诺与南方涛动现象有关，南方涛动是指南印度洋和南太平洋的海平面气压的变化呈反位相的现象。两者是海洋与大气相互作用的表现，被合称为恩索（ENSO）现象，恩索现象会带来严重的自然灾害，给社会经济造成巨大损失[①]。

人类行为对环境的影响导致气候发生改变，上述气候现象均与人类活动有关，又对人类的行为和生活产生反作用。

2. 大气候对行为的影响

除一些特殊的大气候现象对人类生产、生活造成影响外，一些常见的气候特征也会影响我们的日常生活。在我国，北方以温带季风气候为主，夏季高温多雨，冬季寒冷干燥。南方以亚热带季风气候为主，夏季炎热多雨，冬季湿冷少雨。南北气候的明显差异（图3-3）对人们的生活方式、行为方式等方面具有强烈的导向作用，对人们的行为发生产生了长期稳定的影响，特别体现在人流量方面。

北方地区冬季低温持续时间较长，温度过低，以至于冬天的雪景、冰雕等成为地区的标志性景观，吸引来自全国各地的游客。即使局部地区温度低于-30℃，也阻挡不了游客们的热情，但这样的天气也一定程度上降低了出行的可能，影响了人们出行

图3-3　南北方气候差异

（来源：作者自摄）

---

① 苏彦捷. 环境心理学 [M]. 北京：高等教育出版社，2016.

的舒适度。长期稳定的低温天气改变了北方地区居民户外活动的频率、活动的方式以及可能性，北方冬季活动大多以冰雪为主题，例如冰雪艺术活动、冰雪娱乐、冰雪体育活动等，因其持续的低温气候，这些活动往往会和元旦、春节等节日结合在一起，成为吸引百万游客的著名景点。而北方地区在夏日又成为避暑胜地，迎来大量游客。

南方地区的气候特点是夏季高温多雨，雨多则水网密布，具有丰富的水景观资源，形成了南方城市的独有特征。在南方热带、亚热带地区，夏季持续时间长，气候炎热，夏季景观环境的利用率最低，但通常晚间凉风习习之时，城市绿地、公园、滨水景观带等景观环境中，会迎来大量的人流。因此，植物配置应选择树冠幅大遮阴好的中、大乔木，多设置水景，以调节小气候，同时鉴于雨量多，雨季长等特点，景观环境中应充分利用有顶的亭廊等设施提供活动空间和休闲空间[①]。

3.1.2　小气候

贝顿（L. J. Batten）认为小气候主要是指从地面到十几米至100米高度空间内的气候。南兹博格（Landsburg）认为小气候是指地面边界层部分，其温度和湿度受地面植被、土壤和地形影响[②]。我国学者傅抱璞则认为，在小范围内因各种局部因素影响而形成的与大气候不同气候特点的就是小气候[③]。因此，小气候（Micro-climate）就是在具有相同大气候特点的范围内，由于下垫面条件、地形方位等各种因素不一致而在局部地区形成的独特气候状况[④]。

1. 小气候区域差异

中国古人对地形、气候、文化及住宅形式之间深刻的关系，有着独到的理解和重视，大到国家的都城、聚落选址，小到建筑体系的营造、基地的控制和构造处理等，皆依据一定的堪舆理念，以调节风和太阳辐射等气候因子，营造良好的局部小气候环境。目前，相较于国外而言，我国学者对城市小气候的相关研究起步较晚，但研究进展相对较快，这主要得益于中国幅员辽阔、国土面积绵延近千平方千米，不同地形地貌造就了多种气候类型，为不同大气候背景下的城市小气候研究提供了较为丰富的研究类型。2014年，曾煜朗指出，当前我国的城市气候在趋同的城市建设与居民生产生活方式的双重影响下越来越具有相似性[⑤]，这一现实使得国内学者对不同区域的城市小气候进行研究时，不得不格外关注其地理位置，重视源于区域气候特征的大气候背景。目前，在不同区域的大气候背景下，城市小气候研究大致可分为3类：夏热冬冷地区（华东、华中地区，华北部分地区）、湿热或炎热地区（西南、

① 陈烨. 景观环境行为学 [M]. 北京：中国建筑工业出版社，2019.
② 柏春. 城市气候设计：城市空间形态气候合理性实现的途径 [M]. 北京：中国建筑工业出版社，2009.
③ 傅抱璞. 小气候学 [M]. 北京：气象出版社，1994.
④ 庄晓林，段玉侠，金荷仙. 城市风景园林小气候研究进展 [J]. 中国园林，2017（4）.
⑤ 曾煜朗. 步行街道微气候舒适度与使用状况研究 [D]. 成都：西南交通大学，2014.

华南地区）和寒冷或严寒地区（西北、东北地区）。

（1）夏热冬冷地区小气候研究

李保峰等在基于节能及气候适应性的城市设计策略基础上，较早地开展了夏热冬冷地区住宅及办公建筑的气候适应性研究，探讨了该地区建筑适应气候的设计方法[①]，此后将研究重点逐步由建筑尺度转向城市尺度，探究城市形态与城市微气候耦合机理与控制，寻找城市小气候与其形态之间的关系；刘滨谊、张德顺等对上海地区的城市广场类建筑密集区、街道及滨水区类带状空间和城市居住类街区等在内的园林空间进行实测分析，对这 3 类城市风景园林小气候空间单元的适应性设计理论和方法进行了系统研究，并在此基础上，提出相关的设计建议与改进措施[②]；董芦笛、刘晖等对西安城市小气候进行了研究，探讨了不同园林要素的小气候效应，提出了适应性设计理论与方法[③]。

（2）湿热地区小气候研究

董靓、陈睿智等对湿热气候区的景区微气候舒适度评价与游憩行为进行了研究，建立了相应的微气候舒适度评价等级，并对游憩行为与微气候舒适度阈值相关性进行了探讨[④][⑤]；孟庆林对"湿热地区城市微气候调节与设计"和"湿热地区城市微气候环境现代实验方法与应用基础"等课题展开研究，着重对建筑物理方面的热环境及建筑节能技术展开探讨，也涉及建筑隔热、遮阳、通风等效应对室外热环境的影响[⑥]。

（3）寒冷地区小气候研究

冷红等对基于 UCL 微气候改善的寒地城市住区公共开放空间优化及控制规划技术方面进行了研究，分析了东北严寒地区的气候因素对于城市建成环境、居民行为方式和身心健康等各方面影响，并在此基础上提出宜居的寒地城市环境建设发展的科学理念[⑦]；徐苏宁等做了有关应对气候变化的寒地城市基础设施规划研究，从寒地城市水通道景观与为应对降雪天气下的城市道路设施规划设计等方面，对基础设施建设的问题进行了探讨[⑧]。

----

① 邓扬波. 夏热冬冷地区高层办公建筑的气候适应性研究 [D]. 武汉：华中科技大学，2004.

② 刘滨谊，张德顺，张琳，等. 上海城市开敞空间小气候适应性设计基础调查研究 [J]. 中国园林，2014，30（12）：17–22.

③ 董芦笛，李梦柯，樊亚妮. 基于"生物气候场效应"的城市户外生活空间气候适应性设计方法 [J]. 中国园林，2014，30（12）：23–26.

④ 陈睿智，董靓. 湿热气候区风景园林微气候舒适度评价研究 [J]. 建筑科学，2013（8）：28–33.

⑤ 陈睿智，董靓. 基于游憩行为的湿热地区景区夏季微气候舒适度阈值研究：以成都杜甫草为例 [J]. 中国园林，2015，31（8）：55–59.

⑥ 孟庆林，王频，李琼. 城市热环境评价方法 [J]. 中国园林，2014，30（12）：13–16.

⑦ 冷红，马彦红. 应用微气候热舒适分区的街道空间形态初探 [J]. 哈尔滨工业大学学报，2015（6）：63–68.

⑧ 徐苏宁. 创造符合寒地特征的城市公共空间 以哈尔滨为例 [J]. 时代建筑，2007（06）：27–29.

2. 小气候对行为的影响

小气候对人的影响表现在生理和心理两个方面。生理上，人会对外界的气候条件做出相应的热舒适评价，进而影响人在活动场地、活动时间、活动时长、活动类型等方面的决策；心理上，室外的阳光照射情况、热舒适感受、视野内明亮程度等都会对人产生一定影响，而环境对人的心理的影响可以进一步积累而使人的行为外在表现发生变化。此外，当气候对足够数量的人产生了行为上的影响，就会反映在人群的群体特征上，如人群的数量、空间分布等。小气候对人的个体与群体行为的影响作用主要包括以下几点：

（1）活动的人次。一般来说，人对室外空间中活力高低的第一判断依据就是其中从事各种活动的总人数。活动的主体是人，故而空间内积累的人数越多，活动的多样性、创造性与自主性就越高。物质空间与场所环境是使空间快速积累起足够数量使用者的根基，物理环境的优化对活动数量的改善有着举足轻重的决定作用。

（2）活动的场地。人在室外活动中，对场地存在一定的筛选意识，一般来说，人会选择室外体感热舒适程度更高的场所进行活动，当某一类活动的人群聚集出现了明显的趋势时，往往就可以推断出，这一场所的环境相对更符合这一类人群活动的需求。

（3）活动的时长。城市开放空间的活动源于其中的使用者与活动行为本身，涉及了室外活动的项目类别、参与者数量、行为的持续时长等多种因素，这些因素综合作用于城市空间中的活动的质量，因此，想要提高空间的活力，增加其中活动的发生的手段有二：除前文提到的活动人次，即让尽可能多的人发生交互外，还可以将人群的室外活动时间尽量拉长。

（4）活动的类型

户外空间应当有着激活更多样的室外活动的潜质、对各类活动的容纳能力以及多样化的空间布局基础，而接受并推动更多人、更长时间地集中在公共空间中，推动个体活动、交往活动、社会活动等的产生。

在旅游出行过程中，微气候作为重要的外部环境因素，也会影响游客偏好、游客旅游决策和游客旅游行为。

（1）小气候对游客偏好的影响。微气候要素（气候、降水、湿度、风速、日照等）会影响游客的旅游气候偏好，研究表明游客认为出游温度为25~29℃、下雨在1个小时之内、风速微风或中度风、晴天云量25%左右和阴天50%的云量则为出游时较为偏好的状态；长期居于极端自然性气候（如极度寒冷、极度炎热、极度潮湿、极度干旱等）下的游客则偏好与其长期居住地气候相反的舒适气候，如小雨湿润的自然性气候下的游客偏好冷干的气候，冰雪气候区的游客则偏好温暖高温地区等。

（2）小气候对游客旅游决策的影响。从气候对游客决策的影响视角，刘宏盈等
（2008）通过对入境游客在选择昆明作为旅游目的地时，对旅游气候影响不同程度的
感知分析，总体，入境游客认为旅游气候因素对选择昆明作为旅游地时的影响程度
一般，游客出行前并未过多考虑其气候因素[1]。对亚洲游客，特别是日本和韩国游客，
其选择目的地时对旅游气候因素考虑较多，对欧洲、美洲、大洋洲游客，特别是大
洋洲对旅游气候因素的看重程度较低，出行时考虑气候因素很少。曹伟宏（2013）
利用单要素评价模型，综合分析了潜在游客选择旅游目的地的天气偏好及感知态度。
认为气候的空间异质性影响游客出行行为，居住地气候舒适度越低，旅游地气候因
素对潜在游客选择目的地的影响就越大，反之亦然[2]。

（3）小气候对游客旅游行为的影响。陈睿智等（2015）以成都市杜甫草堂为例，
从游客的角度探讨湿热地区景区中的休憩行为与微气候舒适度的关系，湿热地区景
区夏季微气候舒适度阈值是31℃，达到这个值即不再有游憩活动[3]。刘骥（2012）分
别从温度、降水、相对湿度、日照四方面的变化对旅游者行为的影响进行分析，气
温适宜与否是外出旅游活动首先考虑的气候因子，直接影响旅游气候舒适度，适宜
的降水和温湿度都是会促进旅游者的旅游行为选择，反之亦然[4]。

3. 空间要素对城市小气候的影响

城市小气候的直接影响因子主要包括空气温度、相对湿度、太阳辐射和风向风
速等，因此要营造出一个宜人的小气候环境，则需要综合考虑这些气候要素，通过
对地形、水体、植物、建筑等空间要素的适配，实现城市宜居小气候的目的。

（1）地形对城市小气候的影响

地形即地表的综合形态，它包括地貌和地质状况。由于不同朝向的坡地上获得
的热量和水分不同，因此地形对小气候的影响主要表现在太阳辐射分布不一致和地
形对气流的作用两方面。李兴荣等人应用自动观测站资料，对深圳城市、海洋、丘
陵、山地4种不同地形的小气候区气温、湿度及舒适度特征的分析表明，各小气候
区气温、相对湿度存在显著差异，其最小值、最大值、平均值及日变化存在明显不
同[5]；徐小东通过分析地形对城市环境的影响机理，指出地形对太阳辐射、温湿状
态及城市风环境皆有影响；刘贵利研究了3种不同地形共生的生态特点，对温度、

① 刘宏盈，马耀峰，高军，等.旅昆入境游客旅游气候感知对其旅游决策的影响研究[J].生态经济，2008，（05）：47-50.
② 曹伟宏，何元庆，王世金，等.潜在游客目的地选择的气候因素分析[J].干旱区资源与环境，2013，27（07）：203-208.
③ 陈睿智，董靓.基于游憩行为的湿热地区景区夏季微气候舒适度阈值研究——以成都杜甫草堂为例[J].风景园林，2015（06）：55-59.
④ 刘骥.旅游气候舒适度对旅游者行为的影响研究[J].现代商业，2012（03）：34-35.
⑤ 李兴荣，张小丽，隋高林，等.深圳夏季典型晴天不同小气候区温湿及舒适度特征[J].气象，2010，36（10）：62-66.

湿度、日照等微气候环境特征进行了表述①。从城市规划的层面来说，大地形和特大地形对其选址、规划布局和总体设计方面的影响是不容忽视的，但就风景园林的层面而言，我们通常更关注中、小地形对城市环境的影响。在园林设计中，局部小地形是构成园林的骨架，是人类活动的基础，因此在场地整理时，我们可以充分利用小地形或营造小地形以达到调控局部小气候的目的。

（2）水体对城市小气候的影响

相较于局部小地形的气候调节能力，水体对城市小气候的调节作用更为显著，大到城市湖泊、河流、湿地，小到池塘、喷泉等，皆对局部小气候有重要影响。杨凯等比较了上海市中心城区6处不同类型的城市河流及水体在不同季节上、下风向的温湿特征及人体舒适度效应，表明水体面积是影响小气候效应的重要因素，同时还发现"水绿"复合生态系统有利于河流水体小气候效应的发挥，并且喷泉等人工设施能够强化水体的小气候效应②；陆婉明等运用CFD软件模拟水体对居住小区局地气候的调节作用，发现水体有增湿和调节风速的作用，7.5%面积占有率的水体能很好地改善20m²区域内气候③；崔丽娟等通对水平方向温、湿度和负氧离子浓度变化的测定，对北京城市湿地小气候效应的时空变化特征进行了研究，结果表明：湿地对城市局部环境具有明显的降温、增湿和增加负氧离子浓度的作用，且距离水体越近小气候效应越强；湖泊湿地对局部环境的降温和增湿效果比河流湿地的降温、增湿效应更加明显，两者相差大约1℃和5%④；张伟等通过对西湖及其周边城区各季节不同气象要素的对比观测，对城市湿地的局地小气候调节效应进行了研究，发现西湖具有明显的冷岛、湿岛和风岛效应，其小气候调节效应具有明显的季节和昼夜差异⑤；张琳等以城市滨水带为研究对象，通过现场实测与数字模拟技术相结合的方法，探求水体、驳岸等城市滨水带风景园林设计要素与空气温度、热辐射等小气候物理因子之间的影响关系⑥。

（3）植物群落对城市小气候的影响

植物是园林设计中的重要组成部分，出于其自身的蒸腾作用与叶片阻滞等原因，植被对周边环境的温度与风速有着很大程度的影响。鲍淳松等进行了园林绿化对城市小气候的影响研究，结果表明：植被绿化能使气温降低0.7℃、最高可降2.3℃，

① 徐小东，徐宁.地形对城市环境的影响及其规划设计应对策略[J].建筑学报，2008（1）：25.
② 杨凯，唐敏，刘源，等.上海中心城区河流及水体周边小气候效应分析[J].华东师范大学学报（自然科学版），2004（03）：105-114.
③ 陆婉明，汪新，周浩超.数值模拟水体对居住小区局地气候调节作用[J].建筑科学，2015（8）：101-107.
④ 崔丽娟，康晓明，赵欣胜，等.北京典型城市湿地小气候效应时空变化特征[J].生态学杂志，2015，34（01）：212-218.
⑤ 张伟，朱玉碧，陈锋.城市湿地局地小气候调节效应研究：以杭州西湖为例[J].西南大学学报：自然科学版，2016，38（4）：116-123.
⑥ 张琳，刘滨谊，林俊.城市滨水带风景园林小气候适应性设计初探[J].中国城市林业，2014（4）：36-39.

相对湿度提高 4%、最高可达 15%；不同植物类型降温作用有所差别，乔木降温作用大于草坪[1]；晏海以北京奥林匹克森林公园为例，研究了城市公园内不同树木群落、不同下垫面组成的空气温湿度差异、变化规律及其对公园微尺度热环境的影响，揭示了局地尺度上城市气温与植被覆盖关系的时空变化[2]。此外，公园绿地边界宽度对城市小气候亦有不同程度的影响，随着绿地边界宽度的增加，温度、可吸入颗粒物会有所降低，湿度、负氧离子浓度反之升高。

城市林带可以提高秋、冬季林内的最低温，尤其是冬季中午林带内的最低温；降低夏季林内的最高温，明显增加林内的相对湿度，同时有降低背风面林缘和区域风速的作用。城市森林冠层在削减太阳辐射、高温滞后与改善舒适度方面具有显著的作用，并且天然森林群落在遮阴、降温增湿等调节小气候因子变化幅度及改善气候舒适度方面优于人工森林群落。

（4）建筑布局对城市小气候的影响

建筑是城市空间的主要组成部分，也是园林环境营造中不可忽视的一部分，其本质上就是人类适应气候环境条件的自然产物。在气候设计中，建筑主要起到遮挡太阳辐射与阻挡、引导气流的作用，它对环境的影响主要体现在建筑形式、空间布局及材料特性上。

城市开敞空间的规划与使用在很大程度上取决于其周围建筑物的阴影范围。左力结合不同气候地区具体建筑实例的分析，论证了建筑外部空间形态组合方式、建筑平面及剖面形状的变化、遮蔽物等对其外部空间微气候的影响[3]；伍未立足于重庆地区，分别从总体布局、空间形态、构造技术 3 个层面对适应气候的建筑设计策略进行了论述[4]。

谢振宇等以高层建筑周围风环境形成机理为依据，归纳了高层建筑对室外风环境的不利影响，结合计算机模拟，提出了削弱"边角强风"、化解"迎风面涡旋"、减小"建筑物风影区"等改善建筑底部人行水平面风环境的高层建筑形态设计评价依据和可操作的优化策略[5]；区燕琼通过实际观测和计算机数值模拟手段的结合，研究了居住小区夏季各种常见墙面材料类型对室外热环境的影响，结果发现：与灰色水刷石粗糙墙面相比，白色陶瓷锦砖墙面对室外环境有更强的增温作用[6]。

① 鲍淳松，楼建华，曾新宇，等 . 杭州城市园林绿化对小气候的影响 [J]. 浙江大学学报（农业与生命科学版），2001（04）：63-66.

② 晏海 . 城市公园绿地小气候环境效应及其影响因子研究 [D]. 北京：北京林业大学，2014.

③ 左力 . 适应气候的建筑设计策略及方法研究 [D]. 重庆：重庆大学，2003.

④ 伍未 . 适应气候的建筑设计策略初探 [D]. 重庆：重庆大学，2009.

⑤ 谢振宇，杨讷 . 改善室外风环境的高层建筑形态优化设计策略 [J]. 建筑学报，2013（2）：76-81.

⑥ 区燕琼 . 建筑外墙面热辐射性能对室外温度场的影响 [D]. 广州：华南理工大学，2010.

3.2 温度与行为

3.2.1 温度的感知

个体对温度的知觉包括物理成分和心理成分。物理成分是指周围环境的实际温度，通常使用华氏度或摄氏度来表示。心理成分主要指个体的温度知觉，也被称为核心温度（Core Temperature）或深度温度，比如，我们都知道"心静自然凉"，情绪平静的时候我们会感觉高温不至于难以忍受。心理成分还包括皮肤这一温度感受器的知觉。虽然身体不同感受器对温度的敏感程度不一样，但是当温度改变时，身体知觉到的实际温度都要高于温度改变的程度。

个人温度感知的主要影响因素包括湿度和风力。在气温比较高的环境中，温度越高排出的汗就越难挥发，人们就会感觉越热。例如，温度为 38℃，湿度为 60% 的环境与温度和湿度均为 15% 的环境相比，前者更舒适，因而，对周围环境温度的知觉不是由温度一个因素单独决定的。从心理学角度来看，最适温度是通过湿度和温度共同作用带给人的舒适水平来测量的，这称为有效温度（Effective Temperature）。空气流动的速度决定了个体排汗的蒸发量，以及身体产生的热传送量，所以，风速也是影响对周围环境知觉的一个因素。在炎热的天气中，如果有阵阵微风吹过，可以带走身体的一些热量，起到散热的作用；如果是在寒冷的天气中，风会让人感到更冷。

3.2.2 温度对行为的影响

1. 不同环境中的温度影响研究

一般来说，如果在温度高于 32℃ 的环境中超过两小时，对于没有达到环境适应性的个体来说，会影响其对智力任务的操作。在高于该温度的环境中，时间超过一小时，个体完成中等难度的机械任务会受影响。随着温度的增加，其对个体操作行为的影响越大，能待在该环境中的时间也越短。然而，有一些研究得出结论，认为高温不会妨碍个体的操作行为，反而有助于其对任务的操作。介于这两种观点之间，在 20 世纪 80~90 年代，部分研究者提出，随着温度的升高，个体的操作先会受到促进，然后受到妨碍。但是，这一观点同样受到人们的反对，因为有的研究者认为，对于某些任务来说，温度的影响模式是反过来的：先受到妨碍，后受到促进。汉考克（Hancock，1986）的研究发现，对于警觉性任务的操作，当温度升高打破了身体原来的热平衡系统后，操作行为受到影响；之后，由于身体自身调节机制的作用，个体重新适应新的温度，这时个体的操作行为又得到提高 [1]。

---

[1] 苏彦捷. 环境心理学 [M]. 北京：高等教育出版社，2016.

总之，长时间在热环境中，它会妨碍个体对智力型任务的操作，在热环境中的时间稍短，个体完成机械操作会受到干扰，但是对个体操作警觉性任务来说，则可能先产生干扰，随后得到促进。

（1）工业环境

从事某些工作的个体，一天8小时甚至更长时间都要在高温环境中度过，如炼钢厂的工人。这样的环境容易引发个体出现脱水、失盐和肌肉疲劳现象。如果高温导致这几种现象一起出现，那么可能会使人的耐力降低从而影响操作行为。例如，林克等人（Link，Pepler，1970）的研究发现，随着工作环境温度的升高，刺绣女工的生产率下降[1]。为了克服和避免这个问题，在高温环境中工作的人应该补充足够的水分和盐分，如果长时间处在这种环境中，需要穿有隔热性能的保护性衣服。对于刚到这种环境中工作的个体来说，要给予足够的时间来适应环境。

（2）学校环境

毫无疑问，教室温度对学生的学业成绩会有影响。佩珀（Pepler，1972）考察了有空调和无空调环境对学生成绩的影响，结果表明，在无空调的学校中，学生学业成绩随温度升高分布加宽。这说明，由于个体的差异，一些学生对热是更敏感的。班森等人（Benson，Zieman，1981）的研究得出了另一个结果：高温学习环境对一些学生会有不利影响，而对另一些学生则可能起促进作用[2]。建筑设计师利用自然元素对学习环境进行调节，例如由CPG公司设计的南洋理工大学艺术设计和媒体学院（图3-4），其主要特色是呈45°倾斜角的生态屋顶（图3-5），生态屋顶降低了屋顶温度和环境温度，从而降低了室内温度，建筑中间还设有一个水景庭院，四周为玻

图3-4 南洋理工大学艺术设计学院　　　　　　图3-5 南洋理工大学艺术设计学院生态屋顶

（来源：https://www.interiordesign.net/articles/16140-　　（来源：https://www.interiordesign.net/articles/16140-
8-sustainably-designed-and-architecturally-　　　　8-sustainably-designed-and-architecturally-
significant-buildings-in-singapore/）　　　　　significant-buildings-in-singapore/）

① Link J M，Pepler R D. Associated fluctuations in daily temperature，productivity and absenteeism[J]. ASHRAE Transactions，1970，7：4.

② Zieman G L，Benson G P. Delinquency：The role of self-esteem and social values[J]. Journal of Youth and Adolescence，1983，12（6）：489-500.

璃界面，玻璃反射的植物倒影为学生们提供了舒缓、放松的氛围。

（3）军事环境

有研究者假设：如果热会影响操作行为，那么当军队进入热带区域，而士兵们的身体还没有达到环境适应性水平时，热可能会对士兵战斗力产生损害。亚当（Adam，1976）通过收集英国军队资料研究发现，有 20%~25% 的军队进入热带地区后，在 3 天内士兵们的战斗力都减弱，并且战斗中的人员伤亡数量增加。环境心理学家认为，解决上述问题的办法之一就是让士兵在高温环境中有一个环境适应阶段。

（4）公共环境

城市中的公共空间场所需要为人们提供一个舒适的空间环境，可以通过采用设计手段来实现调节室内的温度，例如新加坡国家美术馆（图 3-6）。设计师在屋顶使用玻璃和钢结构面网连接两个建筑，建筑的顶部遮阳网用树状结构支撑（图 3-7），通过控制网孔过滤进入建筑内部的阳光。为降低室内温度，设计师还用玻璃体将前市政厅的庭院包裹，并用屋顶反光池反射阳光。

2. 高温与社会行为

空气温度对可观察到的行人行为有着直接影响。虽然在较高的空气温度中快走会产生不容易消散的热量，但步行者的速度不一定会下降（Rotton，et al，1990）[1]，尽管步行可能会产生不适，但步行者下意识的反应不一定是减速。在一项有关蒙特利尔 CBD 观测到的步行目的地研究中，可以发现到个体的步行距离或者长时间的停止与实际的各种温度（−21~31℃）无关。另一方面，当室外温度较低时，较高比例的总步行距离是在室内完成。Tarawneh（2001）发现行人走过大

图 3-6 新加坡国家美术馆

（来源：https://www.interiordesign.net/articles/16140-8-sustainably-designed-and-architecturally-significant-buildings-in-singapore/）

图 3-7 新加坡国家美术馆顶部遮阳网

（来源：https://www.interiordesign.net/articles/16140-8-sustainably-designed-and-architecturally-significant-buildings-in-singapore/）

---

[1] Rotton J, Shats M, Standers R. Temperature and Pedestrian Tempo: Walking Without Awareness[J]. Environment and Behavior, 1990, 22（5）: 650-674.

广场或是较为宽阔的街道会下意识地加快速度，而在小空间和狭窄街道速度会自然减慢[①]。

　　一些研究者认为高温天气可能提高唤醒水平，增加人的攻击性。美国骚动委员会在其记录中发现，1967 年所有记录的骚动几乎都发生在温度高于 27℃ 的日子里，只有一次例外。另一些人在其正式研究中发现，与骚动的爆发率有密切关系的正是炎热的天气。研究表明，天气更热时，警局接到的报案的数量会更多。性犯罪以及暴力犯罪的数量，都随着气温的升高而变多。1976 年，巴诺（R.M. Baron）的研究发现，与气温低时比较，当气温超过 29℃ 的时候，司机会更多地通过鸣笛来表示出他们的敌意和易怒。1975 年，巴诺和贝尔（Paul A. Bel）的研究结果很出人意料，他们先安排实验助手或激惹或赞扬被试者，然后给被试者一个机会可以表现攻击性，让他们有机会去电击实验助手（实际是假的，没有电击）。结果发现，在周围温度舒适（23℃）的时候，被试者电击那些激惹他的实验助手的次数比电击那些赞扬他的人的次数要高。但是在周围温度不舒适（35℃）的时候，情况恰恰相反，他们对激怒了他们的人的攻击减少了，但是对那些友好的人的攻击却增加了。对这个现象有一个解释是"消极情感 – 逃避模型"。这个模式认为：温度越高，人越不愉快。在临界点之前，消极情绪会导致攻击性提高，但是过了这一个点，因为太热了，个体就会衰弱而无力攻击，从而选择避开高温而非攻击。

　　3. 低温与行为

　　（1）低温

　　长时间暴露在低温环境会造成冻伤和体温降低，那么对于那些长期生活在严寒气候中的人，低温对他们的健康又有什么影响呢？研究发现，冷和健康似乎没有直接的关系，特别是当有足够的保暖措施和庇护地方时，低温对健康不会有危害。

　　低温也不会直接影响心理健康。研究发现，虽然居住在南极的人表现出失眠、焦虑、抑郁和易怒等症状，但这更多地是由孤独和对工作条件的不满造成的，而并非是气候影响的结果。所以，我们可以认为气候只是影响身心健康的间接原因。

　　（2）严寒

　　在北极的探测人员、驻守高山的军人和潜水员都是在温度非常低的环境中工作。研究发现，当温度低于 13℃ 时，会使个体反应变慢，思维灵活性和肌肉的灵敏性也相应降低。一些观点认为，严寒影响任务操作主要是因为信息过载和高度的唤醒，也就是说，身体各部分机能要调动前提是维持核心体温，因此没有足够的能量或注意分配给任务操作。如果是手暴露在冷空气中，那么可能会造成手的活动力僵硬、触觉的分辨力减弱，导致机械操作的灵活性降低。

---

① 苏彦捷. 环境心理学 [M]. 北京：高等教育出版社，2016.

也有另一种观点认为，对低温的生理反应会提高唤醒，甚至在还没有增加身体适应机能的负担时，寒冷可能会促进任务操作。由于个体对低温的适应性不同，寒冷带来的影响也存在个体差异。如果要避免严寒气候影响操作的进行，可以通过低温环境中的操作训练使身体机能适应在这种气温下工作。

有关冷和社会行为之间关系的系统研究很少。贝尔等人（Bell，Bron，1977）的实验室研究发现，当温度在 16℃ 左右时，被试者的消极情绪更多。他们进一步研究发现，与热的影响相似，当负性情感为中等水平时，随温度的下降，个体的攻击性增加；但当负性情感很强时，随温度的下降，攻击性减弱。一种解释认为是由于低气温使人们更愿意选择宅在室内，长时间之后会导致烦躁和敌对情绪增强[1]。

4. 个体调节行为

当温度过高或者过低时，人体热平衡被打破，人体的体温调节机构便开始起作用。人的体温调节根据其机制可以分为生理性体温调节（Physiological Temperature Regulation）和行为性体温调节（Behavior Temperature Regulation）两大类。生理性体温调节，即通过体内体温调节系统使体温保持在相对稳定状态；行为性体温调节即通过体外调节以改变换热系数，如穿衣或有目的地利用外界能量以减轻外界环境温度对机体的生理热应激（Physiological Heat Strain）作用，从而使体温保持在正常范围以内。个体还可从生理上和心理上适应某一热环境，生理适应（Physiological Adaptation）指长期暴露在热环境中人体热应力逐渐减小的一种生理反应，它包括基因适应性和环境适应性；心理适应（Psychological Adaptation）指根据过去的经历和期望适时改变现在的热环境期望值。对理论上未达到舒适标准的某一热环境，个体换一种心态去评价和感受也许会觉得舒适。当室内环境温度较高时，由散热中枢发出指令，汗腺分泌、血管扩张、增大呼吸量以增强散热；当温度较低时，人体的发热中枢发出指令，肌肉收缩、血管收缩、减小呼吸量以减少散热。体温调节机构的强度越大，人体感觉不舒适的程度越高。在一定的活动强度下，人的热感觉与人体热负荷（即人体的蓄热量）的大小有关。

3.3 湿度与行为

有关空气湿度对人的影响研究始于 20 世纪 20 年代，霍顿等人（Houghten，Yaglou，1923）首次进行了不同温湿组合下的人体热反应研究，探讨了空气湿度对人体热感觉的影响。内文斯在 20 世纪 60 年代进行了 72 种温湿度组合的人体热反应研究发现，空气相对湿度对人体热感觉的影响较小，相对湿度每下降 10% 空气温度

---

① 苏彦捷. 环境心理学 [M]. 北京：高等教育出版社，2016.

升高 0.3℃。随后，麦克纳尔（MeNall）在内文斯的实验基础上增加了代谢率的影响，研究结果表明，代谢率较低时空气相对湿度对人体热感觉的影响很小，随着代谢率升高，相对湿度对人体热感觉的影响有所升高。

在舒适温度范围内，空气相对湿度对人体热感觉的影响很小，但随着空气温度、相对湿度、代谢率等参数的升高，空气湿度的影响也会有所升高。偏热环境下，相对湿度，尤其是高空气湿度对人体热感觉的影响不容忽视。有研究者指出，这主要是因为在偏热环境下，高湿增大皮肤表面的湿度，高湿会抑制皮肤表面水分的蒸发速率，提高皮肤表面湿度，进而造成人体不舒适。此外，高湿造成人体不舒适，还可能与皮肤表面的溶盐特性有关，因为汗液的成分中除了大量水分以外，还有氯化钠晶体，其溶解成液滴的湿度下限是 67%，当空气中相对湿度较高时，溶盐黏着在皮肤表面，从而造成人体的不舒适感[①]。

3.3.1 湿度的感知

湿度直接和间接影响人体的热舒适，它在人体能量平衡、热感觉皮肤潮湿度、室内材料的触觉、人体健康以及室内空气品质的可接受方面是一个重要的影响因素[②]。环境湿度对于人体热舒适的影响，主要表现在影响人体皮肤到环境的蒸发热损失方面。当相对湿度保持在 40%～70% 范围内时，人体可以保证蒸发过程的稳定，而此时空气流速的作用非常重要。如果空气处于静止状态，则会造成靠近皮肤的空气层水蒸气分压力较大，人体表面蒸发受阻，从而导致不适。在高温环境中，如果相对湿度高于 70%，常常会引起人体的不适，而且这种不适感随空气湿度的增加而增加[③]，日本的 Tanabe 研究表明，湿度为 80% 情况下的热不舒适程度要大于 70% 或更低湿度状况。同时室内环境相对湿度较大会造成建筑潮湿，甚至有时会出现凝水现象；相反，如果湿度低于 30%，不但会引起人体热感觉的不满，而且会引起呼吸道疾病[④]。

由于湿度主要影响人体汗液的分泌，从而影响人体表面皮肤的平均湿度，而皮肤的平均湿度是预测人体是否热舒适的一项重要判断指标，因此衣服作为一种传质的阻力对湿度的感觉也有比较重要的影响。服装纤维结构的粗糙度与湿度感觉有关。当皮肤平均湿度达到 25% 的情况时，皮肤表面与服装的摩擦显著增大，而在皮肤平均湿度高于 25% 的情况下，没有人会感到舒适[⑤]。

① 田元媛.热湿环境下人体热反应的研究 [D]. 北京: 清华大学, 2001.

② 纪秀玲，李国忠，戴自祝.室内热环境舒适性的影响因素及预测评价研究进展 [J]. 卫生研究, 2003, 32（3）: 295–298.

③ 田元媛，许为全.热环境下人体热反应的实验研究 [J]. 暖通空调, 2003, 33（4）: 27–30.

④ Tanabe S I, Kimura K I. Effects of air temperature, humidity, and air movement on thermal comfort under hot and humid conditions[J]. ASHRAE Transactions, 1994, 100（2）: 953–969.

⑤ 纪秀玲，李国忠，戴自祝.室内热环境舒适性的影响因素及预测评价研究进展 [J]. 卫生研究, 2003, 32（3）: 295–299.

在湿度较低的情况下，热感觉是热舒适的重要衡量指标，但在高湿度的情况下，热感觉并不能很好地预测人体的热舒适。Nevins 建议在热舒适区暖和的一侧相对湿度不要超过 60%。这一限制条件是根据室内霉菌的生长和其他与湿度有关的现象而制定的，并没有从人体热舒适的角度去考虑和限制[①]。Toftum 则发现空气湿度影响受试者的呼吸散热，进而对整个人体的热舒适水平有影响。他从高空气湿度引起呼吸不适的角度，提出了另外一个预测由于呼吸散热减少而引起不满意人数的百分比模型，并从热舒适角度给出人们所处环境的湿度上限，他指出在热中性环境中，即使空气相对湿度达到 100%，有时也能满足人的热舒适需要。另外，湿度不仅影响人体的热感觉，同时也影响着室内空气品质。Toftum 的实验结果表明：干燥偏冷一些的空气让人感觉空气更新鲜，同时受试者对空气的可接受程度与空气焓值有直接关系[②]。Berglund 也发现，即使在一间干净、无异味、通风良好的房间中，随着湿度的增加，受试者仍会感觉到空气质量变差，而且这种感觉并没有随着暴露时间的增加而改善[③]。最后需要说明的是，ASHRAE55 标准对于湿度的限制范围，无论是夏季还是冬季对于人体热舒适的影响均较小。从数值上看对于轻体力活动而言，相对湿度增加 10%，相当于环境温度升高 0.3℃。

3.3.2 湿度对行为的影响

1. 城市降雨

雨是人类赖以生存和发展不可缺少的最重要物质资源之一。降雨量的多少决定了城市环境的湿度，会极大地影响人类的生产生活等各个领域。与此同时，人类活动也会影响降雨。

人类活动对降雨产生的影响表现在下述几个方面：

第一，人类活动与水循环。人类引水、耗水构成了流域水循环系统中的一个子系统即侧支循环系线。与此对应，主干循环则是大气降水形成径流并通过各级沟道洞和河道汇入干流，最后流入海洋的循环过程[④]。近代以来，人类活动对大江大河水循环的干预强度越来越大。人类从河道中大量引水用于灌溉，灌溉水部分消耗于农作物的蒸腾作用和农田的蒸发作用，另一部分则通过深层渗漏补给到地下水中，最后经地下水流入河道，还有一部分以灌溉退水的形式直接排入河道。工业用水和生

---

① Nevins R，Gonzalez R R，Nishi Y，et al. Effect of changes in ambient temperature and level of humidity on comfort and thermal sensations[J]. ASHRAE Transactions，1975，81（2）.

② Toftum J，Jorgensen AS，Fanger PO. Upper limits of air humidity for preventing warm respiratory discomfort[J]. Energy Build，1998，（28）：15–23.

③ Berglund L G. Perceived air quality and the thermal environment，The Human Equation：Health and Comfort[J]. Proceedings of Ashrae/soeh Conferece Iaq Atlanta，1989.

④ 苏彦捷. 环境心理学 [M]. 北京：高等教育出版社，2016.

活用水除了一部分净消耗外，其余的以工业废水和生活污水的形式排入河道。人类引水量和净用水量的激增，意味着上述侧支循环的强度越来越大，这必然会使主干循环（大气降水形成径流，通过各级沟道和河道汇入干流，最后流入海洋的循环过程）受到削弱，使入海径流通量大幅度下降。全流域灌溉面积越大，全流域平均面雨量越少，全流域平均气温越高[①]。

第二，人类活动与城市热岛效应。城市热岛效应（Urban Heat Island）又称热岛现象，是指城市中的气温明显高于外围郊区的现象。形成热岛效应的主要原因是人类的活动，例如城市人口密集、工厂及车辆排热、居民生活用能的释放等的综合影响等是其产生的主要原因。城市中的机动车辆、工业生产以及大量的人群活动，产生了大量的氮氧化物、二氧化碳、粉尘等，这些物质可以大量地吸收环境中热辐射的能量，产生众所周知的温室效应，引起大气的进一步升温，从而形成热岛效应。从早上到日落以后，城市部分的气温都比周边地区异常的高，并容易产生雾气。热岛效应对降水的影响主要体现在城市蒸发减少、城市下垫面反射率降低、能量输入，对年雨量和时段暴雨均有一定的影响。在比较城区内外平均降雨量的差异后，研究者发现热岛效应会引起降雨量的增加[②]，也有研究表明，城市热岛效应日趋明显，导致暴雨量级增大、频次增多，单点暴雨频发。

第三，人类活动与夏季降雨的周末效应。大气气溶胶浓度、降水、气温等要素的这种周循环被称为周末效应。人类经济活动及其以此划分的双休日工作制度是导致很多地区大气气溶胶周循环的重要原因，而气溶胶浓度的周循环变化，通过气溶胶辐射效应的作用影响区域能量平衡，进而引起降水变化的周末效应现象，其中各季节气溶胶辐射效应的不同是周末效应存在季节差异的重要原因。夏季周的气溶胶浓度增加，不利于暖云降水；反之，周末气溶胶浓度下降导致了周末降水频次的相对偏高。研究表明，中国东部地区夏季日降水频次存在明显的周末效应，表现为周末降水频次的增加以及周中降水频次的减少，极少频次出现在周三，其中小雨频次的周末效应表现更为突出。随着人类活动增加而导致的气溶胶增多，必然对降水的长期变化产生不利影响[③]。

2. 干旱

空气湿度的另一自然界表现为干旱。干旱（Drought）是一项与地理特点息息相关的自然灾害，通常是指持续数月或数年的一段时间内，某区域内的实际水分供给低于与气候类型相适应的水分供给量。干旱会对生态环境造成严重的负面影响，可致森林、草原植被退化，破坏湿地生态系统，加剧土地荒漠化的进程及生物物种的

① 许炯心.人类活动对黄河河川径流的影响 [J].水科学进展，2007，18（5）：648-655.
② 崔松云，史如庄.城市热岛效应对昆明市降雨量的影响分析 [J].水电能源科学，2010，28（10）：10-12.
③ 房巧敏，龚道溢，毛睿.中国近 46 年来冬半年日降水变化特征分析 [J].地理科学，2007（05）：105-111.

灭绝。干旱亦可诱发多种疾病,危害人类健康。

　　干旱会对人的生理产生影响。辛格(Singh, 2006)等对印度干旱地区儿童健康状况的研究显示,儿童在干旱时期的呼吸系统疾病、消化道疾病和发热等症状都会显著增多,且该类疾病的患病率有随年龄增长而增高的趋势[1]。维尔弗里德(Wilfried, 1998)对干旱的肯尼亚西部小学生进行皮肤病检测,发现有超过 30% 的儿童被试者患有皮肤病,且这些皮肤病超过 65% 的具有传染性[2]。2002 年,郭钰娉等人探讨妇科疾病与年降水量的关系时发现,妇女疾病暴发的峰值都是恰逢干旱少雨年份或特别干旱时节[3]。

　　干旱会引发人的压力和精神创伤从而影响整个社会。萨托尼(Sartore, 2008)在干旱对澳大利亚农村居民影响的定性研究中发现,长期干旱使得农村居民承受了严重的压力,被调查者普遍认为干旱问题造成的困境是引发焦虑的主要原因:干旱对社会和情感的冲击力改变了环境,并导致人们对社区未来的担忧。迪恩(Dean, 2010)对澳大利亚西南部干旱地区人群的研究显示,青少年在经过三年干旱后的情绪压力明显高于干旱前。2008 年,余兰英等人的研究显示,男性农民在干旱年份的自杀率较高[4]。

　　干旱会导致饮用水缺乏,生活用水也相应不足,加之卫生设施不健全,使得干旱地区人们的行为习惯也与非干旱地区的行为习惯不同。干旱缺水必然使干旱地区的人们珍惜水资源,有限的水量让人们尽量减少不必要的使用,因而洗手、洗澡等日常清洁用水会相应减少,从而导致患有腹泻、出疹和眼充血等疾病的概率提高。

3.4　风与行为

　　风是由于地球表面接受的太阳辐射不均匀所造成的气压差和温度差所引起的空气流动,是一种自然现象。不同季节的风、不同温度的风会给人不同的感受,从而产生对行为的影响。气候变化中气压梯度力的变化导致风向和风速的变化,高空大气受气压梯度力和地转偏向力共同作用,风向与等压线平行。近地面风还受到摩擦力的影响。同时气压差越大,风速越大。

————————————

[1] Singh A K, Szczech L, Tang K L, et al. Correction of Anemia with Epoetin Alfa in Chronic Kidney Disease[J]. New England Journal of Medicine, 2006, 355(20): 2085-2098.

[2] Krüger, Rejko, Kuhn W, et al. Ala30Pro mutation in the gene encoding alpha-synuclein in Parkinson's disease[J].Nature genetics, 1998, 18(2): 106-108.

[3] 郭钰娉, 李巧梅. 干旱半干旱地区年降水量与妇科疾病发生的相关程度分析[J]. 中国妇幼保健, 2002, 017(003): 164-166.

[4] 苏彦捷. 环境心理学[M]. 北京: 高等教育出版社, 2016.

3.4.1　风的感知

风的感知有物质层面的，也有心理层面的。人们对风的知觉大多数情况下是依靠皮肤上的压力感知风的强度，风是冷或热、湿或干，人们皮肤的温度感受器也会觉察到。肌肉对风的抵抗也可以觉察到风力的大小；当风力足够大时，我们还能听到风声，风声也是觉察风力大小的一个线索，甚至风还能带来异味，也许能够就此闻到花香或从污染处吹来的难闻的气息。在室内，通过观察被风吹动的树叶等可以了解到风力的大小。人们能够感受到风，就能感受到风带来的各种自然信息，进而激发人们的情感，"等闲识得东风面，万紫千红总是春""北国风光，千里冰封，万里雪飘"，这些都是涉及景观意象的"风"的情怀。

四季气候变化会引起风产生规律性变化，气候变化导致的气压差，也会改变风向和风速。人感觉到舒适的风，指的是在风速和温度两个方面适合人感受的风。人们活动场所的选择倾向于通风散热的环境，例如在树荫下乘凉、在水边活动等，有利于降温散热。夏季遮阳的位置受人喜欢。人们喜欢待在凉爽通风的树荫、花架下或凉亭里。"暖风熏得游人醉"，在南方，舒适的暖风让人的精神振奋、行动自如，人的活动频率和范围较寒冷气候下会大幅度提升[1]。

3.4.2　风环境对行为的影响

风是大规模的气体流动现象，由平行于地球表面的空气运动而形成。当风速超过 129km/h 时，就可能形成具有破坏性的龙卷风和飓风。

1. 人造风

人口的急剧增加和科学技术进步，结合城市化进程中节约用地的需求，使得近十年来我国高层建筑得到了飞速发展，自然风在空中悄然无声地穿行，它翻越山冈，掠过森林，吹向人们居住的城市和村庄，受这些凹凸不平的地表阻挡，风的流向和流速就会发生变化。城市中那些高大的建筑物，犹如众多的机械搅拌棒，搅动着城市上空的风。由于建筑物高大，风力不能透过，必然绕过建筑物在其周围形成较强气流，产生所谓的城市"人造风"。

虽然风是种自然现象，但是人类的行为可以改变风。例如，高层建筑改变了通风和风向，使风变得令人不舒适并且具有破坏性，当速度为 15~20 英里每小时（1 英里 =1.61 千米）的风从风道中穿过时，风速可以超过 40 英里每小时。由于建筑设计对风的影响，人为改变的自然风产生的危害也日渐增多。当风沿着低矮楼房朝高楼吹来时，楼与楼之间的街道走向与风向相垂直，由于风受到楼的多层阻挡，街道上的风并不是很大，但是翻越高楼顶上的风力是相当大的。一旦遇到大风天气，

---

① 陈烨 . 景观环境行为学 [M]. 北京：中国建筑工业出版社，2019.

这种布局往往会引向另外一个极端,突然加速的气流会使建筑物的幕墙脱落,甚至掀翻行驶中的车辆,造成重要的交通事故,威胁人们的生命安全。城市人造风还有诸多表现,如夏季在我国南方的各大城市,由于高楼阻挡,空气流动使热量不易迁移扩散,加之钢筋混凝土结构的导热性能高,使人们生活在"火炉"当中,形成"热岛效应"。另外,"风谷"与"风穴"现象还会阻碍有害气体的高空排放和及时扩散,加剧城市的大气污染等[①]。

2. 自然风

风的流动能改变温度,形成热交换。不同季节的风温度、湿度、风速、污染情况等特性不同,对环境及人的行为的影响也不同。古诗有"夜来南风起,小麦覆陇黄",说的是夜里吹来暖暖南风,地里小麦盖陇熟黄,是风形成热交换的形象写照。南风送暖,北风骤寒。我国西北地区的冬天寒冷干燥,北风凛冽,一年中大部分时间热量损失严重,最低温度低于零下15℃。寒冷气候下人的行动缓慢、衣着较为厚重,此时的人们喜爱户外活动受温暖阳光照射和能够提供热源的景观。在空间选择上,光照状况好、避风的位置更加受人欢迎。由于冷风降低温度带来不适,在设计中应考虑防风、抗风、挡风措施。例如,在位于澳大利亚维多利亚的澳大利亚花园中,其表现的主题是从海洋到沙漠的演变(图3-8)。考虑到空旷的沙漠表现主题以及冬季风环境的影响,设计师在花园入口处设置有一个防风等待区(图3-9),充分体现了人文关怀。

研究表明,风对人的情绪体验和某些任务操作都会有影响。此外,因为气温和其他天气的改变都伴随有风,所以风带来的影响可能包括这些因素的共同作用。例如,坎宁安(Cunningham,1979)研究了风对社会行为的影响,结果发现,在夏季,随着风的增加,利他行为也增加;在冬季,利他行为随风的增加而减少。这说明风

图 3-8 澳大利亚花园
(来源:作者自摄)

图 3-9 澳大利亚花园防风区
(来源:作者自摄)

① 苏彦捷. 环境心理学 [M]. 北京: 高等教育出版社, 2016.

对行为的影响是以温度为中介的[①]。

3.4.3 风环境的优化策略

全球气候变化，城市温度升高，大气污染加重，城市环境质量急剧下降。面对城市物质空间聚集产生的风沙、雾霾、热岛效应等一系列城市微气候问题，建立适宜的城市形态与微气候的关联关系，成为学者们关注的焦点。现阶段对城市环境的改善多采用人工调节的方式，而对自然风的利用却较少。刘恺希基于对城市区域气候及西安地区城市风环境特性的研究，对于城市风环境设计提出以下几点策略：第一，在不利要素界面，设计足够效力的阻挡要素组来围合；第二，尽可能设计可根据季节转换围合度的向南界面，冬季纳阳、夏季遮阳；第三，保证空间内的气流通畅，不仅带来新鲜的空间，更是小空间内水热传递的媒介；第四，在考虑使用功能需要的同时，与周围自然环境契合（图 3–10）[②]。

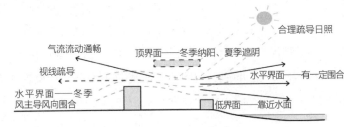

图 3-10　微气候设计理想模式

（来源：刘恺希，刘晖 . 基于风环境优化的西安城市开放空间设计策略研究 [J].
中国园林，2018，34（S1）：50-52）

1. 树形及布置

在树种选择方面主要考虑冬、夏两季，在夏季选择叶面积指数大，较为粗糙的长柱状树冠可以增加空间遮阴面积，冬季则选择叶面积指数小的水平状树冠可以增加场地透光率。对应的设计模式则是在夏季林下覆盖空间，建议疏林搭配裸土或者草坪，能遮挡更多太阳辐射，在冬季考虑如何达到增温效果，建议在开敞广场类空间布置灌木绿篱配合铺装，落叶乔木树池配合铺装，这类搭配能获得最大限度太阳辐射（图 3–11）。

2. 尺度与形态

在城市开放空间设计过程中，应注意控制尺度及形态。尺度方面，在绿地面积占广场或公园面积比例上，应保证绿地面积不少于广场面积的 25%~30%，整块硬化铺装地面面积不宜超过广场总面积的 50%。尽可能多地选择配置高大乔木，尽量减

① Wind Y，Denny J，Cunningham A. A Comparison of Three Brand Evaluation Procedures[J]. Public Opinion Quarterly，1979，43（2）：261-270.
② 刘恺希，刘晖 . 基于风环境优化的西安城市开放空间设计策略研究 [J]. 中国园林，2018，34（S1）：50-52.

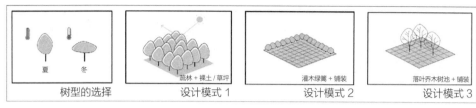

图 3-11　树形选择与布置

（来源：刘恺希，刘晖.基于风环境优化的西安城市开放空间设计策略研究 [J]. 中国园林，
2018，34（S1）：50-52）

少无乔木、灌木覆盖草坪的面积。对于城市开放空间中的绿地不仅要考虑其面积，
还需要考虑其平面形态和布局（图 3-12）。通常情况下，比较紧凑的几何形体如圆、
方形等周长与面积比值小的，其生态效应小，对周边影响也有限；相对复杂、舒展
的形态，其对周边的影响范围大。

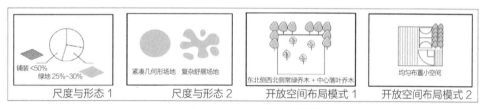

图 3-12　尺度与形态及其布局模式

（来源：刘恺希，刘晖.基于风环境优化的西安城市开放空间设计策略研究 [J]. 中国园林，
2018，34（S1）：50-52）

3. 植物群落配置

在整体场地中，尽量采用较均匀分散式的布局模式，构成一个个不同功能和不
同季节使用的小空间，在单元绿地设计时则尽量采用较为舒展的平面形态。中心开
敞草地四周林地地形空间形态在夏季和冬季都是小气候较舒适的空间布局模式，常
绿植物种植在场地外边缘和场地东北、西北方向，场地中内侧多配置落叶乔木，场
地中心是开敞空间，夏季提供遮阴活动空间，冬季增加场地透阳面积。夏季，为达
到较好的通风效果，应多配置分枝点较高的乔木，让风能够顺利从树冠下穿过；
冬季，为避免不舒适的寒风，应配置叶面积指数大、树冠紧凑密实的常绿乔木和
灌木（图 3-13）。

4. 林缘风的产生

对应城市常年风向，设置广场和公园的出入口及场地内的风道。在城市夏季盛
行风方向设置道路或者留出风道，在城市冬季盛行风方向设置常绿针叶林和常绿灌
木以挡寒风，一般在树高 5~10 倍距离范围处防风效果最佳，可以在此区域内设置活
动、休憩空间。场地外侧边缘处可结合地形，种植至少 6m 宽常绿林，将场地围合
起来以挡寒风。夏季通风效果较好的植物配置模式有：林下覆盖空间，如疏林配草坪、

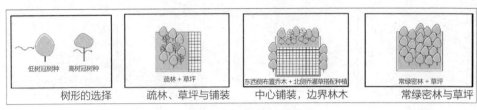

图 3-13　植物群落配置

（来源：刘恺希，刘晖.基于风环境优化的西安城市开放空间设计策略研究 [J]. 中国园林，
2018，34（S1）：50–52）

疏林配裸土植物配置模式，并在林缘布置硬质铺装空间以供人们休憩和活动。冬季，中心铺装配东西侧乔木，及南北侧乔灌草的植物群落配置模式的风速较小，而密林（常绿）配合草坪的植物群落配置模式风速较大，气温也较低，不舒适。绿篱（常绿）配合铺装广场的植物配置模式在冬季平均风速小，且因为有充足的太阳辐射，故其冬季舒适度也较好（图 3–14）。在户外空间设计中可以多布置一些半遮挡性质的亭、廊设施进行气候防护，在风影区内种植低矮灌木，减弱风涡流的影响，避免垃圾和尘土上扬。结合地形高差配置景观墙、隔断式的构筑物，高低搭配的种植灌木，即能抵挡气流又能丰富景观。在相邻建筑的狭窄空间可以通过种植多重绿化带和高大乔木来降低风速，削弱狭管效应的危害[①]。

5. 开放空间边界布置模式

当城市外部来风时，根据城市主导风向，针对不同形态模式的开放空间边界进行设计，使其风环境良好，做到不阻碍、不滞留，重点考虑其模式、形态，进口、出口与城市的主导风向的关系，保证地标风很小的时候气流可以通过，解决形态与风的关系。夏季中心铺装配东西侧乔木，南北侧乔灌草和顶部藤本植物覆盖以及乔灌草植物群落配铺装再配以喷泉这 3 种由植物围合的空间湿度较大；而冬季绿篱（常绿）配合铺装和密林（常绿）加草坪与铺装 2 种由植物围合的空间湿度较大（图 3–15）[②]。湿热地区风环境优化可以集中针对通风廊道与开放空间进行进一步耦

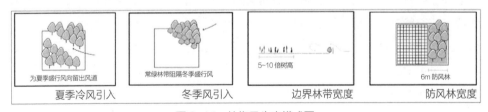

图 3-14　林缘风生产模式图

（来源：刘恺希，刘晖.基于风环境优化的西安城市开放空间设计策略研究 [J]. 中国园林，
2018，34（S1）：50–52）

① 钱锋，杨丽.风环境设计对建筑节能影响的分析与研究 [J]. 建筑学报，2009（S1）：6–8.
② 刘恺希，刘晖.基于风环境优化的西安城市开放空间设计策略研究 [J]. 中国园林，2018，34（S1）：50–52.

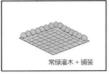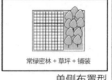

东西侧种植乔木 + 南北侧乔灌草　乔灌草搭配 + 铺装广场 + 中心水景　　常绿灌木 + 铺装　　　常绿密林 + 草坪 + 铺装
搭配 + 中心铺装场地

四周围合型　　　　　　　　对角布置型　　　　　　　两向边界围合型　　　　　单侧布置型

图 3-15　开放空间边界布局模式图

（来源：刘恺希，刘晖 . 基于风环境优化的西安城市开放空间设计策略研究 [J]. 中国园林，
2018，34（S1）：50-52）

合，加强导入现状水体等冷源；针对开放空间体系、建筑形体搭配的不同组合进行
模拟实验，寻求更加合理搭配；针对开放空间的下垫面、建筑围合以及遮阴方式进
行进一步比选和优化[1]。

3.5　光照与行为

"光，始终影响着人类的生理机能。"研究表明，可见光有助于人体调节褪黑激
素的分泌，而褪黑激素则有助于人体生物钟的调节，从而影响睡眠质量和消化功能。
可见光也有助于刺激人体产生神经递质血清素，从而减轻抑郁症状。人类和其他生
物的生存都离不开阳光。首先，光使我们能够看见并认识周围的环境，人类赖以生
存的外界信息 80% 是通过视觉获取。其次，自然光昼夜更替直接影响了人类昼起夜
息，平衡我们的生命节奏。再者，阳光是多种维生素的合成和其他营养产生不可缺
少的条件。总之，光通过多个方面对人的心理、行为产生影响[2]。

3.5.1　光照的感知

在生理上，阳光为我们带来温暖，调节人们的生物钟。而在环境设计方面，光
对行为的作用是通过视觉影响作用于人类感知来实现的。光照可能以两种不同的方
式影响对环境安全性的看法。一方面，光照的存在本身可能是一种安全提示，光的
存在可能会增加安全感。另一方面，光照可能会通过影响其他与安全相关的环境特
征而间接影响感知的安全性（Boyce，Gutkowski，1995）[3]。有研究发现，亮度和情感
之间存在自动的联系。光照通常比黑暗（无光）更使人愉悦，促使人们更愿意做出
利他行为。人们喜欢明亮的环境（Beute，de Kort，2013）会自发地认为明亮的物体

① 张雅妮，黄翌柑，殷实，等 . 基于风热环境优化的湿热地区城市设计要素评价研究——以广州白云新城为例 [J]. 城
市规划学刊，2019（04）：109-118.

② 苏彦捷 . 环境心理学 [M]. 北京：高等教育出版社，2016.

③ Boyce P R，Gutkowski J M. The if，why and what of street lighting and street crime: A review? [J]. Lighting Research &
Technology，1995，27（2）：103-112.

城市环境行为学

是好的 [1]，灰暗的物体是不好的（Meier，Robinson，Clore，2004）[2]。有研究者发现，人们在选择座位时会偏爱有光照的环境，这种偏爱从某种程度上使靠窗的座位更受人青睐。幽闭环境由于缺乏自然光照射，容易导致视觉舒适度降低、生理功能紊乱，从而产生心理疾病，例如在空间站、航天器、舰艇等特殊密闭空间中，由于缺少日光照射，工作人员的生物节律容易紊乱，极易出现记忆力下降、易疲劳、工作效率降低、维生素 D 缺乏、免疫力下降等问题 [3]。

对光照的有效利用为人类生活带来便利的同时，对光照的不当利用也给人类带来了不利的影响，也威胁到人类自身的健康。夜间过强的光线所导致的生物钟紊乱还会对人类的生理和心理健康产生不良影响。有研究发现，夜晚的灯光能够通过改变进食时间来增加体重，还可能造成情绪困扰（Fonken，et al，2010）[4]。此外，人体内的菌群也会受到宿主生物钟的影响，宿主生物钟的紊乱会干扰肠道细菌的丰度变化，这类细菌与肥胖和代谢疾病的发生有关。在 2007 年，世界卫生组织将"昼夜颠倒的作息"列为"可能的"致癌因素之一。瑞典学者 Küller R 等在自然光条件下发现光照能够影响人的情绪 [5]。他们还发现照明强度与情绪之间是倒 U 形曲线，认为光照强度刚好适宜时，情绪状态最好；过暗或者过亮的光强度都会损害情绪体验 [6]。而中科院心理研究所也有相同的实验结果，他们发现：研究者给老年被试者施加过于明亮的光照，不仅没有改善老年人的情绪体验，反而使他们产生了更多急躁、焦虑、不安等负面情绪。

有研究发现，教室照明不当（如荧光灯的闪烁、白板对光的反射）会增加学生视物的不适感，从而干扰学业成绩（Winterbottom，Wilkins，2009）[7]。还有研究考察了街道路灯的分布对行人安全感的影响，发现行人处于灯光下会感到安全，而非前方有灯光（Haans，de Kort，2012）[8]，该研究结果为路灯的设计提供了参考。随着社会的发展和人们对环境要求的不断提高，光环境的设计不应只局限于满足光照度标准这种单一水平，还应具有明亮、舒适和艺术感染力三个层次。

---

[1] Beute F，Kort Y A W D. Let the sun shine! Measuring explicit and implicit preference for environments differing in naturalness，weather type and brightness[J]. Journal of environmental psychology，2013，36（DEC.）：162-178.

[2] Meier B P，Robinson M D，Clore G L. Why Good Guys Wear White：Automatic Inferences about Stimulus Valence Based on Brightness. 2004，15（2）：82-87.

[3] 王伟，刘红. 光对人生理心理的影响和幽闭环境中的光策略 [J]. 载人航天，2018，024（003）：418-426.

[4] Laura K，Fonken，et al. Light at night increases body mass by shifting the time of food intake[J]. Proceedings of the National Academy of Sciences of the United States of America，2010.

[5] Küller，Rikard，Ballal S，et al. The impact of light and colour on psychological mood：a cross-cultural study of indoor work environments[J]. Ergonomics，2006，49（14）：1496-1507.

[6] 张腾霄，韩布新. 照明与心理健康 [J]. 照明工程学报，2013，24（S1）：27-30.

[7] Winterbottom M，Wilkins A. Lighting and discomfort in the classroom[J]. Journal of Environmental Psychology，2009，29（1）：63-75.

[8] Van Rijswijk L，Haans A，de Kort Y A W. Intelligent street lighting and perceptions of personal safety[J]. Human Technology Interaction，2012.

图 3-16 NigelPeck 学习中心

（来源：微信公众号 408 研究小组 I 房屋设计如何影响你的
情绪 https://mp.weixin.qq.com/s/jdOf6FsPtjqOe_Ydt7satw）

图 3-17 厦门市图书馆集美分馆

（来源：作者自摄）

针对学习而进行的建筑设计进入人们视野的时间并不太长，然而这些设计中依然有很多内容可为我们所借鉴。当代自习室设计开始充分地利用自然光源，例如 NigelPeck 学习中心（图 3-16）、厦门市图书馆集美分馆（图 3-17）。"阳光"实际上是一种恢复性工具，它能增加人体的血清素水平以解决人们季节性的情绪紊乱，促进合成更多的维生素 D，改善皮肤状况，减少眼睛疲劳从而提升人们的健康。房产经纪人的经验能告诉你，"阳光"对于住宅到底有多重要，因为他们知道，能让买家的双眼放光的总是那些阳光充足的房子。

3.5.2 光照对行为的影响

1. 光照与攻击行为

有关自然光与攻击性行为的研究发现，自然光的光照强度与攻击性行为的发生呈负相关关系，例如，患有轻微季节性情绪障碍的个体在高亮度的自然光条件下更乐于进行社交活动，进行人际沟通时态度更随和，暴力和吵架行为也会明显减少（Rot，Moskowitz，Young，2008）[1]。此外，有关攻击性密切联系的犯罪行为研究也发现这种现象。自然光与犯罪行为的研究一般采用相关研究范式，使用日光的照射强度、照射时间作为自变量，分析其与犯罪行为报警数量的相关关系。一项长期的追踪研究表明，暴力犯罪通常发生在日光照射较少的夜间（Hartley，1974）[2]。另一项研究则探讨了天气状况和时间等相关因素与家庭暴力和强奸事件报案数量之间的关系，结果

---

① Rot M A H, Moskowitz D S, Young S N. Exposure to bright light is associated with positive social interaction and good mood over short time periods: A naturalistic study in mildly seasonal people[J]. Journal of Psychiatric Research, 2008, 42 (4): 311-319.

② Hartley J E. Lighting reinforces crime fight[M]. Pittsfield, MA: Buttenheim Publishing Corporation, 1974.

发现，家庭暴力和强奸事件更可能发生在自然光较少的日落之后（Cohn，1993）[①]。而人工光与攻击性行为之间的研究结论却并不一致，早在 1976 年，就有学者探讨了环境照度对攻击性的影响，他们发现黑暗的室内环境同样会促进攻击性行为的发生（Page，Moss，1976）[②]。然而，后续研究却发现，10000lx 的亮光虽然能够改善情绪状态，但是也会增加争吵行为，减少顺从行为（Hsu，Moskowitz，Young，2014）[③]。

2. 光照与社会利他

早在 1979 年，心理学家 Cunningham 就提出"阳光善人"（Sunshine Samaritan）的假设。他在春夏冬三季的实验发现，在日照强度较高的天气里，助人行为发生的频率更高，而气温、湿度、风速和月相的影响相对较弱（Cunningham，1979）[④]。在这之后，陆续有研究开始分析自然光对人际行为的影响。Guéguen 和 Lamy（2013）采用现场实验研究了自发助人行为，在控制了气温的条件下，分别在自然光较强的晴天和自然光较弱的阴天测量过往行人是否会主动提醒主试者物品掉落的情况[⑤]。其研究结果和 Cunningham（1979）的研究结论基本一致，即人们在晴天更愿意提供帮助。然而以上研究并未进一步挖掘这些现象背后的原因，但普遍猜测这种关系可能是由于光照会引发积极情绪，进而促进人际间的亲和与友好行为（王琰，陈浩，2017）[⑥]。

人工光方面的研究却产生了一些与自然光不同结果。有研究者发现暗光能够激发相依型自我建构，从而促进亲社会的合作行为发生（Steidle，Hanke，Werth，2013）[⑦]。他们使用一系列经典的社会困境任务进行实验，如公共物品困境、资源困境和囚徒困境，结果一致发现被试在暗光房间中会更倾向选择合作，而相依型建构在其中起中介作用。人工光和自然光结果不一致的原因可能是，关于自然光的研究大多在现实环境中进行，虽然对自变量的操纵方法可以达到改变光照强度的效果，但是同时也增加了很多混淆变量。例如 Guéguen，Lamy，（2013）的实验中虽然晴天和阴天确实代表了亮光和暗光的条件，但是也可能存在没有控制好的物理环境变量以

① Cohn E G. The prediction of police calls for service: The influence of weather and temporal variables on rape and domestic violence[J]. Journal of Environmental Psychology, 1993, 13（1）: 71–83.

② Page R A, Moss M K. Environmental Influences on Aggression: The Effects of Darkness and Proximity of Victim[J]. Journal of Applied Social Psychology, 2006, 6（2）: 126–133.

③ Hsu Z Y, Moskowitz D S, Young S N. The influence of light administration on interpersonal behavior and affect in people with mild to moderate seasonality[J]. Progress in Neuro Psychopharmacology & Biological Psychiatry, 2014, 48: 92–101.

④ Cunningham M R . Weather, mood, and helping behavior: Quasi experiments with the sunshine samaritan.[J]. Journal of Personality and Social Psychology, 1979, 37（11）: 1947–1956.

⑤ Nicolas Guéguen. Menstrual cycle phases and female receptivity to a courtship solicitation: an evaluation in a nightclub[J]. Evolution & Human Behavior, 2009, 30（5）: 351–355.

⑥ 王琰，陈浩 . 人以天地之气生: 气象对人类心理与行为的影响 [J]. 心理科学进展，2017, 25（06）: 1077–1092.

⑦ Steidle A, Hanke E V, Werth L. In the Dark We Cooperate: The Situated Nature of Procedural Embodiment[J]. Social Cognition, 2013, 31（2）: 275–300.

及情境变量（如阴天路人大多行色匆匆，从时间的紧迫性行来说很少有人会停下来帮忙）影响实验结果[①]。而关于人工光的研究则大多在实验室内进行，可以通过一定手段只改变自变量（如光照强度）而减少无关变量的影响。

3. 光照与自我控制

以往研究表明，光照可能对自我控制有所影响。Steidle，Werth（2014）发现亮光会增加自我意识，从而实现对自我的控制和调控[②]，他们通过 5 个实验证实了这个假设，具体来说，相对于暗光房间来说，在亮光房间的测试主观报告能够显示出更高程度的自我控制意识。此外，亮光还能够抑制欲望和不合理的冲动，这都反映了较高水平的自我控制。然而，其他学者却并未发现光照对自我控制的影响。Smolders，De Kort（2017）利用主观量表来测量自我控制，她们分别探讨了照度和色温对自我控制的影响，结果却显示光照对自我控制没有显著影响。具体来说，在控制了色温之后，发现照度对自我控制没有显著影响[③]；在控制了照度之后，也没有发现色温对自我控制的作用。二者结果的不一致可能是由测量手段的差异导致的，前者使用了量表和类似投射测验的两种主观指标来测量自我控制，并用对冲动和欲望的抑制这一客观行为来表征自我控制，而后者则只使用了主观量表。另外，二者对自变量的操纵手段也并不完全一致，由于自我控制和一系列的社会心理和行为均存在密切联系，因此，自我控制也有可能是光照的社会效应背后的潜在机制之一。

4. 光照与其他社会心理与行为

除了以上提到的社会心理和行为之外，以往研究还发现光照对其他一系列的社会认知和行为均有不同影响，如社会评价、刻板印象和求偶行为等。

目前，光照与社会评价的研究都集中于人工光。前人研究分别探讨了色温和照度对社会评价的影响，但是并未得出统一的结论。有研究发现处于暖色光照明环境中的被试者更易给予虚拟求职者更加积极的技能鉴定与行为绩效评估（Baron，et al，1992）[④]。然而，其他研究却未能重复出同样的结果（Boyce，et al，2006[⑤]；Knez，

① Guéguen N，Lamy L. Weather and Helping：Additional Evidence of the Effect of the Sunshine Samaritan[J]. Journal of Social Psychology，2013，153（2）：123-126.

② Steidle A，Werth L. In the spotlight：Brightness increases self-awareness and reflective self-regulation[J]. Journal of Environmental Psychology，2014，39：40-50.

③ Smolders K C H J，De Kort Y A W. Investigating daytime effects of correlated colour temperature on experiences，performance，and arousal[J]. Journal of Environmental Psychology，2017，50（JUN.）：80-93.

④ Baron R A，Rea M S，Daniels S G. Effects of indoor lighting（illuminance and spectral distribution）on the performance of cognitive tasks and interpersonal behaviors：The potential mediating role of positive affect[J]. Motivation and Emotion，1992，16（1）：1-33.

⑤ Boyce P R，Veitch J A，Newsham G R，et al. Lighting quality and office work：Two field simulation experiments[J]. Lighting Research and Technology，2006，38（3）：191-223.

Enmarker，1998[1]），如有研究发现，不同色温照明环境下，被试者对他人的吸引力和友善程度的评价并无显著差异（Boray，Gifford，Rosenblood，1989）[2]。

光照还会影响刻板印象的加工。当个体感受到威胁时，会促进他对消极刻板印象和偏见的加工（Blascovich，Mendes，et al，2001[3]；Fein，Spencer，1997[4]）。黑暗的光环境作为一种威胁性刺激，会使个体感受到危险，从而诱发个体的自我保护动机。当人们身处漆黑的房间内，自我保护特质倾向明显的个体，可能会在工作记忆中提取出罪犯、不可信任等词汇来形成对黑人或其他人种（如伊朗人）的刻板印象，但是他们不会提取懒惰与愚昧等词汇来概括对黑人的刻板印象（Schaller，Park，Mueller，2003）[5]。

光照与求偶行为的研究多是采用现场实验的自然光研究，Guéguen（2013）在控制气温之后，观察男性向女性索要电话号码的择偶举动，发现这种搭讪行为在自然光照条件良好的晴天时成功率更高[6]。后续一项大型自然现场实验研究发现，人格特质在自然光和社会行为之间起调节作用。具体来说，黑暗三人格（马基雅维利主义、自恋和精神病态）中的马基雅维利主义得分高的男性在阴天条件下，从被搭讪女性那儿能够得到更多的积极反馈（Rauthmann，Kappes，Lanzinger，2014）[7]。学界目前尚缺乏人工光对求偶行为的相关研究。

3.6 噪声与行为

一般我们认为比较和谐的声音是悦耳的声音，如乐器发出的声音，以及自然界自然存在的声音等，而不同频率和不同强度的声音无规律地组合在一起，则会被认为是噪声，噪声常指一切对人们生活和工作有妨碍的声音，该定义是根据人的感受来界定的，因为在特定条件下人对声音的感受会发生变化，如在高度集中时，大多

[1] Knez I，Enmarker I. Effects of Office Lighting on Mood and Cognitive Performance And A Gender Effect in Work-xRelated Judgment[J]. Environment & Behavior，1998，30（4）：553-567.

[2] Boray P F，Gifford R，Rosenblood L. Effects of warm white，cool white and full-spectrum fluorescent lighting on simple cognitive performance，mood and ratings of others[J]. Journal of Environmental Psychology，1989，9（4）：297-307.

[3] Blascovich J，Mendes W B，Hunter S B，et al. Perceiver threat in social interactions with stigmatized others[J]. Journal of Personality and Social Psychology，2001，80（2）：253-267.

[4] Fein S，Spencer S J. Prejudice as self-image maintenance：Affirming the self through derogating others[J]. Journal of Personality & Social Psychology，1997，73（1）：31-44.

[5] Schaller M，Park J H，Mueller A. Fear of the Dark：Interactive Effects of Beliefs about Danger and Ambient Darkness on Ethnic Stereotypes[J]. Personality & Social Psychology Bulletin，2003，29（5）：637-649.

[6] Gueguen N. Weather and courtship behavior：A quasi-experiment with the flirty sunshine[J]. Social influence，2013，8（4）：312-319.

[7] Rauthmann J F，Kappes M，Lanzinger J. Shrouded in the Veil of Darkness：Machiavellians but not narcissists and psychopaths profit from darker weather in courtship[J]. Personality & Individual Differences，2014，67：57-63.

数人往往希望有一个安静的思考环境，因而悦耳的乐音也不一定受欢迎，会被当成噪声来对待。所以，噪声不单纯由声音的物理性质决定，也与人们的生理和心理状态有关。

3.6.1 噪声的种类

噪声普遍存在于我们的生活中，最常见的噪声主要包括交通噪声、职业噪声两种。

由汽车、火车、飞机和其他交通运输工具行驶过程中产生的噪声属于交通噪声。交通噪声对人们的影响很大，它具有两个特点。首先，它的存在十分广泛。其次，交通噪声通常音量很大。有研究发现，生活在铁路沿线的居民由于持续暴露于夜间的火车噪声中，他们长期睡眠不足，导致其认知操作能力受损。公路交通噪声也会影响居民的睡眠。父母认为噪声大小与其睡眠质量和夜间醒来的次数有关，而孩子认为噪声大小与其睡眠质量和白天打瞌睡有关（Ohrstrom, Skanberg, et al, 2006）[1]。公路噪声对居民幸福感等心理功能也有一定影响（Ouis, 2001）[2]。

工作场所中的噪声是第二个主要的噪声来源。职业噪声的第一个特点是，它们都为宽频带噪声，特别是办公室里的噪声，它们都是由各种不同频率的声音组合而成的。如果这些不同频率的声音强度相等，那就成了白噪声，白噪声可能会产生掩盖作用。职业噪声的另一个特点是深入性，而且音量都比较大。有研究发现，无关的说话声会影响认知任务的完成，增加开放式办公室员工的心理负荷（Smith Jackson, Klein, 1997）[3]。与低噪声条件（39 LAeq）相比，被试者在高噪声（51 LAeq）的开放式办公室回忆出的词语更少，感觉更疲惫，工作动机更低（Jahncke, Hygge, et al, 2011）[4]。还有研究发现，与较高的工作噪声相比，较低的噪声可以降低应激对工作满意度、幸福感和组织承诺的消极影响（Leather, Beale, Sullivan, 2003）[5]。

3.6.2 噪声的感知

人对噪声的感知取决于主客观两方面的因素，客观是噪声的物理性质，主观是听者的生理因素与心理因素，具体体现在响度、可预见性和可控感三个方面。

[1] Ohrstrom E, Skanberg A, Barregard L, et al. Annoyance: Comparison between One Dominant Source of Noise and Two Source with Equal Noise[J]. Epidemiology, 2006, 17（Suppl）.

[2] 苏彦捷. 环境心理学 [M]. 北京: 高等教育出版社, 2016.10.

[3] Tonya, Smith, Jackson, et al. Open-Plan Office Designs: An Examination of Unattended Speech, Performance, and Focused Attention[J]. Proceedings of the Human Factors & Ergonomics Society Annual Meeting, 1997.

[4] Jahncke H, Hygge S, Halin N, et al. Open-plan office noise: Cognitive performance and restoration[J]. Journal of environmental psychology, 2011, 31（4）: 373-382.

[5] Leather P, Beale D, Sullivan L. Noise, psychosocial stress and their interaction in the workplace[J]. Journal of environmental psychology, 2003, 23（2）: 213-222.

1. 响度

噪声的响度越大，越有可能干扰人们的行为，引起个体生理的唤醒和应激，导致其注意力分散。同时除受其响度的影响之外，人对环境中特定噪声的感知效果也与人对于图形与背景的感知一样，还取决于该噪声与背景噪声的对比强度。在喧嚣的闹市中，人们对一般的声音不那么敏感；而夜深人静即将入睡之际，窃窃耳语或水龙头的滴水声都有可能成为干扰。也有研究发现，大音量的噪声是否被视为不愉快，这与声音本身的属性有关，如果某种噪声具有宗教意义或者与节日有关，它被赋予某种意义，个体会有较为积极的体验（Shankar，et al，2013）。

2. 可预测性

不可预测、无规律的噪声比可预测、持续的噪声更让人厌烦。可预测的噪声相当于同一个刺激反复呈现多次，个体会逐渐习惯和适应，如办公室的打印机、室内电器运行发出的声音。越是不可预测的噪声，越能引发个体的生理唤醒和应激反应，如室内装修的敲击声、工地施工的噪声。导致这种情况的原因主要有两方面：一方面，不可预知的事物可能更具威胁性；另一方面，环境负载说（Environmental Load）认为，不可预测的噪声要分散更多的注意力，因此对操作产生更大的干扰，特别是复杂任务，要求注意力更加集中，任何额外刺激的出现都会使人分心，影响任务操作。

3. 可控感

如果人们能对噪声可控，那么，噪声对人所造成的干扰就会减小。人们对不可控噪声的适应要比可控噪声的适应更难，例如邻居家装修产生的噪声就比在自己家装修产生的噪声更难以忍受，因为自己家里用电锯时虽然噪声很大，但是发声的动作和时间完全由自己控制，在不能忍受时完全可以控制它。但是如果是邻居装修的话，声音透过窗户甚至墙壁传过来，无法完全隔绝，而且完全不知道噪声会在什么时候开始，什么时候停止。这样的情况带给人的烦恼是远远比有控制感的噪声带来的烦恼大很多的。因此，对噪声具有可控感可以大大缓解噪声所引起的烦恼和应激。不可控制的噪声会引起个体的生理唤醒和应激反应，导致其注意力分散，并且很难调整自身的状态去适应这些声音。

3.6.3　噪声对行为的影响

噪声会对健康、操作、社会行为三个方面产生影响。

1. 噪声与健康

长期暴露于噪声环境下最直接的健康问题就是听力损伤，在噪声作用于听觉器官时，也会通过神经系统间接"波及"视觉器官，使人的视力减弱，如视觉疲劳、眼花和视物流泪等。另外高水平的噪声还可能会导致生理唤醒和系列应激反应增加。已有众多的研究表明，噪声对人的健康是有害的。一些研究表明，经常处于有噪声的环境中，易引起失眠、多梦等睡眠问题，进而导致精神欠佳或疲劳。另外研究者们发现噪声会增加患心脑血管疾病的风险，例如冠心病、心肌梗死、高血压、中风，甚至影响神经系统、免疫系统和肠胃功能。噪声的持续呈现会使动物的血管收缩，长期在高分贝噪声环境中工作，更容易患溃疡，噪声会损害肠组织，导致消化系统紊乱。

另外，噪声还会通过改变某些行为对健康产生间接的影响，例如，身处噪声环境，人们会喝更多的咖啡或酒，抽更多的香烟。当噪声增大时，对于这类行为的影响越大，例如研究表明当噪声的音量增大时，抽烟量增多。

噪声不仅影响人的生理机能，对人的心理健康也有不利影响，它会引起头痛、恶心、易怒、焦虑和情绪变化无常等（Cohen, Lezak, 1977）[1]，还会与其他压力源一起对个体主观的健康感受产生影响（Wallenius, 2004）[2]，或者通过一些中介变量对心理健康产生影响，如控制感。

2. 噪声对任务操作的影响

在噪声环境中，个体的任务操作通常会受到影响，出错率增加。噪声主要通过干扰记忆和分散注意两个方面影响任务操作，成为信息加工过程中的障碍，这种影响对于脑力劳动者而言更为突出。个体的操作行为不仅取决于噪声本身的属性，如响度、可预见性和可控感，还取决于个体的适应水平、噪声种类和任务的性质，强度非常大的噪声（如超过100dB）对操作肯定会有影响（Gifford, Dorman, et al, 2014）[3]。有研究发现，噪声对言语产生了内在的"掩盖"作用（Poulton, 1977）[4]，使个体很难"听到自己在想什么"，从而削弱了对阅读材料的理解（Smith, Stansfeld, 1986）[5]。

有研究（Belojevic, Slepcevic, Jakovljevic, 2001）发现，与安静条件相比，外倾的个体在有噪声的环境下心算速度更快，而内倾的个体在有噪声的环境下则很难集中注意力，更容易感到疲惫。同时，越是外倾的个体，对噪声的厌烦情绪越低。不同种类的噪声对操作的影响也会不同[6]，有研究发现，任何人造的声音，如飞机噪

[1] Sheldon, Cohen, Anne, et al. Noise and Inattentiveness to Social Cues[J]. Environment & Behavior, 1977.

[2] Wallenius M A. The interaction of noise stress and personal project stress on subjective health[J]. Journal of Environmental Psychology, 2004, 24（2）: 167-177.

[3] Gifford, René H, Dorman M F, et al. Availability of Binaural Cues for Bilateral Implant Recipients and Bimodal Listeners with and without Preserved Hearing in the Implanted Ear[J]. Audiology & Neurotology, 2014, 19（1）: 57-71.

[4] Poulton E. C. Continuous intense noise masks auditory feedback and inner speech[J]. Psychological Bulletin, 1977, 84（5）: 977-1001.

[5] Smith A, Stansfeld S. Aircraft Noise Exposure, Noise Sensitivity, and Everyday Errors[J]. Environment & Behavior, 1986, 18（2）: 214-226.

[6] Belojevic G, Slepcevic V, Jakovljevic B. MENTAL PERFORMANCE IN NOISE: THE ROLE OF INTROVERSION[J]. Journal of Environmental Psychology, 2001, 21（2）: 209-213.

声、地面交通噪声或者说话的声音都会对个体的环境评估产生负面影响，而且声音越大影响越严重；而大自然的声音（如鸟叫、微风拂过树叶的沙沙声）则不会影响这种评估（Benfield，Bell，et al，2010）[1]。

任务类型还与噪声的不同维度产生交互作用。如果当噪声为 90~100dB，并且规律发出时，对简单的运动和心理任务没有干扰。但是，当噪声无规律地发出时，会对需要高警觉性的任务、记忆任务和复杂任务产生干扰。唤醒理论认为，对于简单任务，一定水平的唤醒可能会促进操作；然而唤醒水平较高时会干扰复杂任务的操作；如果唤醒水平太高，简单的任务操作也会受干扰。

3. 噪声对社会行为的影响

噪声不仅会造成人们的听力损伤，影响其生理机能和心理健康，干扰其操作行为，而且还会影响人们的社会关系，如人际吸引、攻击性和利他行为。

（1）噪声与交往

人际距离可以作为研究噪声与人际吸引之间关系的一种方法。有研究通过测量人际距离发现，当噪声的强度为 80dB 时，人感到舒适的距离会增加（Mathews，Canon，Alexander，1974）[2]。也就是说，噪声使人们要求有更大的个人空间，降低了人际吸引。其他研究也发现，居住区周围的交通噪声能使邻里间的交往减少。

强背景噪声可以掩盖人的谈话声而引起交往的困难。听清谈话的困难程度一方面与背景噪声的频率和振幅有关，噪声越响，与谈话的频率越接近，干扰就越厉害；另一方面与说者和听话者之间的距离有关。需要言语交往最多的场所是学校，因此最易受噪声干扰的也是学校[3]。

有人曾就噪声对学校的影响做过一项调查（王绍汉，1985），调查对象是北京市丰台区某中学。该校教学楼距干路边 30m，干路通行车辆以拖拉机、卡车为主，每小时车流量 600~1000 辆。临干路教室在关窗情况下测得噪声级为 60~70dB，比学校里安静的教室内高 10~20dB。在噪声干扰下，教师必须用力喊着讲课，测得教师讲课的声级达 65~76dB。学生常常听不清老师的讲课内容和提问，老师必须多次复述。当学生回答老师提问时，教师还得走到回答问题的学生面前，听清后再向全班同学扩大。噪声干扰也使学生注意涣散，学习成绩下降。教师不能完成预定的教学内容心情烦躁，而且许多人出现乏力、耳鸣、头痛、失眠、记忆力减退等症状，学生也反映有类似症状[4]。

---

① Benfield J A，Bell P A，Troup L J，et al. Aesthetic and affective effects of vocal and traffic noise on natural landscape assessment[J]. Journal of environmental psychology，2010，30（1）：103–111.

② Mathews K E，Canon L K，Alexander K R. The influence of level of empathy and ambient noise on body buffer zone[J]. Personality & Social Psychology Bulletin，1974，1（1）：367–369.

③ 苏彦捷. 环境心理学 [M]. 北京：高等教育出版社，2016.

④ 王绍汉. 关于城市交通噪声对中小学师生教学与健康影响的调查报告 [J]. 环境保护，1985（07）：4+21.

（2）噪声与攻击性

一些研究者认为，噪声提高了唤醒水平，也应该会增强攻击性，对具有攻击性倾向的人来说尤其如此。研究（Donnerstein，Wilson，1976）结果发现，被激怒的被试者攻击性比正常情绪的被试者高，特别是当噪声不可预测和不能控制时，恼怒被试者的攻击性增强。然而，当被试知道可以控制噪声时，噪声不会对其攻击性产生影响。另外一些实验也都说明，噪声并不会直接增强攻击性，只有当个体被激怒或情绪不佳时，噪声才对攻击性产生影响[1]。

还有研究者考察了噪声对一种特殊的攻击行为——转向攻击（Displaced Aggression）的影响。转向攻击是指个体遭遇挫折后，无法直接对挫折源作出反应，进而转向无关的对象作为代替品进行攻击的行为。有研究者采用访谈和问卷法考察了环境噪声污染对转向攻击的影响，结果发现，噪声敏感性越高、噪声持续的时间越长，个体转向攻击的水平就越高；而低频和高强度的噪声也与更高的转向攻击水平有关[2]。

（3）噪声与助人行为

社会心理学的研究证明，个体的助人行为在积极情绪状态下比在消极情绪状态下要多。因此，一些研究者推测，因为噪声会导致消极情绪，所以噪声会影响个体的助人行为。另外一些心理学家则用环境负载说来解释这一推测。他们认为，噪声分散了个体的部分注意力，因此，个体不能注意周围环境的细节和重要线索，对他人的需要也就"视而不见"了。噪声使人的注意广度变窄，不能注意到他人的需求，从而使助人行为减少。噪声带来的不利影响是多方面的，所以，如何减少噪声或者如何消除噪声应引起环境设计者的特别关注。

3.6.4　噪声的控制

噪声对人的健康、任务操作、积极行为都有消极影响，并且这些不利影响进一步扩大到人的工作、生活中，影响人们的工作效率与生活质量，因此，对工作、生活场所的噪声控制是非常必要的。

首先，对噪声源严加控制，不要让其超过影响的标准，比如，通过改善轮胎的结构和路面的质量来降低轮胎 - 路面噪声（公路噪声的主要来源），或者在机器下面放上泡沫垫，以减少机器震动时产生的噪声。在居民区，邻里之间应该主动降低音响设备的音量，尽可能减少对他人的干扰。其次是在噪声传播途径中控制，可以从

---

[1] Donnerstein E，Wilson D W. Effects of noise and perceived control on ongoing and subsequent aggressive behavior[J]. Journal of Personality & Social Psychology，1976，34（5）：774–781.

[2] M. Dzhambov A，D. Dimitrova D，H. Turnovska T. Improving Traffic Noise Simulations Using Space Syntax：Preliminary Results from Two Roadway Systems[J]. Archives of Industrial Hygiene and Toxicology，2014，65（3）.

环境设计和建筑设计上采用隔离、屏障等保护措施。例如，在公路两侧设置绿化带消除噪声；在高速公路两侧设隔声屏障；建筑物的墙壁、门窗等采用隔声性能高的材料等。除了消除或降低噪声干扰的措施，也可通过强化和增加自然声比例来减少噪声对人的干扰。在城市化过程中自然环境大量减少，导致城市声环境中自然声的比例极低，部分片区自然声甚至完全消失。在城市环境设计中，可以从各个尺度适度还原自然声。例如，在城市总体设计中严守自然环境的底线，在以居住区为代表的详细设计中考虑自然元素的介入。水声、虫鸣、鸟叫、风吹叶动……自然声的还原能优化城市声环境构成，甚至能掩盖一些城市噪声，同时，人们听到这些自然声甚至能疗愈噪声带来的不良影响。

3.7 自然灾害与行为

根据亚洲减灾中心的定义，灾害是指一系列超过社会自身资源的应对能力，并造成人员、财富、环境损失，使社会功能遭到严重破坏的事件。美国联邦紧急事件处理委员会（Federal Emergency Management Agency，FEMA）以是否要给予紧急援助来定义灾难，包括了自然界中的各种突发事件以及对事件造成破坏的判断。事件性质及破坏程度通常是官方判断灾难的标准，这符合大多数人所认同的灾难标准，即灾难是破坏性的，会导致痛苦和伤害。在荒无人烟地方发生的龙卷风就不是灾难，而发生在人口密集的市区则构成灾难。

有一类学者是从自然和人的关系来定义自然灾害的。日本学者金子史郎将自然灾害定义为与人类关系密切，常会给人类带来危害或损害人类生活环境的自然现象。在这里，金子史郎把自然灾害完全看作是一个自然现象，而把人类看作只是被动接受自然灾害的角色。而后来的学者提出，自然灾害是人类劳动与实践活动共同作用于自然系统引起的。全球范围内的生态失衡虽然从表面看起来是由于自然系统遭到破坏而引起的，但实质上它反映的是人与自然关系的失衡，出现这种问题的本质是由于人的实践活动进入自然系统导致的。黄崇福在定义自然灾害时更加注重其造成的结果，他认为自然灾害是由自然事件或力量为主因造成的生命伤亡和人类社会财产损失的事件。所以，干旱、海啸这些本身并不能称为自然灾害，而只是一种自然现象，只有当它们对人类造成伤害时才能称为是自然灾害。自然灾害是由一定自然致灾因子诱发，经由致灾因子与受灾主体间相互作用而产生的灾害。这些自然致灾因子包括地震、飓风、密集降雨、干旱、热浪、冰冻、雷暴及闪电等自然事件和过程。联合国开发计划署（2004）指出："自然灾害被理解为致灾因子与人类脆弱性共同作用的结果，社会应对能力会影响（灾害）损失的范围和程度。"国家自然灾害灾情统计标准中将自然灾害定义为"给人类生存带来危害或损害人类生活环境的自然现象，包括干旱、洪涝、台风、冰雹、雪、沙尘暴等气象灾害，火山、地震、山体崩塌、滑坡、泥石流等地质灾害，风暴潮、海啸等海洋灾害，森林草原火灾和重大生物灾害等"。

3.7.1 自然灾害的特征

地震、风暴、洪水、火山爆发等各种灾难的发生存在着一些普遍特征。

1. 不可预测性

自然灾害的发生往往是突然的，具有不可预测性。随着科技的发展，我们对灾难性事件（如自然灾害）已经有了一些基本的认识，可能会得到一些预警，比如断层附近的地震较多等，但是我们仍然无法确认其发生的时间和地点，因此，通常没有时间做充分准备或逃离。天气变化通常是即将到来的龙卷风的预警，但这仍不能给出具体预报。

2. 不可控性

自然灾害的一个典型特征就是具有不可控制性。地震是地球内部发生急剧破裂时产生的震波，在一定范围内它会引发地表震动的现象，即使能准确预测到，人们也无法阻止它的发生。同样，人们也不能让风暴、洪水等自然灾害发生在偏远地区。只有自然力量才能决定这些自然灾害出现在哪里。

3. 破坏性

自然灾害通常是剧烈的，其破坏力巨大。地震、风暴等灾难虽大多只持续几分钟甚至几秒，但破坏性非常大。热浪、干旱和严寒等自然灾害的时间也许会持续得更久一些，并且这些灾难之后的重建和恢复往往也需要很长的时间和努力（图3-18）。

4. 关联性

自然灾害具有联系性。自然灾害的关联性表现在两个方面。一方面是区域之间具有关联性，比如南美洲西海岸发生"厄尔尼诺"现象，有可能导致全球气象紊乱；美国排放的工业废气，常常在加拿大境内形成酸雨。另一方面是灾害之间具有关联性。也就是说，某些自然灾害可以互为条件，形成灾害群或灾害链。例如，火山活动就是一个灾害群或灾害链，火山活动可导致火山爆发、冰雪融

图3-18 汶川地震前后的映秀镇

（来源：作者自摄）

化、泥石流、大气污染等一系列灾害。

5. 持续性

事件的持续时间是指事件影响人们的时间或事件存在的时间，它被视为重要的变量。一次灾难事件持续时间越长，受害者受到的威胁就越大，事件的影响也就越大。与持续时间相关的是事件最低点，也就是事情所能发展到的最糟糕地步，过了最低点之后情况就会好转。此后，随着威胁的消退，人们开始恢复社区服务、救助受害者、重建家园等。然而，有些灾害并没有明显的最低点，这增加了灾难的持续时间。地震可能会带来余震，每一次余震都可能使灾难延续，给人们带来恐惧和担忧灾难的最低点可以让人们更好地了解灾难事件的严重程度。

6. 周期性和不重复性

自然灾害具有一定的周期性和不重复性，主要自然灾害中，无论是地震还是干旱、洪水，它们的发生都呈现出一定的周期性。人们常说的某种自然灾害"十年一遇、百年一遇"，实际上就是对自然灾害周期性的一种通俗描述，自然灾害的不重复性主要是指灾害过程、损害结果的不可重复性。

7. 不可避免性和可减轻性

自然灾害具有不可避免性和可减轻性。由于人与自然之间始终充满着矛盾，只要地球在运动、物质在变化，只要有人类存在，自然灾害就不可能消失，从这一点看，自然灾害是不可避免的。然而，充满智慧的人类，可以在越来越广阔的范围内进行防灾减灾，通过采取避害趋利、除害兴利、化害为利、害中求利等措施，最大限度地减轻灾害损失，从这一点看，自然灾害又是可以减轻的。

3.7.2 自然灾害的心理效应

危机效应（Crisis Effect），是指在事件刚刚发生时，人们对它的意识和注意最为深刻，但是很快在下次灾难到来之前消失，例如，在洪水到来之前所发出的洪水警告，很可能被大多数人忽视。然而，洪水一旦来临，人们就会很快开始关注这个问题，同时建立若干工作计划。但是，在最初的热情消退后，预防下一次灾难的努力很快就烟消云散了。

堤岸效应（Levee Effect），是指一旦采取某种措施来避免灾害，人们就倾向于采用以前的方案，认为这些方案足以应对灾难。建立堤岸是为了防洪，有了堤岸，房屋和工厂便建在那些原本是洪水流经的危险区域，不幸的是，堤岸是按照预想的洪水水位设计的，而人们的预想往往会出错。

冲突适应效应（Conflict Adaptation Effect），是指在一致性任务的试次序列中，被试者在前一试次中经历冲突后会使其在当前试次中更好地解决冲突。在我国成语中有很多这样的表述，如"前车之鉴""吃一堑长一智""前事不忘后事之师"等，说明先前的经验对当前问题解决的重要性。实验室研究也发现，在人类的认知控制过程中，在经历了冲突后，如果随后又遇到了相似的冲突，个体可以更好地解决这些冲突，这一现象即为冲突适应效应，也就是说大脑可以根据先前的经验来优化当前问题的解决[1]。

"心理台风眼"效应，是指距离受灾区域中心越近的居民，对自身安全和健康的担忧水平越低。这类似于气象学中的"台风眼"现象，即风力相对微弱的台风中心地带要比空气旋转剧烈的边缘地带更安全。中科院心理研究所的李纾教授[2]等人，在对汶川地震灾区和非灾区居民的研究中，提出并证实了这一效应的存在。研究者选取受灾地区和非受灾地区的被试者，结果发现，灾区被试者的估计值显著低于非灾区被试者们，越远离高危险区的人们，心里反而越担忧，即表现出"心理台风眼"效应。

3.7.3　自然灾害对行为的影响

地震会让房屋倒塌、路面断裂、洪水会冲走庄稼导致颗粒无收；飓风经过会摧毁城市设施、造成人员伤亡等，这些自然灾害会对人们的行为和心理造成影响。有关自然灾害对行为和心理健康的影响，不同的研究得出了不同的结果。有些研究表明，灾难造成的情绪影响会持续很长时间；而另一些研究表明灾难产生的心理影响很快就会消失。尽管对灾难的研究受到研究方法等的限制，研究者还是得出了一些共性结论。

1.灾难会带来实质性的创伤和精神障碍

灾难产生的一种极度的持续效果被称为创伤后应激障碍（Post-Traumatic Stress Disorder，PTSD），这是一种个体经历了创伤，产生持续的、不必要的、无法控制的关于事件的念头，强烈地避免提及事件的感望，表现出睡眠障碍、社会退缩以及强烈的警觉等症状的焦虑障碍。对老兵、灾难受害者、严重交通意外以及其他罪行受害者进行研究，最终都发现了上述创伤后应激障碍。患者表现出强制的思维以及对灾难的重复回忆。研究者还发现，随着时间的推移，应激以及创伤后应激障碍会显著降低。

2.一些灾难的整体影响可能是正面的，甚至还有增加社会凝聚力的作用

许多研究也发现了个体对灾难正面积极的反应。例如，鲍马姆（Bowmam，1964）[3]观察了美国阿拉斯加州地震后精神病人的行为，患者最初的反应是正面的，他们积极地试图解决问题。他还发现，全体患者们齐心协力、互相帮助、通力合作。从某种程度上说，灾难的正面社会效应可能与灾难对社会支持以及人们对自己在社

① 刘培朵，杨文静，田夏，等.冲突适应效应研究述评[J].心理科学进展，2012，20（04）：532-541.

② 李纾，刘欢，白新文，等.汶川"5.12"地震中的"心理台风眼"效应[J].科技导报，2009，27（03）：87-89.

③ Bowman，Karl M. Alaska earthquake[J]. American journal of psychiatry，1964，121（4）：313-317.

会中的定位的影响有关。

社会支持通常指个体受到其他人的认可与尊重，以及得到情感支持和其他所需的帮助。一般说来，这与压力无关，它是持久而稳定的，并非由灾难引发。得到社会支持显然是一件好事，然而，某些应激事件显然会改变我们获得社会支持的程度。由于离婚而失去配偶，由于死亡、毕业或离职等原因而失去密友，这些都会影响我们的社会支持，缺乏社会支持会产生应激问题。对汶川地震的受害者开展的研究也发现，有效的社会支持会减少自然灾害的负面影响。

3.7.4 公共卫生事件

根据国务院颁布的《突发公共卫生事件应急条例》，突发公共卫生事件是指突然发生，造成或者可能造成社会公众健康严重损害的重大传染病疫情、群体性不明原因疾病、重大食物和职业中毒以及其他严重影响公众健康的事件。非典流行事件，传染性非典型肺炎（简称 SARS），是一种因感染 SARS 相关冠状病毒而导致的新型呼吸道传染病，以发热、干咳、胸闷为主要症状，严重者出现快速进展的呼吸系统衰竭，极强的传染性与病情的快速进展是该病主要特点。以及 2019 年底突发的新型冠状病毒肺炎疫情，截至 2020 年 3 月 28 日我国确诊病例达 82280 例，其中死亡病例达 3301 例，全球累计病例确诊病例累计 526044 例，累计死亡 23709 例，对全球各行各业正常生产生活秩序造成巨大冲击。从这几次重大突发公共卫生事件可以深刻认识到，突发公共卫生事件的发生具有不可预测性、传播的广泛性和危害的严重性，会在短时间内对经济发展和社会稳定产生严重影响。

1. 公共卫生事件对行为的影响

突发公共卫生事件对公众行为的影响表现为直接影响和间接影响两类。直接影响一般为事件直接导致的即时性损害，就是说直接对公众的身体造成损害。间接影响一般为事件的继发性损害或危害，例如事件引发公众恐惧、焦虑情绪等对社会、政治、经济产生影响，以此次新冠肺炎疫情为例，分析突发公共卫生事件对公众行为产生的影响。

（1）危害身体健康

严重急性呼吸综合征冠状病毒（SARS-CoV-2）是以前从未在人体中被发现过的冠状病毒新毒株，由其引发的新型冠状病毒肺炎（COVID-19）是一种主要通过近距离空气飞沫和密切接触传播的以呼吸道症状为主的急性传染病。COVID-19 具有家庭内聚集发病现象，临床上以发热、咳嗽、气促和呼吸困难等为主要表现，较严重病例可出现严重急性呼吸综合征、肾衰竭，甚至死亡。SARS-CoV-2 传染性强，涉及面广，人群普遍易感，无性别差异，COVID-19 病情进展快，各个年龄段均有发病。2020 年 1 月 30 日 WHO 将 COVID-19 疫情定义为国际关注的突发公共卫生事件，截至 2020 年 2 月 28 日疫情在世界各国仍不断蔓延，全球共 67 个国家出现了确诊病例，病例遍布亚洲、欧洲、北美洲、南美洲、大洋洲、非洲，而且仍有进一步扩散及上升趋势，但对于 COVID-19 仍无特效治疗方法。

（2）影响心理健康

突发性公共卫生事件发生后，人们常会出现不同程度的心理应激反应，个体心理应激反应强度的关键因素除与应激源本身相关外，与个体的认知评价、个性特征、应对方式、社会支持等密切相关。在本次疫情中，COVID-19 患者产生的心理应激最为严重和复杂，他们不仅遭受着突然患有高传染性疾病的应激，还遭受着被隔离治疗而产生的多重应激，这将致使他们产生严重的应激反应，出现躯体、心理、认知和行为的异常，如不及时干预可能导致病情复杂化、迁延化，加大治疗难度、影响预后，患者甚至会出现危及生命安全的极端行为[1]。

此外对于绝大多数的未感染者而言也同样面临不同程度的心理问题，疑似病例或轻症病例在医疗资源紧张的情况下，暂时采用居家隔离方式，然而当人们人身自由受到一定限制、缺少必要的社会交往、长时间处于室内空间致使的绿视量不足、在新闻报道的氛围笼罩下精神过于紧张、过度关注网络新闻报道以及共情心理等原因极易引起抑郁类疾病的产生，有的人会出现孤独、慌张、担心和无助等负面情绪。有研究通过对 123 名隔离人员的生理心理状况调查，发现隔离人员抑郁、压力水平较高，而这点主要体现在自主隔离人员身上，间接接触增加了感染的不确定性，而无法忍受不确定性正是诱发焦虑和应激的重要因素[2]。随着疫情的进展及检测的完善，儿童感染例数有明显增多趋势，重大的突发性公共卫生事件对儿童青少年的心理健康都会造成一定影响，这类心理问题会致患儿情绪不稳定、注意力涣散、学习效率低、人格发展受到影响，甚至在成年后会出现一定的心理障碍。

（3）短期紊乱生活保障

武汉市受新冠肺炎疫情突发重大公共卫生事件的影响，于 2020 年 1 月 23 日封城，突如其来的疫情和封城令，给武汉市蔬菜供应带来严峻挑战。蔬菜生产受春节叠加疫情双重影响，劳动力严重缺乏，地里成熟的蔬菜无人采摘，拟定植的茄果、瓜类蔬菜幼苗无法按时定植，拟播种的快生菜无法及时播种，采摘的蔬菜无人收购，以往贩菜的经纪人不见踪迹，道路封堵运输受阻，蔬菜运不进城内，外地运菜车辆不敢来武汉，菜场、批发市场关闭停止营运，蔬菜无法从地头运到餐桌，大量的蔬菜在地里无法销售[3]。同样受武汉及周边县市主要货源来源中断、商户春节放假、交

---

① 岳计辉，王宏，温盛霖. 新型冠状病毒肺炎患者的心理应激与心理干预 [J]. 新医学，2020，51（04）：241-244.

② 马楷轩，张燚德，侯田雅，等. 新型冠状病毒肺炎疫情期间隔离人员生理心理状况调查 [J]. 中国临床医学，2020，27（01）：36-40.

③ 吴利华，刘吟，梅建幸，等. 新冠肺炎防疫期间蔬菜供应对策 [J]. 长江蔬菜，2020（04）：12-13.

通运输成本增加、省市县沿途设卡检查较多等因素影响，货源组织难、调运入市难、运输成本高、市民恐慌性采购导致黄石蔬菜供应紧张问题突出，43 个农贸市场基本停业，部分商场超市货源紧缺、价格偏高。城市居民面临蔬菜物资紧缺、采购不便等生活性问题，导致基本生活需求缺乏保障，成为疫情期间社区居民普遍面临的基础问题。

2. 城市规划的应对

（1）城市功能区划由集中式单一布局转变为组团式混合布局

城市功能区划的集中式单一布局导致了城市内部流动性的增强及城市居民远程通勤的增多，而这必然导致传染病来袭时疫情在城市中加速蔓延。因此，以"职住平衡"为基础的组团式混合布局更加适宜于应对城市中的突发公共卫生事件，将城市的功能混合并分散于每一个组团之中，并在组团内提供配套的卫生、医疗、文体、娱乐等设施以保障公共服务，还可在其中嵌入绿色、开放的公共活动空间以提升环境品质。以上便是所谓的"簇群结构"，这一更具韧性的城市功能组织形式有效减少了城市内部物资与人口的低效率流动，从而在整体上降低了城市居民之间的跨区域接触频率，并且在突发公共卫生事件时能够以组团为单位形成动态的边境，将局域的人口隔离于组团之内并控制其流动性，且具有完备的公用配套设施而不影响组团内部的正常生产生活秩序（图 3-19）。

（2）城市居住环境由高密度聚集型转变为低密度分散型

城市的高密度聚集型居住环境容易加快疫情在居住区内的扩散，因此控制居住区的容积率以保证合适的居住密度有利于应对此类突发公共卫生事件。另外，还应强调城市居住环境的开放性，并以此探索多样的住宅建筑设计手法，其中尤为重要

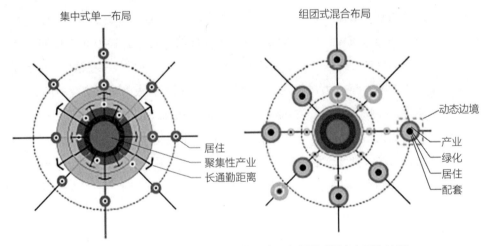

图 3-19　城市功能区划的集中式单一布局与组团式混合布局比较图

（来源：刘斐旸，彭然，黄佳伟，等. 城市应对突发公共卫生事件的规划策略——以武汉市为例 [J]. 规划师，2020，36（05）：72-77）

的是营造室内外相贯通的流动性居住空间，从而给予城市居民更多在家中接触风、阳光与绿意的机会，以求在疫情发生之时，良好的居住环境能够最大限度地保障市民的身心健康。

（3）营造"绿色、开放、友善"的城市公共空间

城市公共空间包括道路、广场、公园和绿地等，其作为人流集散之地，聚集性疫情容易在此发生。延缓疫情传播的重点在于通过合理的规划与设计引导人群的疏解，即所谓"缓冲空间"的打造。对此，城市的公共空间宜分散而去中心化，尺度宜开阔而不易聚拢人群，并注重日照、通风与绿化的设计，以营造健康舒适的室外环境，从而减少疾病在公共场所的传播。此外，还应当积极探索并努力打造城市慢行系统，创造友善的道路环境，鼓励更多市民在短程出行中选择步行或骑行，在锻炼了身体的同时也减轻了城市公交系统的拥挤程度，当疫情发生之时有利于延缓其传播速度。

（4）充分发挥健康效益的绿地景观

绿地的健康效应主要包括三个方面：减少健康风险暴露、促进健康行为活动和提供心理恢复能力。不同层面的绿地空间特征在一种或多种影响路径下发挥绿地的健康效益。比如，宏观层面的绿地分布格局多与物质空间环境过程相关，主要通过减少健康风险暴露来发挥绿地的健康效益；中观层面的绿地可达性、可获得性更多地与居民的行为活动参与性相关；而微观层面的绿色的面积、形状、设施、植被、生物多样性等内部环境特征则与居民行为活动的体验性相关，良好的活动体验将促进活动的进一步参与。此外绿地的内部环境特征还与居民的心理恢复效果有关，尤其是植被和生物多样性特征能有效地为居民提供心理恢复能力。除了在公共健康效应的作用，城市绿地在突发公共卫生事件中，可以发挥应急疏散、抗震减灾的功能，特别是城市公园绿地，具有较大规模和完善的配套设施，能有效发挥应急避难所的功能，是应急避难和人员疏散的场所，可防止灾害的进一步恶化[1]。

（5）充分利用信息科技，基于大数据与云平台建立城市风险预警体系

在当前"万物互联"的时代，打造"智慧城市"以应对突发公共卫生事件是未来的发展热点，其核心在于利用信息科技创建城市风险预警体系，通过对于个人信息的精准记录以辨别和追踪风险人群，并在此基础上进行大数据分析以锁定城市中不同类型的危险区域，从而保证科学化分级防控的有效实施[2]。

---

① 干靓，杨伟光，王兰 . 不同健康影响路径下的城市绿地空间特征 [J]. 风景园林，2020，27（04）：95-100.
② 刘斐旸，彭然，黄佳伟，等 . 城市应对突发公共卫生事件的规划策略——以武汉市为例 [J]. 规划师，2020，36（05）：72-77.

城市环境行为学

3.8 空气污染与行为

作为一种全球性的环境问题，空气污染对人类健康和生命安全构成了巨大威胁（图3-20）。世界卫生组织报告指出：2012年全球因空气污染导致的各类疾病致死人数约为700万，占当年全球总死亡人数的1/8。鉴于此，空气污染已被世界卫生组织列为"全球最大的单一健康风险"（WHO，2012）。空气污染与呼吸、循环系统疾病关系最密切。自1990年以来这两类疾病死亡率一直高居城市居民死因排序前四位，2003年排在前四位的是恶性肿瘤、脑血管病、呼吸系统疾病和心脏病，表明了城市居民的健康状况与严重的大气污染有直接关系。我国城市大气污染对居民健康造成了严重危害，已经引起了广泛的关注[1]。据估计，中国空气污染造成的过早死亡人数在2001年至2010年间从每年41.8万增长到51.4万[2]。

人们已经普遍认识到空气污染直接影响居民的健康和寿命。许多研究也已发现，空气污染会严重影响婴儿和儿童的发育健康，可能导致婴儿死亡率上升、先天畸形和认知功能受损，并带来心脏和肺部发病率的提高。除了生理健康损害，空气污染的心理和行为影响也不容忽视。Rotton，Frey等（1979）认为空气污染的不良效应分为直接效应和间接效应，直接效应是指有毒物质造成的生理健康损害，间接效应是指呼吸被污染的空气所引发的一系列消极体验[3]；空气污染会导致工人经常请假且在工作过程中情绪和注意力降低；高浓度的污染还会影响儿童上学以及降低其考试成绩。人们在严重污染的天气里，也会情绪低落，从而减少户外社交活动。因此，空气污染会在很大程度上降低一个城市的经济和社会活力。

图3-20 因为雾霾，所以"主要看气质"的特殊城市记忆
（来源：作者自摄）

---

① 相鹏，耿柳娜，周可新，等.空气污染的不良效应及理论模型：环境心理学的视角[J].心理科学进展，2017，25（04）：691-700.

② 郑思齐，张晓楠，宋志达，等.空气污染对城市居民户外活动的影响机制：利用点评网外出就餐数据的实证研究[J].清华大学学报（自然科学版），2016，56（01）：89-96.

③ Rotton J，Frey J，Barry T，et al. The Air Pollution Experience and Physical Aggression1[J]. Journal of Applied Social Psychology，1979：9.

3.8.1　空气污染的感知

空气质量的公众感知是在综合个人感受、文化和知识背景，以及对其居住地的物理环境和空间属性的理解基础上建立起来的一种主观认知。因而，公众对空气质量的感知受到个体差异、社会经济因素和地区差异的影响。

个体差异对空气质量感知的影响主要体现在年龄、教育程度和性别等方面。研究者认为，相比年轻人，老年人感知空气质量较差的可能性更大[1]。教育程度对空气质量感知的影响尚不明确，部分研究证实教育程度较高的民众对空气质量的感知更消极，Klaeboe R 等（2000）[2] 和 Semenza J C 等（2008）[3] 等人的研究认为低教育程度的民众在主观上感知到的空气质量较差，而 Rotko 等认为教育程度与空气质量感知无关[4]。Williams 等发现空气质量感知存在性别差异，相对于男性群体，女性感知的空气质量较差[5]。社会经济因素对空气质量感知的影响主要体现在经济收入和地方归属感两方面。由于较低经济收入群体可能在选择居住环境方面处于被动地位，其居住地的污染暴露水平往往较高，加之受相对剥夺感等心理因素影响，从而使其空气质量感知相对较差。此外，公众对所生活的社区、街区和地区等地的归属感也能够影响其空气质量感知。Wakefield 等认为没有地方归属感的公众对所在地的空气质量感知更消极[6]。而相关研究结论也支持了上述观点，Andersen 发现当贫民窟的居民将其居所定义为"家"时，即使当地环境质量很差，通过家庭和社会互动也可产生积极的感知[7]。Simone 等在加拿大汉密尔顿的调查发现，出生在加拿大和居住时长较长的民众对当地空气质量的感知更积极。

公众对空气质量的感知存在显著的地区差异，而这些地区间的差异又反映在社会经济水平和污染源临近性两方面。Simone 等在加拿大汉密尔顿选取了社会经济水平不同的地区，结果发现社会经济水平越高的地区，公众的空气质量感知越

[1] Kim M，Yi O，Kim H. The role of differences in individual and community atributes in perceived air quality[J]. Science of The Total Environment，2012，425：20–26.

[2] Klaeboe R. Analysing the impacts of combined environmental effects–Can structural equation models（SEM）be of benefit?[C]// Inter–noise & Noise–con Congress & Conference，2000.

[3] Semenza J C，Wilson D J，Parra J，et al. Public perception and behavior change in relationship to hot weather and air pollution[J]. Environmental research，2008，107（3）：401–411.

[4] Rotko T，Oglesby L，Nino Künzli，et al. Determinants of perceived air pollution annoyance and association between annoyance scores and air pollution（PM2.5，NO2）concentrations in the European EXPOLIS study[J]. Atmospheric Environment，2002，36（29）：4593–4602.

[5] Williams I D，Bird A. Public perceptions of air quality and quality of life in urban and suburban areas of London[J]. Journal of Environmental Monitoring，2003，5（2）：253–259.

[6] Wakefield S E L，Elliott S J，Cole D C，et al. Environmental risk and（re）action：air quality，health，and civic involvement in an urban industrial neighbourhood[J]. Health & Place，2001，7（3）：163–177.

[7] Andersen H S. Why do residents want to leave deprived neighbourhoods：The importance of residents' subjective evaluations of their neighbourhood and its reputation[J]. Journal of Housing and the Buil Environment，2008，23（2）：79–101.

积极 [1]。Williams 等发现相比市区，生活在郊区的民众对空气质量的评价更高。而类似的结论在农村和城市的对比研究也得以证实。Howel 等通过对英国东北部民众的访谈发现，临近工业区的社区居民对空气污染的敏感度和关注度较高 [2]。

3.8.2 空气污染对行为的影响

大气污染危害人体健康，低浓度长期作用下可引起机体免疫功能的降低、肺功能下降、呼吸及循环系统的改变，诱发和促进了人体过敏性疾病、呼吸系统疾病以及其他疾病的产生，表现为发病、临床到死亡等一系列健康效应。我国有关学者在一些主要城市开展了较深入的大气污染流行病学研究，证实了大气污染与总死亡、呼吸系统疾病和循环系统疾病等的发病率和死亡率升高有密切关系。在对沈阳市1992 年大气污染与总死亡率及各种急、慢性病的关系研究中，生态学方法研究得出高、中、低污染区居民的总死亡率、COPD、心脑血管病死亡率差异具有统计学显著性；大气污染除造成居民健康慢性损害外，还加剧了此类慢性病人病情、加速死亡；北京 1998~2002 年每日大气污染与居民死亡人数的关系研究表明，大气 CO、SO_2、NO_x、TSP 浓度单变量与呼吸系统、心脑血管疾病、COPD 和冠心病死亡率之间均有显著正相关关系。

除了生理影响，空气污染的心理和行为影响越来越成为热点问题，主要原因在于空气污染的生理影响通常需要长期累积并逐渐显现，因而具有一定的潜伏性和滞后性。相比之下，对于个体而言，暴露于空气污染首先引发的是强烈的消极体验（尤其是情绪）。简而言之，相比发病率或死亡率等灾难性指标，心理影响是空气污染引发的一种更为敏感的不良效应（Rotton，Frey，1985）[3]；另一方面，空气污染的心理影响不仅损害生活满意度，影响主观幸福感（Bullinger，1989 [4]；Dolan，Laffan，2016 [5]），还可能削弱个体对空气污染生理损害的抵抗力，从而可能诱发甚至加剧空气污染的生理影响 [6]。

① Simone D, Eyles J, Newbold K B, et al. Air quality in Hamilton：who is concerned? perceptions from three neighbourhoods[J]. Social Indicators Research，2012，108（2）：239-255.

② Howel D, Moffatt S, Prince H, et al. Urban air quality in north-east England：exploring the influences on local views and perceptions[J]. Risk Analysis，2002，22（1）：121-130.

③ Rotton J, Frey J. Air pollution, weather, and violent crimes：Concomitant time-series analysis of archival data[J]. Journal of Personality and Social Psychology，1985，49（5）：1207-1220.

④ Bullinger M. Relationships between air pollution and well-being[J]. Sozial-und Präventivmedizin/Social and Preventive Medicine，1989，34（5）：231-238.

⑤ Dolan P, Laffan K. Bad air days：The effects of air quality on different measures of subjective well-being[J]. Journal of Benefit-Cost Analysis，2016，7：147-195.

⑥ 相鹏，耿柳娜，周可新，等 . 空气污染的不良效应及理论模型：环境心理学的视角 [J]. 心理科学进展，2017，25（04）：691-700.

1. 认知功能

长期暴露于空气污染可能引发的脑损伤，神经炎症和神经退化等潜在消极影响，可表现为认知功能损害或衰退（Calderón-Garcidueñas, et al, 2003）[1]。在针对洛杉矶中老年人样本的调查中，Gatto 等（2014）控制了年龄、性别、种族、教育、收入和情绪等潜在协变量后发现，空气污染浓度越高，言语学习、逻辑记忆和执行功能的认知测验得分越低。在另一项针对中老年人群体的研究中，研究者在控制个体与社区层面的人口统计学和社会经济特征后发现，PM2.5 浓度较高地区的中老年人在工作记忆测验的出错率是低浓度地区的 1.5 倍（Ailshire, Clarke, 2015）[2]。Schikowski 等（2015）的研究进一步控制了认知功能衰退的风险因素（吸烟史、教育程度、社会经济地位、慢性呼吸道疾病和心血管疾病、体重指数等），并采用多元线性回归模型分析空气污染对认知功能的影响，研究结果表明空气污染与语义记忆和视觉空间等认知测验得分存在消极关系[3]。

空气污染与认知功能损害的神经机制也引起学者的关注。Calderón-Garcidueñas 等（2011）纵向研究发现暴露于严重的空气污染可能会扰乱儿童大脑发育轨迹，从而导致儿童期的认知功能损害[4]。Tzivian 等（2015）提出空气污染可能通过脑白质病变和脑血管异常造成成人认知功能异常[5]。Fonken 等（2011）以大鼠为被试验对象的研究发现，相比无空气污染组的大鼠，接受污染空气处理的大鼠在学习迷宫任务中，花费时间更多，且出错较多[6]。研究者进一步发现大鼠大脑中海马树突棘密度下降，而海马形态改变涉及学习和记忆受损，以及类抑郁反应增加[7]。

2. 情绪

Rotton 和 Frey（1985）[8]认为空气污染涉及一些不那么严重但非常频繁的消极情

① Calderón-Garcidueñas L，Maronpot R R，Torres-Jardon R，et al. DNA damage in nasal and brain tissues of canines exposed to air pollutants is associated with evidence of chronic brain inflammation and neurodegeneration[J]. Toxicologic Pathology，2003，31（5）：524–538.

② Ailshire J A，Clarke P. Fine particulate matter air pollution and cognitive function among U. S. older adults[J]. Journals of Gerontology，2014，70（2）：322–328.

③ Schikowski T，Vossoughi M，Vierkötter A，et al. Association of air pollution with cognitive functions and its modification by APOE gene variants in elderly women. Environmental Research[J]，2015，142：10–16.

④ Calderón-Garcidueñas L，Engle R，Mora-Tiscareño A，et al. Exposure to severe urban air pollution influences cognitive outcomes，brain volume and systemic inflammation in clinically healthy children[J]. Brain & Cognition，2011，77（3）：345-355.

⑤ Tzivian L，Winkler A，Dlugaj M，et al. Effect of long-term outdoor air pollution and noise on cognitive and psychological functions in adults[J]. International Journal of Hygiene & Environmental Health，2015，218（1）：1–11.

⑥ Fonken L K，Xu X，Weil Z M，et al. Inhalation of fine particulates alters hippocampal neuronal morphology[J]. Molecular Psychiatry，2011，16（10）：973.

⑦ 相鹏，耿柳娜，周可新，等. 空气污染的不良效应及理论模型：环境心理学的视角 [J]. 心理科学进展, 2017, 25（04）：691–700.

⑧ Rotton J，Frey J. Air pollution，weather，and violent crimes：Concomitant time-series analysis of archival data[J]. Journal of Personality and Social Psychology，1985，49（5）：1207–1220.

绪，而这些消极情绪可能会进一步造成生活满意度降低和心理幸福感损害（Dolan，Laffan，2016）[1]。

抑郁和焦虑是空气污染可能引发的主要消极体验。已有研究通过对特定人群的调查表明空气与抑郁症状存在相关关系，例如，Lim 等（2012）[2] 对韩国某一社区中心老年人的 3 年追访调查发现，随着空气污染浓度上升，老年人抑郁症状增强。在焦虑方面，早期研究证实在控制年龄、社会经济地位和温度等因素后，空气污染与焦虑症状存在适度显著的相关关系（Evans，Colome，Shearer，1988）[3]。而在 Power 等（2015）的研究中，7 万多名中老年女性完成了焦虑调查问卷，数据统计结果表明焦虑水平上升与 PM2.5 暴露相关。烦扰是与空气污染相关的不愉快感受[4]。烦扰是一种主观评分，研究者通常要求被调查对象在 11 点量表上自我报告"在多大程度上受到室外空气污染的烦扰"（Jacquemin，et al，2007）[5]。空气污染造成的烦扰程度既反映了空气污染的消极影响（Claeson，Lidén，Nordin，et al，2013）[6]，也体现了个体对空气质量的主观评价（Jacquemin，et al，2007）[7]。而且即便在空气质量相对较好时，被调查对象主观上仍能体验到空气污染的烦扰，这说明烦扰并不是以客观空气污染程度为判断依据。此外，女性、老年人以及健康状况较差的个体更多地受到空气污染的烦扰（Llop，et al，2008）[8]。

3. 不良行为

早期环境心理学研究者认为类似于拥挤、噪声和温度等环境应激源，空气污染也能影响人的行为（Zeidner，Shechter，1988）[9]。Rotton 等（1979）通过在实验室模拟的空气污染证实空气污染能够激发人的身体攻击性行为，研究者以男性大学生为

---

① Dolan P, Laffan K. Bad air days：The effects of air quality on different measures of subjective well-being[J]. Journal of Benefit-Cost Analysis, 2016, 7：147-195.

② Lim Y H, Kim H, Kim J H, et al. Air Pollution and Symptoms of Depression in Elderly Adults[J]. Environmental Health Perspectives, 2012, 120（7）：1023-1028.

③ Evans G W, Colome S D, Shearer D F. Psychological reactions to air pollution[J]. Environmental Research, 1988, 45（1）：1-15.

④ Power M C, Kioumourtzoglou M A, Hart J E, et al. The relation between past exposure to fine particulate air pollution and prevalent anxiety：Observational cohort study[J]. BMJ（online）, 2015, 350（mar23 11）：h1111.

⑤ Jacquemin B, Sunyer J, Forsberg B, et al. Annoyance due to air pollution in Europe[J]. International Journal of Epidemiology, 2007, 36（4）：809-820.

⑥ Claeson A S, Lidén E, Nordin M, et al. The role of perceived pollution and health risk perception in annoyance and health symptoms：A population-based study of odorous air pollution[J]. International Archives of Occupational & Environmental Health, 2013, 86（3）：367-374.

⑦ Jacquemin B, Sunyer J, Forsberg B, et al. Annoyance due to air pollution in Europe[J]. International Journal of Epidemiology, 2007, 36（4）：809-820.

⑧ Llop S, Ballester F, Estarlich M, et al. Ambient air pollution and annoyance responses from pregnant women[J]. Atmospheric environment, 2008, 42（13）：2982-2992.

⑨ Zeidner M, Shechter M. Psychological responses to air pollution：Some personality and demographic correlates[J]. Journal of Environmental Psychology, 1988, 8（3）：191-208.

被试者，通过在实验室中放置乙硫醇和硫化铵生成中度恶臭和极度恶臭来模拟不同程度的空气污染，并要求被试者对学习者实施"电击"作为学习任务犯错的惩罚。研究结果发现中度恶臭污染比极度恶臭或无污染情境更能激发更高水平的攻击性行为（Rotton，et al，1979）[1]。

在流行病学调查研究中，空气污染作为自杀行为的诱发因子得到相关研究的证实。Szyszkowicz 等（2010）[2]认为自杀企图和自杀意念与空气污染暴露有关，研究者借助温哥华医院中自杀未遂的急诊数据，证实空气污染与自杀企图存在潜在相关关系，而且这一关系具有性别和季节差异；Bakian，Huber 等（2015）搜集了美国犹他州 2000~2010 年 1546 起自杀死亡案例，并将其与自杀当天和前几天的空气污染程度作对比分析，研究结论表明空气污染与自杀风险增加相关[3]。此外，针对韩国 2006~2011 年间的自杀死亡案例与空气污染的数据分析也得出同样的结论（Kim，et al，2015）[4]。

值得注意的是，现有研究结论绝大部分来自流行病学调查，采用这种研究方法产生的研究结论只能支持空气污染与消极情绪之间存在相关关系而非因果关系。此外，空气污染引发的各种不良效应之间可能存在相互作用关系，而已有研究并未系统地考察这些不良效应及其潜在关系。James 等（1978）在探究空气污染对人际吸引力的影响时，发现恶臭气味引发消极情绪体验，这一消极体验进而泛化以至影响被试者对他人和周围环境的喜好评价[5]。Levy，Yagil（2011）针对空气污染和股票收益率的研究也表明空气污染是通过消极情绪影响投资行为的[6]。因此，空气污染的各种不良效应之间的潜在相互作用机制值得未来继续深入探讨。另一方面，空气污染的不良效应是既受噪声和天气等客观因素的影响，又与个体的生理、心理和相关社会因素相关，同时这些潜在不良效应的形成本身也是一个长期的动态过程。未来研究应思考如何排除各种无关变量的干扰，并论证空气污染与不良效应之间的因果关系。

① Rotton J，Frey J，Barry T，et al. The Air Pollution Experience and Physical Aggression 1[J]. Journal of Applied Social Psychology，1979，9（5）：397–412.

② Szyszkowicz M，Willey J B，Grafstein E，et al. Air Pollution and Emergency Department Visits for Suicide Attempts in Vancouver，Canada[J]. Environmental Health Insights，2010，4（4）：79–86.

③ Bakian A V，Huber R S，Hilary C，et al. Acute Air Pollution Exposure and Risk of Suicide Completion[J]. American Journal of Epidemiology，2015，181（5）：295–303.

④ Kim Y，Myung W，Won H H，et al. Association between air pollution and suicide in South Korea：A nationwide study[J]. PLOS One，2015，10（2）：e0117929.

⑤ James R，Barry T，Frey J，et al. Air Pollution and interpersonal Attraction[J]. Journal of Applied Social Psychology，1978，8（1）：57–71.

⑥ Levy T，Yagil J. Air pollution and stock returns in the US[J]. Journal of Economic Psychology，2011，32（3）：374–383.

3.9 颜色与行为

颜色是视觉系统接受光刺激后的产物，是个体对可见光谱上不同波长光线的主观印象。不同的颜色会带给人们不同的感受，引发不同的行为反应。

3.9.1 颜色的感知

物体之所以呈现颜色，是因为它们反射光线到我们的视觉系统。人眼能感受和分辨波长在380~760纳米的150种以上不同的色光。人眼视网膜上有三种分别含有红、绿、蓝不同感光色素的视锥细胞，并分别对红光、绿光和蓝光敏感。其他色觉则由这三种视锥细胞中的感觉色素在受到光刺激后，通过不同比例的混合而引发。

颜色可以分为彩色和非彩色。颜色有三种心理特性分别与光的物理特性相对应：色调（Hue）与其物理刺激的光波波长相对应，不同波长所引起的不同感觉就是色调。两种波长不同的光以适当比例混合，产生白色或灰色，那么这两种颜色就称为互补色。饱和度（Saturation）与光纯度的物理特色相对应，纯的颜色是高饱和度的，是指没有混入白色的窄带单色光波。明度（Lightness）与光的物理刺激强度相对应。强度是彩色和非彩色刺激的共同特性，而色调和纯度只有彩色刺激才具有（荆其诚，1987）[①]。

按人们的主观感觉，彩色可以分为暖色和冷色。暖色是指刺激性强且能引起皮层兴奋的红色、橙色、黄色；而冷色则是指刺激性弱、能引起皮层抑制的绿色、蓝色、紫色。非彩色的白、黑也会给人不同的感觉：白色给人的感觉是宽广、开放、分散、轻且高；而黑色则使人感觉集中、压迫、抑制、重且低。一块黑色的100g重的积木块与一块187g重的白色积木块给人的感觉是一样重[②]。

3.9.2 颜色对行为的影响

色彩的视觉感觉是通过眼、脑作用而获得的，属于生理现象。但是这种生理作用逐步冲击到人的心理，并不知不觉地作用于人的心理。

1. 颜色对人的生理和心理影响

由于人们对色彩的认识和应用有别，不同的色彩对人的生理和心理会产生不同的反应。朱慧等发现，当人眼注视彩色图片时，其脉搏、呼吸、脑电波等均会因色彩的不同而出现不同的变化。

红色给人以支配感和强势的感觉，红色会让人兴奋或警觉，脉搏跳动加快，呼

---

① Jing Q, Wan C, Over R. Single-Child Family in China: Psychological Perspectives[J]. International Journal of Psychology, 1987, 22（1）: 127–138.

② 苏彦捷. 环境心理学 [M]. 北京：高等教育出版社，2016.

吸急促。在认知任务中，当个体完成关注细节的任务时，如文字校对，红色能提高其工作效率；而对需要创造力的任务，如智力测验，红色对任务完成则有阻碍作用（Mehta，Zhu，2009）[1]。还有一系列研究考察了红蓝两色对操作成绩的影响。研究发现，冷色调（如蓝色）使人感到镇定，而暖色调（如红色）更具刺激性，并且颜色会与环境中的其他要素产生交互作用。

蓝色和绿色是大自然中最常见的颜色，也是自然环境下人类的最佳心理镇静剂。这些色调可使皮肤温度下降1~2℃，此外，它们还可降低血压，减轻心脏负担。这类颜色能缓和紧张，使人安静，从而使人更冷静地对待现实。蓝色让人平静，脉搏跳动减慢、呼吸减慢、脑电波呈现冷静和放松状态。在改善人的情绪方面，绿色空间对人的视觉心理和知觉心理有着积极的意义和不可忽略的价值，心理学家认为，绿色是最平静的颜色，能使精疲力竭的人感到宁静，还有研究发现，绿色会让人想起大自然的生机，从而引发大学生积极的情绪体验，如放松和舒适等。总之，大自然中植物的绿色和水、天的蓝色是大脑皮层最适宜的刺激物，它们能使疲劳的大脑得到调整，并使紧张的神经得到缓解[2]。

粉红色给人以温柔舒适的感觉。美国的《脑与神经研究》报道说，粉红色具有息怒放松及镇定的功效。因此，在美国加州的拘留所有一项不成文的规定，犯人闹事以后就将其关进粉红色的集闭室中，10多分钟后，犯人就会瞌睡。然而，另一方面的研究表明，长期生活在粉红色的环境里会导致视力下降、听力减退、脉搏加快。由于粉红色波长与紫外线波长十分接近，因而长期穿着粉红色衣服会削弱人的体质。与彩色不同，黑色和白色常常会与道德行为联系起来。有研究发现，人们会把道德和不道德的词语分别与白色和黑色联系起来（Sherman，Clore，2009）[3]。橙色带给人的印象是活力充沛和心情愉快，可以制造积极肯定的气氛。但是，若把橙色使用在建筑外墙上时就要十分注意了。在建筑外墙大面积使用橙色时就要像图3-21一样，注意两个方面，一是建筑不能太高，二是使用的橙色彩度要降低，不能过于鲜艳。

2.颜色对人的保健、康复作用

色彩对人除了有一定的生理、心理影响外，还有一定的保健、康复作用。红色可刺激神经系统，增加肾上腺素分泌和促进血液循环；橙黄色有助于克服疲劳和抑郁，并能消除及改善紧张、犹豫、惊恐和害怕的情绪；黄色可提高人的警觉，有助于集中注意力，加强逻辑思维，增强记忆力，对肝病患者也有一定的疗效；绿色有

① Mehta R，Zhu R. Blue or Red? Exploring the Effect of Color on Cognitive Task Performances[J]. Science，2009，323（5918）：1226-1229.

② 苏彦捷. 环境心理学[M]. 北京：高等教育出版社，2016.

③ Sherman G D，Clore G L. The Color of Sin：White and Black Are Perceptual Symbols of Moral Purity and Pollution[J]. Psychological Science，2009，20（8）：1019-1025.

助于消化和缓解眼睛疲劳，并能起到镇静作用，对好动及身心压抑者有益，自然的绿色对昏厥、疲劳和消极情绪均有一定的克服作用；蓝色具有降低脉搏和血压，稳定呼吸、平心静气等作用，还能调节体内平衡，有助于克服失眠，专家特别向月经周期紊乱和更年期的妇女推荐蓝色；紫色可刺激组织生长，有助于消除偏头痛等疾病，另外可使淋巴系统趋于正常；银色可医治大脑或神经系统等疾病，但要慎重使用[①]。

3. 基于色彩影响的城市风貌

色彩应用在城市设计之中，一是其社会属性、地域属性能够彰显城市特色，不同地域和文化背景下的人来到这座城市都能够得到不一样的感知；二是色彩在一定层面上能够对人产生引导；三是从更加宏观的角度来讲，色彩所构成的城市特色也会反过来影响城市的进一步建设。

城市色彩的传承也是城市文化传承的一种，是文化多样性的要求，是客观的存在。城市色彩具有的社会属性、地域属性无疑会使城市空间具有独特的景观特色。城市市民的整体社会意识、地域和种族文化、行为等会在潜移默化中影响着城市的意象，在此基础上产生的城市意象性，必然会渗透出这个城市的特色，产生不同于其他城市的风情。有学者认为，人们对城市形象的把握极大地借助于其色彩的构成，当人们一提起某些富有特色的城市时，相伴而来的往往是对该城市或凝重，或浪漫，或明快等印象的色彩联想。可见，良好的城市色彩构成能使居于其中的人们得到愉悦的视觉享受，反之则会给人们带来视觉环境污染。

法国巴黎的老城区（图3-22），除个别现代的建筑物外，城市的建筑墙体基本上是由高雅的淡米黄色涂料粉刷而成，而建筑的屋顶以及埃菲尔铁塔等用的则是深灰色。所以巴黎的主要城市色彩就是淡米黄色和深灰色，走在巴黎市区的街头，无论是哪个角落，几乎都能看到这两种颜色。离开巴黎，这两种颜色也会深深地植入

图3-21 橙色的城市建筑外墙
（来源：郭永言，《城市色彩环境规划设计》，
2007）

图3-22 法国巴黎的老城区
（来源：郭永言，《城市色彩环境规划设计》，
2007）

---

① 李霞，安雪，金紫霖，等. 植物色彩对人生理和心理影响的研究进展 [J]. 湖北农业科学，2010，049（007）：
1730-1733.

人们的脑海，看到它们就会想起巴黎。挪威首都奥斯陆的城市色彩如图 3-23 所示，整体的城市色彩环境规划是以暖色调为主，非常适合奥斯陆的纬度特点，在冬季寒冷的时候，这样的城市色彩会给人们带来温暖的感觉。

　　气候条件可以决定一个地区的自然环境，也是城市色彩规划设计的重要因素。由于城市在地球上所处的位置不同，接受阳光照射的强弱也就不同。图 3-24 为热带海滨城市，可以看出建筑物相对较为密集，并且以高明度的淡色为基调，与白色的海滩辉映，带给人们清凉夏日的感觉。

图 3-23　挪威首都奥斯陆的城市色彩
（来源：郭永言，《城市色彩环境规划设计》，
2007）

图 3-24　热带海滨城市
（来源：郭永言，《城市色彩环境规划设计》，
2007）

第 4 章

城市中观环境行为

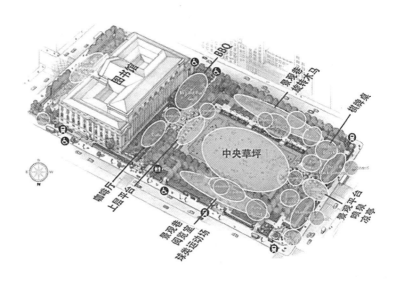

4.1 地方依恋

　　人地关系是地理学、社会学、心理学和城市科学长期关注的话题。在考虑城市发展，尤其是城市微更新的过程中，场所依恋的诉求更需要重视。20 世纪 50 年代心理学领域的地方感知研究对人地关系研究起到了推动作用，1963 年美国学者弗来德（M.Fried）描述了强迫再安置情况下波士顿"伦敦西区"市民的不情愿心理，这反映出人们对地方依恋的强烈情感 [1]。1974 年，第一份关于人地关系的调查报告指出居住时间和邻里关系是社区依恋最有效的预测因素 [2]。1977 年，地方依恋作为学术概念被正式提出 [3]。随后，环境心理学研究者开始从不同角度定义地方依恋。这一时期，相继出现了许多与地方依恋相似的术语用来描述人地关系，如地方认同（Place Identity）、地方感（Sense of Place）、地方依赖（Place Dependence）、社区感（Sense of Community）、社区依恋（Community Attachment）等。

4.1.1 什么是地方依恋

1. 地方依恋的概念

　　地方依恋（Place Attachment）是人与特定地方之间的情感联结，情感在人地关

---

① Fried M. Grieving for a lost home.In L. J. Duhl（Ed.），The urban condition[M]. New York：Basic Books，1963：151-171.

② Kasarda J D，Janowitz M.Community attachment in mass society[J]. American Sociological Review，1974，39（6）：328-339.

③ Gerson K, Stueve C A, Fischer C S.Attachment to place.In C. S. Fischer R.M.Jackson, C. A. Stueve, K.Gerson, L. Jones, & M. Baldassare（Eds.），Networks and Places[M]. New York：The Free Press，1977.

系中起核心作用。人地关系既包含积极的正性情感,如爱、满意等;也包含负性情感,如害怕、憎恨、悲伤等。例如,童年时期在原生家庭中的不幸或者创伤可能会对这些经历发生地产生消极情感。虽然负性情感联系也可构成重要的地方意义,但是地方依恋本身通常指人与地方相互作用而形成的正性情感,如地方带来安全感,增加积极情绪,并提供自我连贯性[①]。

随着地方依恋研究的深入,Hidalgo 等人[②] 在分析了亲子依恋的主要特征基础上,将地方依恋定义为:个体与特定地方间的积极情感纽带,其主要特征是个体表现出与该地方的接近倾向。这个定义不仅强调了地方依恋的情感成分,还提出了地方依恋的行为成分。除情感和行为成分外,有研究者还提出了地方依恋的认知成分,即地方依恋的认知成分是建立在对地方的感知、记忆等认知基础上的态度、判断、信仰和价值观等。上述认知成分最终都被 Jorgensen 等学者[③] 整合在地方依恋的定义中,因为他们相信地方依恋是人对地方的一种态度,而态度理论认为态度由情感、认知和行为三个要素构成。总体而言,地方依恋是人与地方之间相互作用而形成的联结,包括情感、认知和行为三种成分。

2. 地方依恋的要素

(1)地方

能够让人产生依恋的地方有很多种类型,包括建筑环境,如建筑物、构筑物、街道、广场等;也包括自然环境,如河流、公园、森林、高山等。根据不同的地方分类标准,我们可以将地方依恋划分成不同类型的依恋。根据依恋指向的不同环境类型,地方依恋可以分为城市地方依恋和自然地方依恋。对城市环境产生的依恋主要表现为社区依恋,而自然地方依恋则主要指向自然元素。典型的城市生活环境(林立的高楼、狭小的私人空间、修剪整齐的公共绿地、系统的健身器械、专门的老年人活动中心)比个人居住空间较大、住家距离较远的农村环境更容易让居住者产生社区感(Kim,Kaplan,2004[④];Pendola & Gen,2008[⑤])。地方依恋可以在不同的空间层次上出现。例如,人们可能依恋一张书桌、一个房间、一个社区、一个城市,甚至一个国家。不同层面上的地方依恋强度也会不同。研究者发现,人们对家和城

① 古丽扎伯克力,辛自强,李丹. 地方依恋研究进展:概念、理论与方法[J]. 首都师范大学学报(社会科学版),2011,000(005):86-93.

② Hidalgo M C,Herna'ndez B.Place attachment:Conceptual and empirical questions[J]. Journal of Environmental Psychology,2001,21(3):273-281.

③ Jorgensen B S,Stedman R C.A comparative analysis of predictors of sense of place dimensions:attachment to,dependence on,and identification with lakeshore properties[J]. Journal of Environmental Management,2006,79(3):316-327.

④ Kim J,Kaplan R. Physical and psychological factors in sense of community:new urbanist Kentlands and nearby Orchard Village[J]. Environment and Behavior,2004,36:313-340.

⑤ Pendola R,Gen S. Does "Main Street" promote sense of community? A comparison of San Francisco neighbourhoods[J]. Environment and Behavior,2008,40:535-574.

市水平的依恋比社区层面的依恋更强（Lewicka，2010）[1]。

此外，地方依恋包括对人的依恋，也包括对建筑或者自然元素的依恋，前者称为地方依恋的社会维度，后者称为物理维度。地方依恋的社会维度强度要高于物理维度。地方依恋的社会维度是指人们对环境所提供的人与社会交往的依恋，甚至有研究者专门提出地方依恋的意义中介模型（Stedman，2003）[2]，即人们不会直接依恋一个地方的物理特征，但是会依恋这些物理特征所代表或象征的意义。例如，社区是发达地区的象征，荒野是不发达地区的象征。一旦某个地方拥有那些能反映某种象征意义的物理特征，地方依恋就会因这些象征意义而出现在这些物理特征上。例如，农田、山坡作为一种环境元素或特征，本身没有意义，但是它们代表或象征了农村生活和农耕文化。那些对农村家乡具有强烈依恋的个体借由它们与自己的故乡产生了联系，激发了思乡之情和向往之心。因此农田、山坡就变得有意义，成为地方依恋的对象。总之，地方依恋的物理维度因社会维度而变得有意义，社会维度要依靠物理维度才能得以体现[3]。

（2）人

产生地方依恋的可以是群体层面的人，也可以是个体层面的人。群体层面的人因为文化、历史、民族、风俗、生活习惯等会对某些地方产生依恋，如庙会、宗教中的礼拜仪式、民族节日等。而个体层面上，性别、年龄、职业、收入、性格、个人经历等会让地方依恋表现出个体差异。例如，年轻人会依恋适合同伴交往的娱乐类场所，老年人依恋闲适稳定的自然环境，女性依恋时尚小资消费场所等。

一些研究者认为，对一个地方依恋是依恋居住在那里的人以及这个地方提供的社会互动（Hidalgo，Hernandez，2001）[4]，儿时与伙伴嬉戏的河流、田野、邂逅恋人的街角。地方还会因个体的重要经历和体验而重获值得怀念的意义，如个人获得帮助的场所、见证自己成长的地方。地方依恋也可以信仰为基础产生。某些特定场所会因宗教缘故而获得神圣的地位，如麦加、耶路撒冷、教堂、寺庙、神殿、祠堂等都与宗教信仰有关，它们在精神层面的意义被众多信众所认同和接受。

（3）过程

地方依恋形成的心理过程，包括认知、情感和行为三大方面。其中，认知过程指人们对地方的感知体验，对相关的人物、事件和典故的回忆以及地方意义的建构

[1] Lewicka M. What makes neighborhood different from home and city? Effects of place scale on place attachment[J]. Journal of Environmental Psychology，2010，30：35–51.

[2] Stedman R C. Is it really just a social construction? The contribution of the physical environment to sense of place[J]. Society & Natural Resources An International Journal，2003，16：671–685.

[3] 苏彦捷著.环境心理学 [M]. 高等教育出版社，2016：258.

[4] Hidalgo MC，Hernández B.Place attachment：conceptual and empirical questions[J]. Journal of Environmental Psychology，2001，21：273–281.

过程。如西湖烟雨、江南雨巷、小桥人家等，因文学典故、诗词歌赋而引发了积极的认知意境；情感过程是个体进入环境后，对环境由陌生到熟悉再到喜爱，甚至产生依恋并体会到幸福的过程。行为过程指人们对某个地方的依恋越深，越习惯于在这个地方活动，并将有关的感知、记忆、情感和意义等融入地方使用中。例如，每天晚上在同一个公园散步、每周在同一家楼下小馆吃饭、每年去同一个地方避暑或过冬。

Hammitt 等人[1]根据地方依恋的发展历程，提出由五个层面形成的金字塔图形，描述了地方依恋和认同形成要经历由浅及深的五个层次：从熟悉感（Place Familiarity）、归属感（Place Belongingness）、认同感（Place Identity）、依赖感（Place Dependence）到根深蒂固感（Place Rootedness）（图4-1）。当人们进入一个新的环境中，通过借由环境物理特征的了解，对这个地方建立熟悉感；在该地工作和生活一段时间以后，逐渐在自己与地方之间产生连接并形成归属感；随着归属感的发展，个体逐渐将地方纳入自我系统中，认同自己是这个地方的人，自己与地方在价值和情感方面都有许多共通之处，即产生地方认同和依赖；对地方的深度认同和依赖最终发展成为根植感，许多在异乡漂泊多年的老人回到故乡都有"落叶归根"的安定感和根植感[2]。

3. 地方依恋的相关概念

（1）地方认同

人们通过记忆能够产生地方意义，而地方意义通常包含了自我与地方的联系，并且人们会将有关这个地方的记忆、思维、价值、爱好分类纳入他们的自我定义中，使之成为自我的一部分，这就形成了地方认同。地方的象征性或代表性意义对个体的地方认同有重要作用。个体在特定地方的经历并不是形成地方认同的直接原因，还需要个体在该地方随着时间推移的心理投入，然后才能形成对地方的象征性意义。另外，个体对那些并没有特殊经历的地方也会产生地方认同，因为这些地方本身具有象征性意义，例如宗教场所。人们根据自己的知识经验会产生文化想象，他们并不需要花费太多的时间来参观访问这样的地方，但却会对这些地方有强烈的认同[3]。

图4-1 地方依恋由浅及深的五个层次

（来源：作者根据 Hammitt 自绘）

① Hammitt W E, Backlund E A, Bixler R D. Place bonding for recreation places: Conceptual and empirical development[J]. Leisure Studies, 2006, 25: 17–41.
② 苏彦捷. 环境心理学[M]. 北京: 高等教育出版社, 2016: 260.
③ 古丽扎伯克力力, 辛自强, 李丹. 地方依恋研究进展: 概念、理论与方法[J]. 首都师范大学学报（社会科学版）, 2011, 000（005）: 86–93.

地方认同与地方依恋是有关地方研究中最不容易区分的两个概念，有相当多的研究都致力于厘清两者的关系。区分两者之前要先明确所使用的地方依恋概念是广义的还是狭义的。广义的地方依恋包括地方认同，地方认同是地方依恋的认知成分；而狭义的地方依恋仅仅强调地方依恋的情感成分，它与地方认同是并列的。在现实中，一个人可以依恋一个地方，而并不认同自己属于这个地方；也可能对某些地方有高度的认同感，但却没有形成高度依恋。基于这样的观点，很多研究者围绕人们对居住地产生的地方依恋和地方认同进行了对比研究，探究两者产生的先后顺序[①]。韦斯特·海伯的研究结果（Wester Herber，2004）[②]表明，改变居住地方对依恋有显著的即刻效应，而地方认同却保持不变。只有与环境长期的相互作用时，人们才逐渐建立对新地方的认同。赫尔南得斯（Hernández，2007）[③]比较了原居住民与非原居住民地方认同、地方依恋的差异。结果表明，在非原居住民中，地方依恋在地方认同之前发生。这似乎说明地方依恋的产生早于地方认同，地方认同的形成需要更长的人地互动时间，因此更稳定。

（2）地方依赖

地方依赖关注的是地方感中的欲求成分，是指地方能够满足人的行为需要。史托克尔等人[④]描述了地方依赖的两个维度：第一个方面是指地方具有满足人们行为需要的资源，第二个方面是指这个地方与其他地方在生活质量和环境方面相比更有优势。如果一个地方或场景能够满足人们的某些需求，有助于人们达到某些目标，如放松心情、强健体魄、学习知识；或者与其他地方相比，这个地方有其独特的提升生活质量的优势，如可以远离学习和工作压力，可以不必思考工作中棘手的问题等，那么人们就可能对这个地方产生依赖。1994年，摩尔和格雷费（Moore R L，Graefe A R，1994）[⑤]以新英格兰白山区徒步旅行者为研究对象，考察他们为什么会依赖这种环境。研究结果发现，白山区有这些旅行者喜欢的悬崖、岩石等，能够满足他们攀爬、健身、挑战自然的需要。因此，旅行者会对这里产生地方依赖。同样，人们在娱乐场所举办活动也是希望从中感受到自由、放松的身心状态。地方依赖也被作为广义地方依恋的一个组成成分。地方依恋行为主要特征是保持与某地的接近，如宗教朝圣中人们会努力接近自认为有意义的地方（如麦加）。

---

① 苏彦捷. 环境心理学 [M]. 高等教育出版社，2016：261.

② Wester Herber M. Underlying concerns in land-use conflicts—the role of place identity in risk perception[J]. Environmental Science & Policy，2004，7：109-116.

③ Hernández B，Hidalgo M C，Salazar-Laplace M E，et al. Place attachment and place identity in natives and non-natives[J]. Journal of Environmental Psychology，2007，27：310-319.

④ Stokols D，Schumaker S A. People in places：A transactional view of settings. In J. H. Harvey（Eds.），Cognition，Social Behaviour and the Environment[M]. Hillsdale，NJ：Erlbaum，1981.

⑤ Moore R L，Graefe A R. Attachments to recreation settings：The case of rail-trail users[J]. Leisure Sciences，1994，16：17-31.

（3）地方感

地方感是人们对特定地方的知觉、情感和行为趋向的多维概念。它包括三个维度：地方依恋、地方依赖和地方认同。其中，地方依恋是人们对地方的情感成分；地方认同是人们对地方的认知成分；地方依赖等同于人们对地方的欲求成分。

地方感是现代人文地理学地方研究的中心话题之一。地理学者将其视为一种满足人们基本需要的普遍情感联系。从段义孚的"恋地情结"到赖特（Wright）的"大地虔诚"，地方感所体现的是人在情感上与地方之间的深切联结，是一种经过文化与社会特征改造的特殊人地关系[①]。段义孚将广义的地方感分为根植性（Rootedness）与地方感（Sense of Place）两个维度，其中根植性体现的是一种心理上的情感依附与满足；而地方感表现的则是社会身份的建构与认同的形成。对于能够使人产生强烈的感情体验之地，人们往往有强烈的依恋感，而这种情感上的依恋又逐渐成为"家"这一概念形成的最为关键元素[②]。这样的地方在空间上有着多样化的尺度，如某个房间、住宅、社区、城市乃至区域和国家均可成为地方感所依附的空间单元[③]。与此同时，人的生命周期、地方的感官认知、居住时间、社会关系、对地方知识的学习以及社区的变迁等都会影响地方感。地方感往往能重塑人的生活方式与生活态度，并且借助不同的方面体现出来，如城市郊区的乡村景观被称为城市居民对于乡村的情感依恋载体。同时，作为一种社会与文化的建构，地方感从来都不是稳定或一成不变的，而是不断被创造和被操纵的[④]。随着经济、文化、社会的不断转型以及社会关系的相应改变，地方感被不断重构，并被赋予新的含义[⑤]。

从以上概念阐述和区分可以看出，地方与人关系引发了诸多学者的研究和探讨，在实践中不仅需要介绍所考察对象的名称，更要对考察内容进行详细界定以免出现理解上的偏差。

4.1.2 地方依恋的理论

关于地方依恋比较有代表性的理论主要有：斯坎内尔（Scannell）等的地方依恋三维框架理论、摩根（Morgan）的地方依恋发展理论和西蒙（Seamon）的地方芭蕾观点。

① TUAN Y F.Topophilia：A study of environmental perception[M]. Englewood Cliffs，NJ：Prentice-Hall，1974.

② TUAN Y F. Space and place：The perspective of experience[J]. Minneapolis，MN：Minnesota University Press，1977.

③ TUAN Y F. Rootedness versus sense of place[M]. Landscape，1980，24：3-8.

④ STOKOWSKI P A. Languages of place and discourses of power：Constructing new sense of place[J]. Leisure Studies，2002，34（4）：368-382.

⑤ 朱竑，刘博. 地方感、地方依恋与地方认同等概念的辨析及研究启示 [J]. 华南师范大学学报（自然科学版），2011（01）：1-8.

1. 三维框架理论

Scannell 与 Gifford[1] 提
出的三维框架理论是对地方
依恋概念发展的全面总结。
该理论认为地方依恋是一个
包含人、心理过程、地方
三个维度的框架（图4-2）。

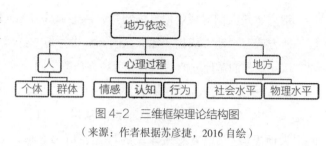

图 4-2　三维框架理论结构图
（来源：作者根据苏彦捷，2016 自绘）

该框架中人的维度是指地方中有关个体或群体的定义，即是谁对地方依恋，这种依恋是基于个体还是群体赋予地方的意义；心理过程维度包括地方依恋的情感、认知和行为成分，即人们处于地方依恋时经历的情绪、认知和行为过程；地方维度强调依恋地方的特征，分为社会水平和物理水平，用于说明人们依恋哪些地方，这些地方具有哪些特征。

三维框架理论是对之前地方依恋研究的概括提炼，它将零散的地方依恋概念组合在一起，并将有关地方依恋结构的知识组织综合起来，结合了许多已形成的地方依恋的结构模型，将它们组合形成三维框架。因此，它是一个较为全面的理论，基本涵盖了地方依恋概念的所有水平。它不仅能够解释已有研究中地方依恋的概念，而且有助于将地方依恋的有关概念归入三维框架的不同维度中。三维框架理论为地方依恋的定量研究提供了操作性定义，而且为地方依恋的定性研究指明了方向。许多地方依恋的实证研究都是以这一理论框架为基础进行的。当然，三维框架理论也有其不足之处。该模型只是通过对现有的地方依恋概念进行分析，将它们归纳到自己的三维框架中，并没有对地方依恋产生的内在心理机制进行阐述。例如，它未能解释模型中不同维度之间的内在联系和地方依恋产生过程中它们的相互作用，以及这种相互作用产生的原因。相比之下，地方依恋的发展理论更侧重这种依恋的形成机制问题[2]。

2. 发展理论

早期的研究多倾向于将场所依恋视为静态，在此基础上，一些学者提出了动态发展的观点，他们认为尽管地点依恋形成后是持久的，但它也随着时间而变化（Hay, 1998）[3]。摩根（Morgan）在马文（Marvin）等人[4] 有关儿童依恋的安全循环模

①　Scannell L，Gifford R. Defining place attachment：Atripartite organizing framework[J]. Journal of Environmental Psychology，2010，30（1）：1-10.

②　古丽扎伯克力，辛自强，李丹. 地方依恋研究进展：概念、理论与方法 [J]. 首都师范大学学报（社会科学版），2011，000（005）：86-93.

③　Hay，Robert. Sense of place in developmental context[J]. Journal of environmental psychology，1998，18.1：5-29.

④　Marvin，Robert，et al. The Circle of Security project：Attachment-based intervention with caregiver-pre-school child dyads[J]. Attachment & human development，2002，4（1）：107-124.

型基础上提出了地方依恋的发展理论。摩根（Morgan）[1]采用访谈法研究地方依恋是如何在亲子依恋的基础上发展形成的。该理论认为，地方依恋开始于儿童期的地方经历，它的发展是以探索"外界环境"和"亲子依恋行为"之间循环的方式进行的。具体来说，儿童与依恋对象在一起时会感到安全，如果这时儿童处在物理环境中，那么就会激活儿童的"探索动机系统"，由入迷、兴奋到离开依恋对象进行探索，与环境相互作用进行玩耍。随着儿童与地方的相互作用，便产生控制、冒险、自由和愉悦感等积极情感。但是当儿童与环境相互作用，产生了痛苦（如受到伤害）或感到疲乏、焦虑（感知到威胁或由于依恋对象长期消失）时，那么儿童的"依恋动机系统"就开始取代探索动机系统，儿童又会寻找产生舒适感的依恋对象（如父母），并与依恋对象接近。儿童在与依恋对象相互作用的过程中产生了积极的情感和对自我情绪的管理。当儿童对于依恋对象的需要得到满足后，环境线索又开始激活儿童的探索动机系统重新循环。在寻求物理环境和依恋对象不断的循环过程中，地方依恋便逐步发展起来。该理论表明亲子依恋与地方依恋之间存在紧密关系，地方依恋是和可以得到安慰的照顾者（即依恋对象）接触期间经历的积极情感与探索周围环境时的积极情感之间联合的结果，对照看者安全的依恋构成了个体探索周围世界的基地，在探索环境的过程中形成了对这个地方的依恋[2]（图4-3）。

到目前为止，地方依恋研究的重点只是关注成年群体，忽视了儿童群体，同时也忽视了地方依恋的发生发展过程的研究。而儿童期形成的地方依恋是人们在后来

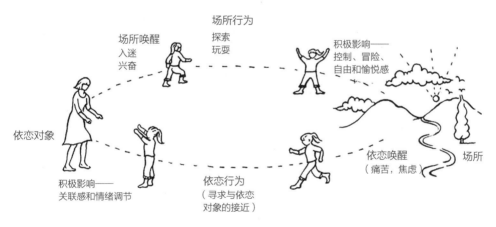

图4-3 亲子依恋和场所依恋的集成模型
（来源：作者根据 Morgan，2009 图转译）

① MORGAN, Paul. Towards a developmental theory of place attachment[J]. Journal of environmental psychology, 2010, 30（1）: 11–22.
② 古丽扎伯克力，辛自强，李丹. 地方依恋研究进展：概念、理论与方法 [J]. 首都师范大学学报（社会科学版），2011，000（005）：86–93.

的生活阶段与地方发展情感纽带的重要基础[①]。另外，亲子依恋理论只是将儿童发展过程中的人际相互作用作为重点来研究，倾向于将地方作为儿童发展的背景，对于地方与儿童发展的互动作用并没有进行深入的研究，从而忽视了人地之间的地方依恋研究。实际上，在个体生存和发展中，物理环境起着非常重要的作用。而摩根的理论研究了在儿童亲子依恋动机系统和探索动机系统的相互作用过程中，儿童与物理环境的关系以及亲子依恋和地方依恋的关系，解释了地方依恋的发生发展过程，拓宽了亲子依恋理论的研究范围，使其从人与人之间的依恋拓展到人与地的依恋。但是该理论也存在一些明显的不足：首先验证理论模型的研究方法比较单一，只是采用了访谈法，这对于探讨地方依恋的形成发展具有一定的局限性；其次，访谈的被试者数量较少，只有 7 人，代表性比较差；再次，该理论只是探讨了地方依恋是如何在儿童期亲子依恋的基础上形成发展的，而对于地方依恋的各个年龄阶段的发展特点并没有作阐述；最后，该理论只是研究了儿童与物理环境之间的相互作用，而没有将地方文化等社会特征与地方物理特征结合进行研究[②]。

3. 地方芭蕾的观点

人文地理学家西蒙（Seamon）认为，人们的身体在时间和空间中的动作是形成地方意义的原因，地方意义是通过"身体芭蕾"（Body-ballets）和"时空常规"（Time-space Routines）的结合而产生的[③]。所谓"身体芭蕾"是指人们在日常生活中各种活动的身体动作，这些动作具有一定的连续性和重复性，而且具备芭蕾舞蹈的韵律感和规则性，所以称之为"身体芭蕾"。"时空常规"是指人们在时间和空间上的规律性行为。人们常常以这种时空常规为基础来面对生活中的变化，时空常规是地方中新的生活程序被确立和新的地方意义产生的稳定基础。例如，一个学生每天早上从家出发，穿过马路到学校去上学，形成了稳定的时空常规。若某一天偶尔在路口看到一个自己心仪已久的邻班女生从另一条路去上学，那么这个学生可能会改变自己原有的时空常规，而在特定的时间出现在特定的路口与那个女生相遇。正是时空常规的改变让这个路口变得有意义，成为学生依恋的地方。

西蒙（Seamon）基于身体芭蕾提出了"地方芭蕾"（Place-ballets）概念，地方芭蕾包括身体芭蕾和时空常规，是指人们在时间与空间上的持续活动，即个人的身体芭蕾定期与某些地点，如街角、公园、商店、广场等相遇，而且是重复多次就形成了地方芭蕾。在人、时间和空间三因素统一时，才会有地方芭蕾的实际表现。地

① Morgan P.Towards a developmental theory of place attachment[J]. Journal of Environmental Psychology，2010，30（1）：11-22.

② 古丽扎伯克力，辛自强，李丹. 地方依恋研究进展：概念、理论与方法 [J]. 首都师范大学学报（社会科学版），2011，000（005）：86-93.

③ Seamon D.Body-subject, time-space routines, and placeballets. In A. Buttimer, & D.Seamon（Eds.），The human experience of space and place[M].New York：St.Martin's Press，1980：148-165.

方芭蕾具有持续性和韵律感，能够促使人与地方之间联结的形成。西蒙认为，地方芭蕾只有在同时满足三个条件时才能产生：首先是人们日常生活环境中的某一空间，即地方；其次是人与该地方之间的一种依附关系；最后需要在该地方相遇的人们之间价值观和世界观的相互认同。地方芭蕾是形容这样一个地方，在该地方有许多自认为同质的人会默契地聚在一起。例如，法国作家莫泊桑每天都会在巴黎埃尔铁塔上面的观景咖啡厅喝下午茶，他每天的行为就可以称为"身体芭蕾"。如果有些人有与他同样的爱好，都在同样的时间坐在观景咖啡厅里，对于这些有同样"身体芭蕾"的人们，埃菲尔铁塔的观景咖啡厅就促使他们形成"地方芭蕾"。人对陌生空间会有一种本能的排斥，这是人类潜意识里自我保护的作用，地方芭蕾的形成解决了这个心理安全感问题。地方芭蕾的场所是人们产生良好地方感的空间，人们在该地方感到舒适安全，而且可以与有同样文化认同的人群相遇，并归属于该人群所形成的文化共同体。人们每天在地方中进行的一套习惯化动作（起床、开车、与邻居打招呼等），它们结合在一起构成地方芭蕾，从而产生了被称为"内部经验"的感觉，它是属于该地方的生活规律。生活规律的形成是需要时间的，如果把地方依恋看作地方芭蕾的结果，那么就容易理解居住时间和地方依恋强度之间存在的正相关关系，也容易理解为什么强迫变换住所会对人们的健康有害[1]。当人们被迫搬家，他们不仅失去了自己的社会人际关系和熟悉的物理环境，而且还要重新调整自己全部日常程序，形成全新的习惯来适应新环境，尤其对于老年人来讲，这是需要较长时间进行调整的。

地方芭蕾可能不是地方依恋产生的唯一机制，但却是解释地方依恋发展过程中不可缺少的部分。地方芭蕾与人的自我连贯性有关，人们更常依恋与自己过去有连贯的地方，即与自己的个人价值相致的地方。当人们处在与自己过去有连贯的环境中时，才能有可控感，从而感到安全和稳定。地方芭蕾这种观点从人的习惯化动作角度提供了探讨地方依恋的新视角。但是很明显，此观点也存在一些不足：地方芭蕾只是一种观点，还没有形成完整的理论体系来解释地方依恋形成发展的内部机制，而对于地方依恋形成的本质和条件，地方芭蕾观点还存在着较大的实证空间[2]。

4.1.3　地方依恋的测量方法

地方依恋已经成为地理学、旅游学、心理学等多个专业的研究主题，其测量方法也体现出不同专业的特点。下面从定量和定性两方面来介绍地方依恋研究的方法。

---

[1]　Fried M.Grieving for a lost home. In L. J. Duhl（Ed.），The urban condition[M]. New York：Basic Books，1963：151–171.

[2]　古丽扎伯克力，辛自强，李丹. 地方依恋研究进展：概念、理论与方法 [J]. 首都师范大学学报（社会科学版），2011，000（005）：86–93.

1. 地方依恋的定量研究方法

地方依恋的定量研究方法有两种：一是间接测量法，通过选取地方依恋的替代指标，如邻里关系、住房的所有权和居住时间等，进行测量；二是量表法，研究者根据自己的研究确立不同的地方依恋维度，通过编制量表对地方依恋进行直接测量，这也是目前应用较多的方法，在这些量表中，维度的划分是多种多样的[①]。例如，威廉姆斯（Williams）和瓦斯克（Vaske）发展出包括地方依赖和地方认同两个维度的地方依恋量表[②]；凯尔（Kyle）等人编制了包括地方认同、地方依赖和社会纽带（Social Bonding）的三维量表[③]；哈米特（Hammitt）等人建立的包括地方熟悉感、地方归属感、地方认同、地方依赖和地方根植五个维度的量表[④]；还有拉利（Lalli）提出的多维度城市认同量表，包括外部评价、总体依恋、与个人过去的连贯性、熟悉性的感知、承诺感的多维城市认同量表[⑤]。上述各量表虽然都是测量地方依恋的常用工具，但是显然各量表维度的含义存在差异，如有的量表中将地方依赖维度看作与行为成分相对应，而地方认同维度是地方依恋的认知成分，而其他量表可能认为地方认同不属于地方依恋内容。要对以上量表作出共同总结很困难，源于地方依恋概念和组成成分的多样性和复杂性，要想形成"放之四海而皆准"的量表是有难度的，但我们仍可以根据研究对象和研究目的有选择性地形成可行的量表进行工作推进[⑥]。

2. 地方依恋的定性研究方法

正如斯特德曼（Stedman）[⑦]的意义中介模型所说，人们依恋的是地方物理特征所象征的意义，而非单纯的物理特征。因此，地方意义是连接地方物理特性和地方依恋的中介与桥梁。为了理解人们对于特定地方的依恋，就必须首先确定地方的意义。但是采用地方依恋量表只是研究了地方依恋的强度和地方意义的个体差异，却无法测量地方意义是什么，当然也并非完全没有涉及地方意义，一些地方意义是隐含在地方依恋量表的不同维度中的。例如，地方情感意义（这个地方是自己童年成长的地方）与地方功能意义（这里有可以踢球的空地，满足了运动的需求）分别体现在

① 古丽扎伯克力，辛自强，李丹. 地方依恋研究进展：概念、理论与方法 [J]. 首都师范大学学报（社会科学版），2011，000（005）：86–93.

② Williams, D. R., & Vaske, J. J. The measurement of place attachment：Validity and generalizability of a psychometric approach[J]. Forest Science, 2003, 49（6）：830–840.

③ Kyle G, Graefe A, Manning R. Testing the dimensionality of place attachment in recreational settings[J].Environment and Behavior, 2005, 37：153–177.

④ Hammitt W E, Backlund E A, Bixler R D. Place bonding for recreation places：Conceptual and empirical development[J]. Leisure Studies, 2006, 25：17–41.

⑤ Lalli M. Urban-related identity：Theory, measurement, and empirical findings[J]. Journal of Environmental Psychology, 1992, 12：285–303.

⑥ 苏彦捷. 环境心理学 [M]. 北京：高等教育出版社，2016.

⑦ Stedman R C.Is it really just a social construction? The contribution of the physical environment to sense of place[J]. Society and Natural Resources, 2003, 16：671–685.

地方认同和地方依赖维度上；地方社会意义（这里有我喜欢的同伴）与地方物理意义（这里风景很好，吸引了我）的不同主要表现在地方依恋的社会维度和物理维度上。然而这些简单维度并不能包含地方意义的全部内容，地方意义是人们赋予地方的象征意义、思想感受、态度和价值等，是地方的主观属性[①]。

定性研究是分析地方意义的较好方法。定性研究分为两种方式：一种是访谈法，经常采用的形式有焦点组讨论、地方意义句子排序、自由联想任务等。其中，自由联想任务应用较多，是由主试者提出一个地方名称，请被试说出自己头脑中与这个地方关联最紧密的词组，如安静、温馨、快乐、港湾、秘密花园等，由此来判定这个地方对被试者而言具有怎样的意义。另一种是图片测量方法，该方法认为图片上不同地方可以表示不同的意义，如表示喜欢、兴奋、危险、甜蜜等。当主试者呈现图片请被试者用不同颜色的笔圈出与一定的心理意义相匹配的地方，如喜欢—讨厌、我的—不是我的、安全—危险、无聊—兴奋等，通过颜色与数字对应将地方意义转化为数字[②]。实践中最普遍开展的定性研究通常是将访谈法和图片法相结合[③]。

定量和定性方法的结合符合当前研究的新趋势，它能使研究者获得不同角度进行分析的资料，能确定不同变量之间的统计学关系，能更好地分析人们与地方的联系，以及分析人们自我建构的地方意义，如迪威恩-赖特（Devine-Wright）等人为了调查人们在风景优美的北威尔士地区安装风力发电站的态度，采用将定量和定性相结合的研究方法，既用量表测量了地方依赖和地方认同，又通过焦点组讨论和自由联想任务获得了关于该地方的意义，而且通过研究比对，不同方法得到的结果一致，这说明两种方法都是有效的[④]。

4.1.4 地方依恋的影响因素

地方依恋的影响因素可分为三类：人口学变量、物理环境变量和社会变量。其中人口学变量包括年龄、出生地、性别、受教育水平、社会经济地位等；物理环境变量包括与环境接触的时间、频次、个体与环境的物理距离、对环境的熟悉性、地方独特性、地方的大小等；社会变量包括人际关系、社会流动性、宗教和文化的影响等。

[①] 古丽扎伯克力，辛自强，李丹. 地方依恋研究进展：概念、理论与方法 [J]. 首都师范大学学报（社会科学版），2011，000（005）：86-93.

[②] Foland A，Lewicka M. Psi-Map：Psychological method for psycho-cartographic research[J]. Poster presented at the Xth European Congress of Psychology，Prague，Czech Republic，2007.

[③] Stedman R，Beckley T，Wallace S，et al. A picture and 1000 words：Using resident-employed photography to understand attachment to high amenity places[J]. Journal of Leisure Research，2004，36（4）：580-606.

[④] Devine-Wright P，Howes Y. Disruption to place attachment and the protection of restorative environments：A wind energy study[J]. Journal of Environmental Psychology，2010，30：271-280.

1. 人口学变量对地方依恋的影响

人口学变量能帮助我们区分人群，发现那些具有某些共同特征的人们在地方依恋上表现出的共同特征，也帮助我们理解为什么人们对环境的态度、情感和需求会有差别。

（1）年龄

地方依恋是一个随年龄动态发展的过程，地方依恋是有年龄差异的。地方依恋随着年龄的增长而增强。年龄与地方依恋之间的关系是由居住时间来调节的。随着年龄的增加，人们在特定地方居住的时间也在增加，人们对该地方的经验也在增加，从而对该地的依恋也增强。并且，伊达尔戈（Hidago，2001）[1] 对家、邻里、城市三种不同空间层次的地方依恋进行了研究，结果显示不同年龄阶段对不同空间层次的依恋是有差异的。在年轻的时候，人们对城市尤其是繁华的中心区域有更多的依恋，而在中老年的时候，人们更加依恋他们所居住的社区及周边。

（2）性别

塔尔城利亚（Tartaglia）[2] 发现女性由于自身的社会角色，会比男性产生更多的地方联系（如参加活动、向邻居讨教育儿经验、与邻里分享美食配方等），因此女性对其居住社区有较高依恋。有关青少年地方偏好的研究显示，男孩和女孩会偏好不同的环境，如男孩更喜欢室外环境、公共场所，女孩则更偏爱室内环境，注重环境的私密性。男孩和女孩对不同类型环境的偏爱有可能导致他们对特定类型环境的更多依恋[3]。而对中国成年人地方依恋的研究发现，不同性别居民对居住地依恋程度不同可能与居住时间有关。一项对某社区的调研发现男性居民对居住地的依恋水平高于女性，因为这些男性居民大都是"生于斯长于斯"的本地人，而女性居民大多数是成年后嫁到这一地区的，因此对该地的依恋低于男性（艾少伟，李娟，段小微，2013）[4]。可见，在讨论男性和女性地方依恋的差异时，有必要同时考虑他们是否出生在这个地方。不同的人口学变量会交织在一起共同影响地方依恋的水平。

（3）出生所在地

人们对自己出生地的依恋通常会高于他人对该地的依恋。因为出生地通常会作为个体自我认知的一个重要组成部分，并被自动整合到自我系统中。拉利（Lalli，1988）[5] 的研究表明，出生在本地的居民比出生在其他地区的居民（非本地人）对于

[1] Hidalgo M C, Herna'ndez B.Place attachment：Conceptual and empirical questions[J]. Journal of Environmental Psychology, 2001，21（3）：273–281.

[2] Tartaglia S. A preliminary study for a new model of sense of community[J]. Journal of Community Psychology，2006，34（1）：25–36.

[3] 苏彦捷.环境心理学[M].北京：高等教育出版社，2016：270–271.

[4] 艾少伟，李娟，段小微.城市回族社区的地方性——基于开封东大寺回族社区地方依恋研究[J].人文地理，2013，28（06）：22–28+97.

[5] Lalli，M. Urban identity. In D. Canter，J. Jesuino，L. Soczka，& G. M. Stephenson（Eds.），Environmental social psychology[M]，1988：303–311.

这个地区的认同度和依恋度更高，即使出生在其他地区的居民已经在这里居住了很长时间，其对这个地方的认同仍低于出生在该地的居民。而且，本地人和非本地人的地方依恋和认同发展轨迹存在差异：对于本地人，地方依恋和地方认同的发展是同步的；而对于非本地人，地方依恋高于地方认同。这些说明至少：对于非本地人来说，地方依恋的形成早于地方认同；对非本地人来说，对该地区不同空间尺度上的环境评价也是不同的。例如，非本地居民对自家住宅的依恋要高于城市和社区[①]，对所居住城市的依恋又要高于对社区的依恋。

（4）受教育水平

与性别、年龄、出生地不同，受教育水平不是由个体生理特征决定的，作为一种成就地位变量，它能够通过个人努力发生变化。所以，与上面的人口学变量不同，个体受教育水平对地方依恋的影响通常不是直接的，而是某种受教育水平附加的特征间接地影响了地方依恋。

研究显示，受教育水平与地方依恋呈负相关，即受教育水平较高的人更可能频繁变换地方（求学、出差、旅行）而较少依恋于某个特定的地方。相比较而言，受教育水平低的人异地求学的经历较少，异地生存的能力也相对较差，更换居住地的可能性和频率都较低，更可能长期居住在某个地方，因此，对某个特定地方的依恋水平会更高[②]。

2. 物理和环境变量对地方依恋的影响

除了上述人口学特征之外，个体与环境的空间距离、接触时间长短和频次高低以及环境特征也影响着地方依恋的水平。这些因素不仅会直接影响地方依恋，还可能通过影响个体对地方熟悉性、独特性评价而间接影响地方依恋。

（1）时空距离

与地方的时间距离指个体接触环境的时间长短和频率；空间距离指个体到达这个地方的地理距离。在地方依恋的形成发展过程中，个体与地方相互作用的时间是一个重要影响因素。随着人们与地方接触时间的增长，人们逐渐开始了解地方，并为地方赋予意义。拉利（Lalli）[③]在研究居住时间与地方依恋强度关系的变化趋势中发现，城市依恋与居住时间存在线性关系，即居住时间越长，人们越会依恋居住地。有研究者用居住时间和个体年龄合成一个新指标——居住时间比重（居住时间比重＝居住时间／年龄），研究发现，居住时间比重越大，个体对居住地的情感依恋越强烈。这一比重也能帮助我们理解为什么本地人比后来的迁入者更依恋自己的居住地。

① 苏彦捷. 环境心理学 [M]. 北京：高等教育出版社，2016：270.

② 苏彦捷. 环境心理学 [M]. 北京：高等教育出版社，2016：271.

③ Lalli, M. Urban-related identity: Theory, measurement, and empirical findings[J]. Journal of Environmental Psychology, 1992, 12: 285–303.

个体住处与某地的距离和到该地的频次也是影响地方依恋的重要因素。距离越近、访问频次越高,地方依恋的强度就会越强①。距离是通过与地方接触的频次来影响地方依恋的,即当某个地方足够近,人们就会经常光顾,人们参与地方活动的频次就会增加,地方的功能性特征就会越发凸显,从而导致地方依恋②。此外,到访地方的时间如果是固定的或者规律的,即形成时空常规或地方芭蕾,也会增加个体对这个地方的依恋。例如,每周五下午、每个月的第一个周末等规律性的时间段。在很多情况下,人们到访某个地方的时间没有表现出客观规律性,但却有主观规律性,如当自己心情压抑时、思念家人时、重要人生转变等,这种到访某地的时间规律能够体现出这个地方对个体的意义。以上两种规律性地到访某地说明这个地方已经纳入个体日常生活规律中,或者已经成为人们精神生活中不可缺少的一部分,即形成地方芭蕾,因而对该地形成了强烈的地方依恋③。

(2)环境特征

地方的独特性也是影响地方依恋的重要因素。地方的独特性可分为地方的物理结构的独特性和社会文化意义上的独特性。物理结构的独特性包括独特的自然环境、建筑风貌、气候条件等,例如有些地方独特的地形结构,如湍急的河流、广阔的滩涂、陡峭的悬崖和连绵的山路让其具备了一些特殊功能:如漂流、攀岩、徒步旅行等。这些地形条件满足了这些运动项目爱好者的需求,吸引他们更频繁地光顾这些地方,加之对活动的高度投入,个体很容易形成较强烈的地方依恋④。社会文化意义上的独特性是指地方所具备的独特社会文化意义,例如,有人考察了那些居住在优质社区居民的受教育水平和地方依恋之间的关系,发现人们接受教育越多,就越以邻里的高素质和社区的高品质为荣,因而促使其对居住地产生地方依恋;实际上,那些受教育水平较高的人是否会依恋某个地方很大程度上要取决于这个地方的特征⑤。

众多研究表明,地方的空间类型不同,地方依恋的强弱也不同。例如,赫尔南德斯等人(Hernandez, et al, 2007)⑥将家、城市和邻里定义为不同的空间类型,发现人们对家和城市产生较高的依恋,而对邻里产生较低的依恋。这一结果与不同空间类型的功能有关,家能够满足个体身份认同的需要。相对而言,社区的功

① Wilson T D, Lindsey S, Schooler T Y. A model of dual attitudes[J]. Psychological Review, 2000, 107(1): 101-126.

② 古丽扎伯克力, 辛自强, 李丹. 地方依恋研究进展:概念、理论与方法 [J]. 首都师范大学学报(社会科学版), 2011, 000(005): 86-93.

③ 苏彦捷. 环境心理学 [M]. 北京:高等教育出版社, 2016: 272.

④ 苏彦捷. 环境心理学 [M]. 北京:高等教育出版社, 2016: 273.

⑤ 苏彦捷. 环境心理学 [M]. 北京:高等教育出版社, 2016: 271.

⑥ Hernández, Bernardo, et al. Place attachment and place identity in natives and non-natives[J]. Journal of environmental psychology, 2007, 27(4): 310-319.

能性不够明确，因此，地方依恋也较弱。段义孚[1]还提出，随着人们受教育程度的提高和流动性的增强，人们依恋的空间类型会不断扩大，从纯粹的当地（邻里）和国家到整个地区乃至全球。但拉茨克（Laczko）[2]对比了24个国家居民对邻里、城镇或城市、省、国家、洲等不同空间类型的地方依恋，发现尽管当今社会人们的受教育程度和流动性程度都在明显地增长，但是这些国家居民的地方依恋和认同平均水平却仍然保持与传统的水平一致，即国家和邻里或城市是个体最偏爱的地方空间类型。

3. 社会、文化变量对地方依恋的影响

地方依恋的意义中介模型认为，个体不是直接依恋地方的物理特征，而是依恋那些物理特征所代表的意义。地方的物理特征所代表的意义当然包括个体在地方中与他人相互作用而形成的社会人际关系以及独特的感受，也包括地方所蕴含的文化意义，而这些都是影响地方依恋的因素。

（1）人际关系

如果人们在特定地方中发生了有意义的社会关系，而且又居住在该地方，那么这个地方就会形成与这些社会关系和经历有关的意义。梅施等人研究表明，一个地方因为社会关系而具有意义，地方依恋程度与个体在地方的社会人际关系呈正相关，即人们在某个地方的人际关系越丰富、亲密朋友越多、认识的人越多，对这个地方的依恋程度就越大。这能够帮助我们理解为什么人际交往频繁的村落居民对居住地的依恋水平比匿名化的城市社区居民更高[3]。

（2）文化特征

文化和宗教对地方依恋的形成也有着重要影响。前面讲到地方的独特性也包括社会文化意义上的独特性，如寺庙、教堂、清真寺、祠堂等对不同宗教、家族成员有着独特的意义。研究表明，宗教地方依恋是通过宗教仪式、古器皿的使用、讲故事和地方朝觐等社会化过程形成的，它能引导人们对特定地方的向往、朝觐，形成某种居住偏好，从而产生与地方依恋相关的行为。中国学者对不同民族文化背景下人们的地方依恋进行了研究，结果也证明了具有民族文化和宗教特色的地方对于特定民族地方依恋的形成有重要的作用[4]。

当今社会随着人口流动性的扩大，流动性与地方依恋之间的关系也成为研究者的研究内容。人们开始关心频繁地流动是否会削弱个体在环境中的人际关系，

---

[1] Tuan Y F. Space and place：Humanistic perspective[J]. Progress in Geography，1974，6：233-246.

[2] Laczko L S. National and local attachments in a changing world system：Evidence from an international survey[J]. International Review of Sociology，2005，15：517-528.

[3] 苏彦捷. 环境心理学 [M]. 北京：高等教育出版社，2016：273.

[4] 苏彦捷. 环境心理学 [M]. 北京：高等教育出版社，2016：273-274.

是否模糊了人们对环境文化特征的敏感程度，从而降低了地方依恋。古斯塔夫森（Gustafson）分析了在流动性上有所区别的三组瑞典居民（经常旅游者、偶尔旅游者和从不旅游者）对不同地方类型（当地、地区、国家和欧洲）的地方依恋（归属感、离开的意愿等）分数，结果发现，尽管经常旅游者体验到与大地方（如欧洲）有强烈的情感纽带，而且更愿意在国外生活。但与从不旅游者相比，他们却没有表现出对自己的城市、地区更少的依恋；相反，在当地活动中他们显示出更强烈的投入，并拥有更多的社会人际关系资源。这说明流动性与地方依恋之间的关系并不是固定的，在不同的情形下会有不同强度的地方依恋[1]。

4.1.5 地方依恋与环境设计

1.旧城更新

改善和提升社区的物质环境可增强居民的地方依恋，提升居民的社区感（Audirac，1999[2]；Timo，2016[3]）。Brown[4]等研究了社区衰退与居民地方依恋的影响，指出社区凝聚感高和安全感高的居民地方依恋较高。Brown的研究从反向说明了社区物质环境和社会关系的衰败对居民情感的影响。然而也有学者指出，破败的社区实际上为居民提供了社会支持，使居民对社区产生了依恋，进而不愿意搬离该社区（Manzo，et al，2008）[5]。因此城市更新一方面带来了居住条件的改善、社区环境的提升和公共服务设施的升级，促进邻里交往和居民的安全感，进而可以提升居民的社区依恋；而另一方面，城市更新破坏了原有社区的社会网络，使居民被迫离开世代居住的地方，而居民在新的社区又很难在短时间内建立新的社会网络和社会支持，因而会感到失落、无助和孤独。并且老旧社区居住的多为老人，他们更难在新的环境中建立新的社会关系（Goldscheider，1966）[6]，流动性的缺乏和低收入也使维持旧关系变得更加困难。

因而社区的更新改造不能是简单的拆除重建，而是尽可能有针对性的提升改造。如北京小后仓胡同更新改造从规划、设计、动迁、施工直到住房的分配都进行了大

① 苏彦捷.环境心理学 [M].北京：高等教育出版社，2016：274.

② Audirac I. Stated preference for pedestrian proximity：An assessment of new urbanist sense of community[J]. Journal of Planning Education and Research，1999，19（1）：53–66.

③ Timo W. Exploring the influence of perceived urban change on residents'place attachment[J]. Journal of Environmental Psychology，2016（46）：67–82.

④ Brown B，Perkins D，Brown G. Place attachment in a revitalizing neighborhood：Individual and block levels of analysis[J]. Journal of Environmental Psychology，2003，23（3）：259–271.

⑤ Manzo L C，Kleit R G，Couch D. Moving three times is like having your house on fire once：The experience of place and impending displacement among public housing residents[J]. Urban Studies，2008，45（9）：1855–1878.

⑥ Goldscheider，Calvin. Differential residential mobility of the older population[J]. Journal of Gerontology，1966，21（1）：103–108.

量的周密调查分析，采取原户迁回的政策，以最大程度地保持该区原有的社区网络。常江等人①研究城市更新时表示城市更新应兼顾居民生活需求与情感需求，既要切实改善居民的生活居住条件，如修缮重建危旧房屋、增加社区公共活动空间和休闲娱乐设施等，也要尽可能保持传统的社区网络结构，保护传统社区文化，提升社区原居住民的社区依恋和幸福感。

除社区更新中体现地方依恋外，城市中的一些其他场地也承载着居民的情感与记忆，如废旧的工业厂房、破旧的老街等。在对这些场所进行更新设计时，延续其蕴含的文化价值与情感记忆能够维持当地居民的地方依恋。如岐江公园的建设作为城市更新项目，充分地体现了对于原场地文化价值与情感记忆的尊重。岐江公园的旧址是粤中造船厂，中山市的人曾以能进该厂当工人自豪，在某种程度上，中山粤中造船厂是近50年来中国工业化历程的一个缩影。它是中山市历史上重要建筑之一，从中可以看到中山市时代的发展和历史的变迁，对城市文明的延续、城市历史的凝固，有不可估量的作用。岐江公园设计中对自然元素、构筑物、机器都进行了保留，水体和部分驳岸基本保留原有形式，构筑物、机器如船坞、烟囱、水塔、铁轨等在保留的基础上再利用，如琥珀水塔的设计，设计师为保留的水塔盖上玻璃盒，赋予其别样的价值。通过设计使旧址保留其历史印迹，并作为城市的记忆，唤起造访者的共鸣。地方依恋研究对历史街区的更新、改造和历史风貌的保护同样具有现实的指导意义。

王府井西街作为步行街西侧的主要交通干线，在经过了不同程度的街道拓宽后，使得这一街区的界面参差不齐，建筑外观不甚完整，BIAD著名建筑师朱小地设计团队在保障城市街道完整性的前提下，将几个公共空间与街道空间相连接。最终确定了"墙上痕，树下荫"的概念，将突兀的街区空间打造为口袋公园，用通透的形式回应了旧城风貌和文化传承。

所谓"墙上痕"就是将北京传统建筑中的砖墙作为图像提取的对象，将砖墙构造进行反转，得到了砖缝的'负'形，概念源于古老的砖墙在阳光的照射下所呈现出的明暗、光影变化的印象。"墙上痕"所提示出的情景，既是对以往消失的胡同与四合院的留恋，又是一个当代性的观念表达。

结合"墙上痕"的创作，设计师又依托场地内已经存在的高大树木，种植了一些胸径较大的国槐，营造了"树下荫"的效果，连同"墙上痕"中的立体绿化和场地内的盆栽植物花卉，共同构成了一幅幅老北京四合院的生活场景片段，以此唤起和重构公众对于旧城生活的集体记忆②（图4-4）。

①　常江，谢涤湘，陈宏胜，等.城市更新对居民社区依恋的影响：基于广州新老社区的对比研究[J].现代城市研究，2019（09）：67-74+96.

②　口袋公园能装多少设计？[EB/OL].生生景观，https：//mp.weixin.qq.com/s?__biz=MzI4MDY5MDIzMQ==&mid=2247519154&idx=1&sn=0ad7722e0723567fd68995216b1aa9e9&source=41#wechat_redirect.

图 4-4　墙上痕，树下荫
（来源：口袋公园能装多少设计？［EB/OL］.生生景观）

2. 灾后重建

研究者（Fullilove，1996）[1] 认为自然灾害、饥饿、战争等灾难性事件导致个体与原来环境的脱离，截断了人地关系的连续性，摧毁了人们的地方依靠和归属。另一方面，长期建立起来的地方依赖依旧发挥着重要作用，地方依恋的行为成分在地方重建过程中也有体现，如灾后人们在重建城市时反对改变居住环境原来的布局，要求重建成以前的样子，以便保持已经形成的联结，人们通过重建自己的城市来表达地方依恋。地方依恋的认知成分在灾难期间和灾难之后也产生了积极结果，共同抗灾的经历让人们产生强烈的社会凝聚力（Silver，Grek-Martin，2015）[2]，地方认同也是人们重返家园的重要驱动力（Morrice，2013）[3]，同时也是推动人们建立纪念遗

① Fullilove M T. Psychiatric implications of displacement：Contributions from the psychology of place[J]. The American Journal of Psychiatry，1996，153（12）：1516.

② Silver A，Grek Martin J. "Now we understand what community really means"：Reconceptualizing the role of sense of place in the disaster recovery process[J]. Journal of Environmental Psychology，2015，42：32–41.

③ Morrice S. Heartache and Hurricane Katrina：Recognising the influence of emotion in post-disaster return decisions[J]. Area，2013，45（1）：33–39.

址公园、纪念馆的重要因素，例如唐山地震遗址纪念公园记录了这场灾难和逝去的24万生命，也给生者提供凭吊和沉思的场所。

2008年汶川地震造成了灾难性损失，一项研究表示（钱莉莉，张捷，等，2019）地震中亲朋遇难且身体受伤者的灾难记忆最强烈，个人受伤、财产损失严重者的创伤情感最强烈。受灾程度是影响个人灾难记忆、创伤情感的主要因素。研究显示灾后近十年的地方恢复、灾难记忆和创伤情感对地方认同的负面影响并不显著；积极的抗灾记忆、灾后观念启示对提升地方认同具有显著影响。并且很多被试者表示，如果有机会愿意回到老县城或其附近居住。

国内外灾后重建城市中，异地重建的非常少，绝大多城市都是就地重建。日本作为一个地震多发国家，但其对受灾城镇都没有实施异地重建。就地重建的成本较低，经济、社会、文化和生活关系网络更容易恢复、延续；异地重建则成本较高，易产生一些社会问题，但是原址存在一定危险性的情况下异地重建又是必然选择。

"5·12"特大地震将北川县城夷为平地，由于县城处于两条活动断裂带交会处，并且长期遭受崩塌、滑坡、泥石流等地质灾害的威胁，因此，经过科学论证放弃原址重建的设想，将安昌镇东南作为北川县城灾后重建的新址。北川是"5·12"特大地震后唯一异地重建县城的重灾县，也是全国唯一的羌族自治县。在县城重建过程中，新的县城作为流离失所的灾民重塑精神家园的物质载体，除了满足基本城市功能之外，还继承了民族文化传统，尊重当地民族的生产、生活方式，通过地方材料的应用、羌族聚落空间的营造、地方建筑符号的提炼，展现羌族独特民风民俗，碉楼、碉房等木石结构的建筑风格以及白石、羊头等羌族常见的装饰元素被不同程度地用在建筑、景观之中。据研究调查发现，北川新县城的居民认为灾后重建较高的城镇建设水平以及政府在规划设计中对民族特色的保留，很大程度上弥补了异地重建带来的对新环境的陌生感[①]。

和大部分的人类聚居地不同，新北川县城的城市空间不是在当地人的历史实践中逐渐创造和生长出来的。新建的县城只是提供了一个物理空间，只有在居民根据自己的意愿对这个空间进行重新分类、使用乃至改造、赋予意义，将自己的生活安置其中才能逐渐产生了地方感[②]。人们在日常生活中逐渐建立新的生活轨迹和生活节奏，形成新的"时空常规"，才能逐渐建立对地方的认同感，形成新的地方依恋（图4-5）。

---

① 肖菲，翟国方，万膑莲，等.原住民视角下的灾后重建评估——以北川新县城和映秀镇为例[J].现代城市研究，2014（03）：107–113.

② 邱月.陌生的新家园——异地重建后新北川居民的空间商榷和文化调适[J].西南民族大学学报（人文社科版），2017，38（03）：32–39.

图 4-5　地震灾害后的北川新县城
（来源：作者自摄）

4.2　住宅与社区——居住满意度

　　传统意义上对于住宅与社区的评价是由规划和设计人员用一定的专业标准来评判的，这些标准一般包括经济因素、社会因素和设计品质。但是这种评判标准存在一定的局限性，缺少了使用者对居住质量的判断与评价，不能充分认识到居民自身的需求。随着对居住环境研究的深入以及相关知识积累，环境行为研究中的满意度从人与环境相互作用的观点来探讨环境各个方面与人行为之间的关系，恰能弥补传统居住评判标准的缺陷，其中就包括居住环境中居民的感觉和行为、社区中实质环境和社会关系特征对居民行为的影响[1]。

　　在环境行为研究中，Fried 和 Glcicher（1961）[2] 是满意度研究的开拓者之一，他们认为在住宅品质判断标准中，居民对住宅的主观评价应当比卫生设备、住宅结构等因素更为重要。理论上，居住满意度是使用者的期望与实际的住宅状况之间的平衡，如果此平衡被打破，个体将重新修订他们的期望与需要，调整他们对住宅的评价或是试图改变居住状况，这种调整将持续到他们自我认同为止。居民的居住满意度受许多因素的影响：居民的个人特征，如人的统计特征、个人的需要与期望、居住时间和个人发展阶段等；社会联系，如邻里关系、朋友和家庭成员等；空间特征，如密度、设计特征、维护、是否与工作地点和以前居住区域邻近等环境的实质品质等；心理因素，如知觉、认知和情感构成，包括识别感、认同感、归属感等环境的意义，以及居民的态度、信念等；还有行为意向（Intention）和实际行为，如参与、搬迁和捣乱破坏等。

① 　徐磊青，杨公侠. 环境心理学 环境知觉和行为 [M]. 上海：同济大学出版社，2002：157.

② 　Fried，Marc，Peggy. Some sources of residential satisfaction in an urban slum[J]. Journal of the American Institute of planners，1961，27（4）：305-315.

居住满意度（Residential Satisfaction）包含两个方面的满意程度，一是住宅满意度（Housing Satisfaction），二是社区满意度（Community Satisfaction），两者密切相关但各有侧重，住宅满意度更关注住宅内部实质特征与居民行为之间的关系，包括住宅面积、房间尺度、空间、私密性和活动等；社区满意度则强调了住宅外部的实质特征、邻里中的社会关系，以及社区管理对居民行为的影响等。居住满意度既包括住宅内部的面积、空间等，也包括社区实质的、社会的和管理的诸方面以及与此相关的个人因素。居住满意度研究就是剖析这些方面在满意度判断中的相对重要性[①]。

4.2.1 住宅满意度

住宅是生活中最重要的场所。从人与环境相互作用的观点来看，人在住宅里的时间最长，跨越人的一生。据统计，一个人每天在住宅里的时间平均有 13~14h，也就是说，一个人在住宅里的时间超过了生命的 2/3；其次，住宅是个人领域中的首属领域，面对城市里的各种压力，住宅也是人们重要的"避风港湾"，人们在自己家中享有较多自由，较少受到外界的干扰与限制，有相对自主性。住宅对人们来说不仅是一个纯粹功能性的空间，也附加了一系列重要的心理意义和价值[②]。住宅不仅是具有居住功能的空间场所，也是人类情感寄托之地。

1. 住宅满意度的影响因素

研究证明住宅满意度明显受到了居住者个人特征的影响，由于性别、年龄、受教育程度、家庭收入等个人特征差异，居民对相同社区客观属性的感知不同，进一步导致对客观属性形成不同评价。因此，由于主观感知、比较标准和评价的差异，同样的客观特征可能对个体产生不同影响。住宅满意度主要受到生命周期不同阶段、居住时间、住宅权属、社会经济地位以及性别等因素的影响，除此之外是否有孩子、有几个孩子、孩子的年龄、妻子的就业情况、居民的个性与居住评价等因素也对住宅满意度产生影响。

（1）生命周期的不同阶段

处于生命周期不同阶段的居民会对住宅产生不同的心理环境需求。Michelson（1977）[③] 在调查加拿大多伦多市居民住宅研究中发现，有孩子的家庭喜欢住在市郊，老人和独身者更愿意住在市中心的公寓里，以便可以更经济便捷地享受到城市提供的各种公共设施和服务。对于不同年龄居民对住宅地点的不同选择，Alonso 曾形

① 徐磊青，杨公侠. 环境心理学 环境知觉和行为 [M]. 上海：同济大学出版社，2002：158.
② 徐磊青，杨公侠. 环境心理学 环境知觉和行为 [M]. 上海：同济大学出版社，2002：157.
③ Michelson, William M. Environmental choice, human behavior, and residential satisfaction[M]. Oxford University Press, 1977.

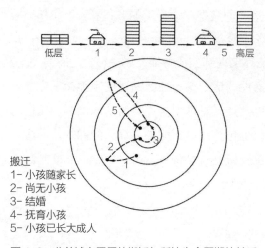

搬迁
1- 小孩随家长
2- 尚无小孩
3- 结婚
4- 抚育小孩
5- 小孩已长大成人

图4-6　北美城市居民的搬迁与所处生命周期的关系
（来源：Alonso）

象地用图来描绘这种迁居模式，如图4-6所示。Nasar（1983）[1]在对住宅风格的调查中发现年轻人热衷于装饰华丽的住宅，而老人则喜欢朴素无华的风格，其原因在于他们已不能再像从前那样频繁地流动并接受复杂的信息了。诸多研究证明，在一般情况下老年人的居住满意度要高于年轻人，例如北爱尔兰的一份住宅研究报告（Melaugh，1992）[2]中提到，老年人（大于55岁）要明显比年轻人（18~34岁）对住宅更满意（88%对77%），在对住宅不满意的人中，老年人只有年轻人的一半（8%对15%）。国内相关研究也有类似的结论，中国城市小康住宅课题组对国内九个城市进行住宅满意度抽样调查中，以现有住宅与小康水平住宅进行对比，从而调查居民的住宅满意度，研究发现越年轻的住户认为与小康水平相差甚远的比例越高，由此推断年轻人对住宅的要求更高（《小康住宅研究》科研组，1995）。国内外研究因现实情况与生活方式的不同导致相互之间没有可比性，西方国家大多数老年人与孩子分开居住，其居住条件要高于国内大多数与子女同住的老年人，而国内老年人对住宅不满意的主要原因在于拥挤，活动受限制私密性严重缺失[3]。

（2）居住时间

居民的满意度会随居住时间的增加而发生变化。北爱尔兰研究报告（Melaugh，1992）[1]中提到，10~20年居住经历的居民里，满意者占88%，不满意者为7%，两年以下居住时间的住户满意者占82%，不满意者为13%。由此可知在一般情况下居住时间越长，住户与居住环境建立的归属感和认同感越强烈，有助于居住满意度的提升。但有时居住时间长短与满意度关系不大，譬如Kaitilla（1993）[4]在对巴布亚新几内亚的住宅研究中说明两者的关系并不明显，其原因可能在于居民对自身居住状况是否具有选择权。小康住宅研究科研组（1995）发现，从入住的年份来看，越是

① Nasar, Jack L. Adult viewers'preferences in residential scenes: A study of the relationship of environmental attributes to preference[J]. Environment and Behavior, 1983, 15（5）: 589-614.

② Melaugh M. Housing', in, Stringer, P. and Robinson, G.（Eds）Social Attitudes in Northern Ireland[M]. Belfast: The Second Report 1991-1992, 1992.

③ 徐磊青，杨公侠. 环境心理学 环境知觉和行为 [M]. 上海：同济大学出版社，2002.

④ Kaitilla, Sababu, William. Employer-provided housing in Papua New Guinea: Its impact on urban home ownership in the city of lae[J]. Habitat International, 1993, 17（4）: 59-74.

最近迁入的居民认为与小康水平越接近，其原因在于中国十几年来居民的住宅水平提升很快，越晚建成的住宅标准越高，面积越大，居民感知的居住满意度越高[1]。

（3）住宅属权

住宅所有权作为影响居住满意度的重要因素，很早就受到了学术界的关注。Rossi 和 Webber（1996）[2] 对美国住宅自有者和租赁者居住状况进行比较研究后发现，自有者相比租赁者享有更高的生活满意度和自尊；Lu（1999）[3] 认为自有住宅者比租赁者具有更高的居住满意度和邻里环境满意度；Elsinga 和 Hoekstra（2005）[4] 基于欧盟 ECHP（European Community Household Panel）数据发现在绝大多数国家中，自有住宅者比租赁者拥有更高的居住满意度。住宅是一项成本极高的投资，购买住宅产权的重要意义并不仅仅在于拥有，还与生活的安定感、安全感和归属感有关，这些方面都对人们生活的幸福起到了促进作用，此外拥有产权的住户大多欲在此地居住更长的时间，往往舍得在住宅装修上大量投资以美化环境，使得他们的居住满意度升高。

（4）社会经济地位

生活富裕的人为了能够与自己的社会地位相适应更愿意在住宅上大量投资，从而选择或建造较好的住宅。国外学者 Melaugh（1992）[5] 研究发现北爱尔兰中产阶级和上层阶级对住宅满意的人占 90%，企业高管（Upper Working）对住宅满意的人为 87%，一般工薪阶层（Working Class）对住宅满意度为 84%，而在住宅不满意方面，中产阶级和上层阶级对住宅不满意的只占 8%。国内小康研究科研组研究结果显示，尽管家庭收入与小康并无明显的关系（这可能与居民隐瞒收入有关）[6]。有研究显示，社会经济地位较高的家庭，更倾向于拥有产权住宅；而社会经济地位较低的家庭受收入不确定性的负向影响更显著。在基本住宅需求方面，社会经济地位较高的家庭倾向于进一步增加住房面积，在改善型住宅需求方面，由于城镇居民具有较高的消费偏好，使得收入不确定性对该类型住宅需求的影响相对较弱[7]。

[1] 徐磊青，杨公侠 . 环境心理学 环境知觉和行为 [M]. 上海：同济大学出版社，2002：160.

[2] Rossi P H, Webber E. The social benefits of homeownership: empirical evidence from national surveys[J].Housing Policy Debate，1996，7（1）：1–35.

[3] Lu, Max. Determinants of residential satisfaction: Ordered logit vs. regression models[J]. Growth and change, 1999, 30（2）：264–287.

[4] Elsinga, Marja, Joris. Homeownership and housing satisfaction[J]. Journal of Housing and the Built Environment，2005，20（4）：401–424.

[5] Melaugh M. Housing', in, Stringer, P. and Robinson, G. (Eds) Social Attitudes in Northern Ireland[M]. Belfast: The Second Report 1991–1992, 1992.

[6] 徐磊青，杨公侠 . 环境心理学 环境知觉和行为 [M]. 上海：同济大学出版社，2002.

[7] 周京奎 . 收入不确定性、住宅权属选择与住宅特征需求——以家庭类型差异为视角的理论与实证分析 [J]. 经济学（季刊），2011，10（04）：1459–1498.

（5）性别

丈夫与妻子往往对住宅的满意程度存在性别差异。Michelson（1977）[①] 对加拿大多伦多市新近搬家居民的满意度调查发现，当居民们被问及哪些方面使得他们的新家令人愉快时，在搬到市中心公寓的夫妻中超过 40% 的妻子提到她们满意于家的品质，但提到这点的丈夫只有 5%，而在搬到市郊公寓的家庭中，超过 50% 的丈夫提到了家的品质是他们满意的原因，但只有 5% 的妻子提及此点。Canter 和 Rees（1983）[②] 也发现了这一性别差异，在进行满意度评价时，每一个问题分别由丈夫和妻子回答，通过 SSA（最小空间分析）统计发现，这两种角色在空间图上有不同的范围，妻子在评价她们的住宅时非常重视与邻居间的社会交流[③]。黄昭雄（2004）认为女性，尤其是带孩子的女性不喜欢住高层住宅及其小房型，因为如果住宅单元远离底层的话，在看护小孩子、处理垃圾等多方面就会出现许多难题，因而存在性别上的住宅偏好差异[④]。

住宅设计过程的关键在于了解使用者的需要，环境行为研究的普遍结果表明建筑师与他们的委托人对居住建筑的住宅满意度评价存在差异，因此随着市场经济和买方市场的到来，关注使用者的需求与居住满意度之间相互关系是合乎时宜的[⑤]。

2. 住宅内部空间与行为

住宅空间的实质特征与人们对住宅的评价密切相关，这些特征包括空间大小、私密性和空间组织等。

（1）空间大小

住宅面积是影响住宅满意度的重要因素，这在全世界范围内都被认为是极其重要的，众多国家的研究都表明住宅面积越大，越令人满意。Wiesenfeld（1992）[⑥] 调查了委内瑞拉低收入迁居居民后发现：这些居民迁居的理由主要是为了获得住宅所有权和寻求更大的面积。小康住宅调查研究（1995）中发现住宅"狭窄"者的比例最高，而日照、通风等环境与物理条件次之。此外与面积同样重要的是家庭密度（是将住宅面积与家庭人口数综合考虑的指标），主要反映在两个指标上：人均居住（建筑或使用）面积和每间卧室人数，前者是空间密度，后者是社会密度，更多的空间总是人们一致的追求[⑦]。

① Michelson, William M. Environmental choice, human behavior, and residential satisfaction[M]. Oxford University Press, 1977.

② Canter D, Rees K. A multivariate model of housing satisfaction[J]. International Review of Applied Psychology, 1983, 31: 185-208.

③ 徐磊青，杨公侠 . 环境心理学 环境知觉和行为 [M]. 上海：同济大学出版社，2002：160.

④ 黄昭雄，王雅娟. 女性与规划：一种新的规划视角 [J]. 国外城市规划，2004（06）：36-39.

⑤ 徐磊青，杨公侠 . 环境心理学 环境知觉和行为 [M]. 上海：同济大学出版社，2002：161.

⑥ Wiesenfeld, Esther. Public housing evaluation in Venezuela: A case study[J]. Journal of Environmental Psychology, 1992, 12（3）: 213-223.

⑦ 徐磊青，杨公侠 . 环境心理学 环境知觉和行为 [M]. 上海：同济大学出版社，2002：161.

近年来的研究发现，中国居民住宅满意度也呈递增趋势，同时受中国传统文化的影响，在面对家庭室内高密度的现状中，家庭成员衍生出的动态调和机制可以解决家庭中的空间冲突：时间策略，就是家庭成员错开时间段使用同一个场所；空间策略，就是试图将有冲突的活动放在不同的地方；互相妥协策略，即家庭成员经过协商后共同参加同一活动。

（2）私密性

私密性就是人们控制他人接近的能力与程度，在环境设计里主要考虑的是视觉私密性和听觉私密性，前者侧重于活动不被人看到，后者侧重于声音不要让人听到，这两种私密性均与空间有关，因而从建筑与健康两者的关系出发，居住空间的标准应该由人们的私密性需要和有利于家人健康两方面来定义。与人均住宅面积相比，每间卧房人数更准确地反映了家庭私密性情况，一般来说，人们在住宅中的压力会随着每房间人数的增加而增加，对住宅来说，个人私密性的最重要保证就是拥有个人房间。世界卫生组织（WHO，1972）总结说，如果家里没有这样一个场所，就会产生一种烦躁、不满和挫折的感觉。卧室就是这样一个典型的场所，单独使用的场所可以帮助人们控制私密性的水平，当他感到需要加强私密性时，他可以躲在卧房里不受干扰地学习、休息或做其他一些私密性的活动[1]。

居住环境的高密度会导致个体缺少私密性，从而使其产生消极情绪和紧张感（Gifford，2014）[2]，甚至会导致家庭成员间的关系淡漠（Lepore，et al，1992；Evans，Stecker，2004；Maeng，Tanner，2013）[3][4][5]。例如，当低收入家庭搬入更好的居住环境后，他们的心理压力问题逐渐减少。研究者认为这是由于拥挤程度下降以及个人空间随之增多所带来的直接结果（Wells，Harris，2007）[6]。当然，物极必反，由人口数量过少所发的孤独感同样也会使人紧张（Sundstrom，et al，1996）[7]。因此，房屋和居室的面积大小、室内格局设计等方面的考量都十分重要，它会直接影响人们的居住满意度和心理健康[8]。

---

① 徐磊青，杨公侠 . 环境心理学 环境知觉和行为 [M]. 上海：同济大学出版社，2002：163.

② Gifford，Robert. Environmental psychology matters[J]. Annual review of psychology，2014：65.

③ Lepore，Stephen J，EVANS，Gary W，SCHNEIDER，Margaret L. Role of control and social support in explaining the stress of hassles and crowding[J]. Environment and Behavior，1992，24（6）：795–811.

④ Evans，Gary W，Stecker，et al. Motivational consequences of environmental stress[J]. Journal of Environmental Psychology，2004，24（2）：143–165.

⑤ Maeng，Ahreum，Tanner，et al. Construing in a crowd：The effects of social crowding on mental construal[J]. Journal of Experimental Social Psychology，2013，49（6）：1084–1088.

⑥ Wells，Nancy M，Harris，et al. Housing quality，psychological distress，and the mediating role of social withdrawal：a longitudinal study of low–income women[J]. Journal of Environmental Psychology，2007，27（1）：69–78.

⑦ Sundstrom，Eric，et al. Environmental Psychology 1989–1994[J]. Annual review of psychology，1996，47（1）：485–512.

⑧ 苏彦捷 . 环境心理学 [M]. 北京：高等教育出版社，2016：309.

（3）空间组织

讨论住宅满意度则一定要论及家中的环境行为，即空间组织与家庭活动，两者关系极为密切。住宅内部的设计与组织在居民对住宅的主观评价中占重要位置。无论是多层还是高层住宅，对厨房与卫生间的评价最为重要，在多层住宅中，起居室与储藏空间的主观评价是排在第三位的影响因素（徐磊青，杨公侠，1996）[①]。这个调查可以反映出中国在 20 世纪 90 年代初城市居民的居住水平，越是在住宅不是很宽裕的条件下，室内空间的组织与活动就越重要。尽管不同家庭的住宅格局、房间功能存在差异，但是研究者发现其中存在着一致的空间使用模式。比如，卧室是一个私人空间，并且是个人休息的场所，因此一般被安排在离公共空间最远的位置；客厅是住宅内部较为公共的区域，一般位于入口的位置，作为室外与室内私密性空间的过渡。随着社会进步与工业化发展，不同国家不同民族的空间使用模式逐步趋同。观察住宅中每个房间所发生的事情，可以发现这些活动构成了住宅的整体特征，即住宅功能上的分化。在住宅功能高度分化的家庭中会有许多相应的房间，如厨房、卫生间、起居室等。住宅功能分化程度越高，住宅品质越高，居住水平也越高[②]。

（4）室内环境

个体从外界所接受的信息中，视觉约占 80% 以上，其他还包括触觉、嗅觉和听觉等。因此，在居住环境设计中，更应重视各种信息的综合运用，以强化空间环境的心理效应。环境心理学家就房屋的颜色、照明、家具摆设等内部因素对居住者及其家庭成员间关系所造成的影响做了大量研究。结果发现，除房屋装饰风格和住宅布局外，甚至连房屋搭建材质，以及窗户的开放性等因素都会对居住满意度产生影响（Sundstrom, et al, 1996；Gifford, 2007；Gifford, 2014）[③④⑤]。例如，相比于学习和工作场所，家庭住宅的起居室和厨房中的窗户对于居住者而言更加重要，更容易带来愉悦感（Butler, Biner, 1990；Veitch, Galasiu, 2012）[⑥⑦]。总而言之，房间的布局、造型、色彩应该坚持整体与局部、功能与形式统一的原则。对于不同的房间，色彩和照明要有所区别。同时，由于房间的通风、采光也会影响到居住者的身心健康，

① 徐磊青，杨公侠. 上海居住环境评价研究 [J]. 同济大学学报（自然科学版），1996（05）：546-551.

② 徐磊青，杨公侠. 环境心理学 环境知觉和行为 [M]. 上海：同济大学出版社，2002：163.

③ Sundstrom, Eric, et al. Environmental Psychology 1989-1994[J]. Annual review of psychology, 1996, 47（1）：485-512.

④ Gifford, Robert. Environmental psychology: Principles and practice. Colville[M]. WA: Optimal books, 2007.

⑤ Gifford, Robert. Environmental psychology matters[J]. Annual review of psychology, 2014：65.

⑥ Butler, Darrell L, Biner, et al. A preliminary study of skylight preferences[J]. Environment and Behavior, 1990, 22（1）：119-140.

⑦ Veitch, Jennifer A, Galasiu, et al. The physiological and psychological effects of windows, daylight, and view at home: Review and research agenda[M]. NRC-IRC Research Report RR-325, 2012.

因此也应予以重视 [①]。

3. 住宅高度与行为

（1）不同高度住宅类型的优缺点

1）低层和多层住宅优缺点

低层住宅有利于建立邻里关系，加强社会的认同感及凝聚力，并且这种模式的建筑与室外空间在尺度及形态上的亲和性，有利于将建筑与景观融合在一起，从而创造丰富的过渡空间，从私密、半私密再到公共，形成多层次的人际交往空间，从而获得高质量的生活场所。19世纪60年代开始，许多国家的建筑师在住宅设计中探讨人性化的问题，回归人类对"家"的感知，在解决居住的亲切舒适性与城市用地紧张的矛盾上，低层高密度得到了许多城市规划师与建筑师的倡导。尽管低层高密度住宅比低层低密度住宅能更好地节约土地，然而与高层住宅相比，低层住宅的节地性仍然大打折扣。

2）高层住宅的优缺点

对住户而言，高层住宅建成成本高，又由于高层住宅有电梯井和电梯间及水暖井等设备，公摊面积大，使得套内面积相对较小，得房率较低；高层住宅电梯等设备用电分摊大，物业管理费用往往高于传统的多层住宅。对人的身心发展而言，高层住宅是以立方单元叠加方式形成的集约化空间，虽比低层住宅更节地，且更能提供高远的视域，但其居住环境不如低层、多层住宅那样亲切宜人，缺乏归属感、安全感及个性化。楼层高密度使其开展庭院活动和接触自然的机会减少，对生理和心理健康不利 [②]。

（2）不同高度住宅类型对居民行为的影响

自高层住宅产生以来，满足了城镇化过程中大量的住房需求，但随着社会经济和物质生活的发展，城市居民在"住"的基本需求得到满足后，人们对居住的质量提出了更高的要求。从邻里交往的程度看，无论何种住宅类型，主要都是浅层次的交往（认识、见面点头、偶尔交谈）。相对于高层，多层更能促进深层次交往（经常性交谈、互访）。老年人的交往程度受住宅类型的影响较小，两者相差很小，事实上，社区能否给老年人提供交往活动的场地和设施更重要，但儿童交往活动的调研结果显示多层住宅更为有利，主要原因是高层住户家长对低龄儿童单独外出时使用电梯并不放心。在儿童户外活动方面，住宅户外活动场地条件和安全比居住的楼层更能影响儿童户外活动时间。由于住在高层住宅区里的人们远离地面，已逐渐习惯于独居在自家的小空间内，高层住宅使居民地面活动的内容、方式、时间与机会都较多层住宅的少得多（表4-1），于是居民的隔离感就越明显。特别是随着现代交通、网络、通信的日益便捷，人们的户

---

① 苏彦捷. 环境心理学 [M]. 北京：高等教育出版社，2016：309.

② 金海燕，任宏. 中外城市住宅高度形态比较研究 [J]. 城市问题，2012（01）：2-8.

外活动以及邻里交往的时间和空间发生了迁移，传统的邻里互动活动大量减少，邻里之间的关系也越来越冷漠[1]。

高层住宅与低层住宅居民的地面活动比较　　　表 4-1

项目		交谈	休息	修理	娱乐	儿童	观赏	总人数
周日（人）	高层	43	9	0	0	7	7	66
	低层	138	5	1	3	16	28	191
周末（人）	高层	52	0	5	0	2	17	76
	低层	157	16	15	14	8	20	230
平均（人）	高层	47.5	4.5	2.5	0	4.5	12	71
	低层	147.5	10.5	8	8.5	12	24	210.5

来源：徐雷，1987。

　　住宅的安全性也是一个重要的问题，因为与庭院式公寓和独立式住宅相比，高层公寓的犯罪率要高，通常楼层越高，犯罪率也越高，这主要是由高层公寓的结构布局所决定的（Pitner，2012；Bahn，Shin，2014）[2][3]。首先，相比于其他住宅类型，高层公寓住宅可以为更多的人提供居住空间；与此同时，住户越多也就意味着居民之间互相认识和了解的机会越少。因此，就很难辨认混入住宅楼进行犯罪活动的陌生人。而如果住在庭院式公寓中，由于房屋居住人口较少，居民之间彼此较为熟悉，因此人们也更容易辨认出陌生人[4]。其次，由于高层公寓缺乏防御空间，从而便于犯罪嫌疑人作案。例如，楼梯间、走廊拐角和电梯内都容易成为犯罪嫌疑人的最佳作案场所。有研究比较了两个居住密度相等、社会特征相同，但建筑设计不同的公共住宅区的犯罪发生率。纽曼（Newman，1973）[5]研究发现，高层公寓住宅区（14 层楼）的犯罪率明显高于庭院式公寓住宅区（6 层）。并且研究发现，拥有 15 个以上套间的长走廊住宅的犯罪率比较高；而从仅仅连接两三个住户的短走廊住宅来看，其犯罪率则要低得多。由此可见，类似于这些与人工环境有关的安全问题，可以在建筑与环境设计阶段就予以重视。

[1] 刘伟. 对高层住宅适居性中生理和心理影响的分析 [J]. 山西建筑，2005（19）：22–23.

[2] Pitner，Ronald O，YU，et al. Which factor has more impact? An examination of the effects of income level，perceived neighborhood disorder，and crime on community care and vigilance among low–income African American residents[J]. Race and Social Problems，2013，5（1）：57–64.

[3] Bahn，Sang–Chul，Shin，et al. A Study on Crime Prevention Design in Urban Apartment Complex by Application of a CPTED–focused on the Medium sized City[J]. Journal of the Korea Academia–Industrial cooperation Society，2014，15（2）：1176–1187.

[4] 苏彦捷. 环境心理学 [M]. 北京：高等教育出版社，2016：311.

[5] Newman，Oscar. National Institute Of Law Enforcement And Criminal Justice[M]. Architectural design for crime prevention. Washington，DC：National Institute of Law Enforcement and Criminal Justice，1973.

4.2.2 社区满意度

社区是城市中的空间组织单元，也是居民日常户外活动、邻里交往最频繁的场所，它既是一个在形式上的整体（物质性单元），也是一种社会功能上整体（社会性单元）。在社区内，人们既有私密性要求，也有参与公共活动的需求，因此，社区具有两方面的功能：一方面维持住宅私密性；另一方面在保护居民私密性需求的前提下，促进居民相互间的交往、接触与支持，为居民共同活动提供场所，增进居民的社区归属感和认同感。

1. 社区的选择

影响社区选择的因素主要分为两方面，一是社区的物理特征，包括社区的区位（附近是否有学校和托儿所，商业、娱乐设施、公园的可达性，通勤距离等）、管理水平、噪声水平等；二是社区的社会特征（离朋友或亲戚是否较近，或是社区邻里氛围是否融洽）。当然个人属性也是影响社区选择的一个重要变量。

住宅周边配套的公共设施，不仅可以方便地满足人们日常生活所需的购物、医疗和休闲等功能，而且还能提供足够的社会交往空间，满足居住者的社会交往需要[1]（苏彦捷，2016）。有研究通过干预的方法在中、低收入社区中增添了相关便利设施，如公共电话亭、长椅、街心花园和街边绿化装饰等。结果发现，大多数居住者报告，不仅该社区变得更加宜居，而且他们也会更多地参与到社会交往和社区活动中，产生了更强的地方感（Christens，2012）[2]。

住宅周边的交通量也是居住满意度的重要影响因素，住户对环境选择也会在这一方面体现：有小孩的家庭多自动选择住在交通量小的街上。留在交通量大的街上住户以单身居多，他们更倾向交通通达性，重视乘车的便捷。早期在英国也有类似的研究，结果也很相似。沿街居住的人们，所感觉到的友谊随交通的类别与频繁程度而变化。

在社区管理方面，国内学者赵东霞（2012）等人以高档商品房社区和旧居住社区为例进行满意度评价研究中发现，高档商品房社区更注重对"社区管理"和"居民期望"的评价，旧居住社区则侧重于"居民生活性需要"和"社区管理"的评价，高档商品房社区和旧居住社区均认为社区管理的重要性高，但不同的是高档商品房社区更注重对物业管理与服务，对社区参与度和对社区各类制度、服务的感知度较低，其原因在于，一方面该类型社区居民基本都生活富有、文化层次较高，生活需求更个性化，相对于社区管理组织而言，他们对物业公司的服务与管理有更高的要求；而旧居住社区中大部分居民的收入水平较低，且流动人口较多，社区居民对社区的

---

[1] 苏彦捷. 环境心理学 [M]. 北京：高等教育出版社，2016：310.

[2] Christens，Brian D. Targeting empowerment in community development：A community psychology approach to enhancing local power and well-being[J]. Community Development Journal，2012，47（4）：538-554.

服务、管理和治安期望呈现出较高水平[①]。

2. 社区噪声与行为

噪声是许多人对社区不满意的主要原因。噪声对人们的工作、学习和生活都有负面影响。以儿童来说，Goldman 和 Sanders（1969）[②]证明住在喧闹社区里的学龄儿童，在一个略微喧闹的房间中进行听觉实验不合格，但当他们在一个静室中测试时，他们的成绩明显较好，持续喧闹的环境降低了孩子们在一堆听觉信号中分离出信号的能力。噪声除了对儿童的学习能力有负面影响以外，对人们的生活也有冲击。噪声引起的烦恼不仅与噪声本身的特性有关，还与听者的个人特征、听者与噪声的相关性以及噪声的可控性有关[③]。国外许多社区噪声烦恼度评价的调查结果显示：噪声暴露与抱怨、恐吓和不法行为有关。一般来说，等效声级越高，人们的烦恼度越高，两者存在线性关系。我国也有环境噪声烦恼度评价的相关研究，如何存道等（1983）[④]提取了不同噪声强度下烦恼度主观评价的百分比（图 4-7）。

在我国现行规范中规定居住与文教区户外允许噪声级白天为 50dB，夜晚为 40dB，我国城市环境噪声主要为交通噪声和社会生活噪声，其中交通噪声所占比重已达 60% 以上，且有逐年上升的趋势。由于任何居住区都必须保证居民及居住区中各种服务设施的交通顺畅，因此交通噪声便不可避免地进入居民的日常生活当中，交通噪声污染投诉量往往位居各项污染投诉之首，成为影响居住宁静、引发居民对社区与邻里不满的主要原因，也成为影响居民心理健康的城市问题[⑤]。

李本纲（2001）在对北京市芙蓉里小区的噪声研究中发现，居住区中 118 个临街点的交通噪声 Leq 几乎全部超标，超标率为 98.3%，这一比例不仅远大于非临街噪声 Leq 超标率 27.3%（838 中的 229 点超标），也远高出其他采用 Leq 为评价指标的国家和地区[⑥]。北京市建筑设计院专题研究组对北京劲

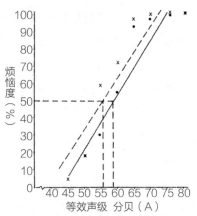

• —— 白天的回归线和烦劳度实测值；r=0.955
× ---- 晚上的回归线和烦劳度实测值；r=0.948
图 4-7　噪声级与烦恼度的关系
（来源：根据何存道等调查结果整理自绘）

① 赵东霞，卢小君. 城市社区居民满意度评价研究——以高档商品房社区和旧居住社区为例 [J]. 大连理工大学学报（社会科学版），2012，33（02）：93-98.

② Goldman, Ronald, Sanders, et al. Cultural factors and hearing[J]. Exceptional children, 1969, 35（6）：489-490.

③ 徐磊青，杨公侠. 环境心理学 环境知觉和行为 [M]. 上海：同济大学出版社，2002：174.

④ 何存道. 噪声烦恼度调查研究 [J]. 心理科学通讯，1983（06）：43-46.

⑤ 李春江，马静，柴彦威，等. 居住区环境与噪音污染对居民心理健康的影响——以北京为例 [J]. 地理科学进展，2019，38（07）：1103-1110.

⑥ 李本纲，陶澍. 城市居住小区交通噪声的空间分布特征 [J]. 城市环境与城市生态，2001（06）：5-7.

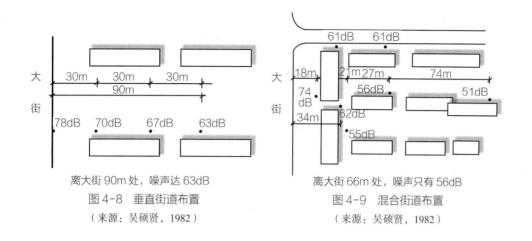

离大街90m处,噪声达63dB

图4-8 垂直街道布置

（来源：吴硕贤，1982）

离大街66m处,噪声只有56dB

图4-9 混合街道布置

（来源：吴硕贤，1982）

松居住区抽样调查的结果表明住户所处的位置不同，导致噪声的感应不同，临街住户要比不临街的住户反应强烈得多，因此如何恰当地布置沿街住宅，把噪声干扰减至最低是小区规划和建筑设计必须考虑的问题。利用合理的布局，形成一种屏障以隔离外部交通噪声的传播，保障内部环境安宁，经证明是较好的办法。吴硕贤（1982）[①]的研究发现，通常沿街住宅垂直于街道布置的方法并不好，虽然住宅不面向街道，但由于噪声传入后形成一条声廊，经墙面多次反射，使噪声衰减缓慢。他建议采用混合布置的方法避免声廊的形成。这样沿街住宅受噪声干扰较大，但可在单体上采取措施，如设双层窗，外墙的专门部位设吸声材料等（图4-8、图4-9）。卢军（2001）[②]在对大连某小区的交通噪声影响研究中提出，可从声源处、传播路径、受声域三个方面减少住区噪声。通过限制重型车夜间通行路线的措施控制噪声源，以缓解该居住小区夜间交通噪声污染；利用绿化带降低噪声，实测表明，10m、20m、30m、40m宽的绿化带分别可以降低噪声30%、40%、50%、60%，通过林带的宽度、高度、位置、配置方式以及植物种类的合理配置阻碍噪声的传播途径；在受声区域内，采用吸声材料、金属泡沫吸声材料作为建筑外围护架构材料，窗材料选择特殊材料的窗起到隔声作用，一方面要改善窗扇轻、薄、单的声学特性，一般采用双层或二三层玻璃以增加隔声量，也可以在原有单层窗侧再加设一道窗，另一方面可密封缝隙，减少缝隙的透声。

3. 邻里交往与行为

在现代社会的基本社会关系中，居住区是家庭、工作或学习单位以外的第三种基本组合方式。人们日常生活的大部分时间都在居住区里度过，因此居民间的邻里

① 吴硕贤.居住区的防噪规划 [J].建筑学报，1982（01）：66~71.

② 卢军，乔琪.城市人居环境交通噪声影响分析及改善措施——以大连某居住小区为例 [C].第三届国际智能、绿色建筑与建筑节能大会论文集—D 绿色建筑生态专项技术，2007：63~69.

关系是构成社会关系的重要组成部分，另一方面，邻里关系不佳和社会交往少的居住区，往往缺乏生气感与亲切感，这类居住区仅仅是解决了人们生理上的需要，而忽视了社会生活的质量。

邻里交往与邻里的空间特征有关，这主要包括两个方面：各住宅间的距离和住宅的相对位置。Festinger 等人（1950）[1] 的早期研究，曾就居民的友谊模式调查了美国麻省理工学院由环绕公共庭院的独户住宅所组成的学生邻里。研究显示，住宅间距和友谊之间有直接联系，通常在同一组团内的家庭比较能建立社交关系，而随着同一组团内各住宅间距离的减少，居民之间的友情有增加的趋势。在此情况下，那个与邻里中其他人有最多交往者，其住宅多位于邻里中心，而那些住在邻里边缘的居民在社交上会与邻里中的其他人隔离开来。研究人员对住户之间的距离做了明确的划分，即实际距离和功能距离。两组人家，虽然距离相同（实际距离），但前者两户人家面对面（功能距离），故有较多机会来往，后者两户人家方位相反（功能距离），便减少了许多接触的机会[2]（图 4-10）。

1972 年 Appleyard 和 Lintell[3] 调查了一个旧金山意大利裔社区里的交通量有很大差别的三条街，住在交通量最大之街道上的居民只认识街同侧的几户邻居，街对面的住户几乎不认识。而住在交通量中等和交通量最少两条街上的居民，他们的社交关系可发展到街对面。交通量最小的街上的居民平均每人有 9.3 个朋友，交通量中等的街上的居民平均每人有 5.4 个朋友，而交通最频繁街道上的居民每人只有 4.1 个朋友。由此可见，交通量可能是人们社会交往的障碍。

其他研究人员则证实大门位置也会影响社会交往，Caplow 和 Forman（1950）[4] 在研究一所大学的集合住宅时，曾观察到住宅大门开向或靠近公共人行道者，其居民较能建立友谊。然而这里隐含了一对矛盾，把门开向公共人行道，住户的私密性必有减损，却有利于居民之间的社交。

机能上较远　　　　机能上较近　　　　机能上最近

图 4-10　功能距离的程度

（来源：徐磊青，杨公侠，2002）

① Festinger, Leon, Schachter, et al. Social pressures in informal groups; a study of human factors in housing[J]. 1950.

② 徐磊青，杨公侠. 环境心理学 环境知觉和行为 [M]. 上海：同济大学出版社，2002：177.

③ Appleyard, Donald, Lintell, et al. The environmental quality of city streets: the residents'viewpoint[J]. Journal of the American Institute of Planners, 1972, 38（2）：84-101.

④ Caplow, Theodore, Forman, et al. Neighborhood interaction in a homogeneous community[J]. American sociological review, 1950, 15（3）：357-366.

1956 年 Whyte[1] 调查了芝加哥南端快速发展的一部分新区，这里的居民大都年轻且具有管理或专业职位，他发现居住地点彼此接近的人都参与相同的社交活动，譬如住在邻街或对街的人时常在一起打牌。三年以后，Whyte 回到这个地区，再度调查这些居民，他发现尽管许多家庭已经迁走，而且有些活动的性质也有变化，但住在同样住宅或地点的居民仍有社会交往，并与各人的身份无关。Whyte 总结说，即使是个人所涉及的社交人群已有变化，住宅与住宅之间的距离和住宅的方位，仍对维持社会交往具有重大影响[2]。

邻里交往减少和邻里关系价值降低是社会发展的结果。万科通过多年的住宅研究，曾提出两种措施来促进社区交往，首先，必须降低组团规模，减小组团密度，这有助于减轻拥挤感。有资料说居民社交有一定范围，达到亲密程度的不超过 3~5 户，建立相识关系的不超过 25 户，不熟悉但见面相识的不会超过 100 户。我们现在小区规划规定组团规模是 300~700 户，这些居民可能永远也不会完全认识或接近。

因此，在居住区设计中可通过组团将空间划分明确，特别是要强化组团是一个半公共半私密空间。通过控制出入口，拒绝机动车进入内部，并在活动场地上加强空间限定等手段限定空间，让居民们认为组团是属于他与组团内其他居民共享的，这些户外空间是他家室内空间的延伸，他对这些空间有发言权和责任感。尽管邻里间良好的交往并不囿于良好的场所空间，但良好的设计的确可以促进人们的沟通[3]。

4. 社区感与行为

社区满意度的另一重要指标就是社区感，社区感是社区意识的基本体现，是对地区和居民的认同感和依恋感，它有助于增强社会凝聚力，有利于居民的身心健康。McMillan 和 Chavis（1986）[4] 认为，社区感是指其成员有归属感，成员之间、成员与团体之间有依赖感，并存有通过共同努力就能满足成员需要的共同信念。社区感是由一系列积极的社会结果促成的。居民在社区生活中表现出对社区和当地居民的认同、忠诚、关怀、亲密和参与等心理作用。如果居住在某社区里的居民缺乏对该地区的归属感，那么这个社区就仅仅是在地理意义上存在而已，它在社会意义上的存在是不全面的[5]。

社区感是与当地居民感受到的社会环境、实质环境和生活方式的满意程度密切

---

[1] Whyte Jr，William H. The Organization Man[M]（New York：Simon and Schus-ter，1956）. Whyte The Organization Man，1956.

[2] 徐磊青，杨公侠 . 环境心理学 环境知觉和行为 [M]. 上海：同济大学出版社，2002：178.

[3] 徐磊青，杨公侠 . 环境心理学 环境知觉和行为 [M]. 上海：同济大学出版社，2002：179.

[4] Mcmillan，David W，Chavis，et al. Sense of community：A definition and theory[J]. Journal of community psychology，1986，14（1）：6-23.

[5] 徐磊青，杨公侠 . 环境心理学 环境知觉和行为 [M]. 上海：同济大学出版社，2002：180.

相关，更进一步与社区居民相互交往，参与社区活动与公共事务密不可分。居民社区感的强弱与几个主要因素有关：居民在社区中居住的时间、人际关系（具体来说主要是认识和熟悉多少社区居民）、社区满足感、对社区活动的参与等①。其中，社区满意度又产生于对社区日常物质生活和文化生活满意程度②。从个人特征来说，性别、年龄、职业、收入、有无孩子、文化程度、信仰以及居住时间等都会影响社区感。譬如，男性与女性的社区感不同，女性有较强的社区意识，女性本身就比男性更重视社交，因而她们的社区感也较高。

一般来说，居民在此地居住时间越长，认识的人也越多，社会关系越广泛，社区感也就越强烈。一些城市更新地区出现的由大量新迁入人口构成的新社区和邻里。这些居民常常没有条件在短期内通过非正式的社会交往形成社区归属感，而是通过参与正式的社区组织活动建立彼此之间的联系和对社区的认同感。因此，组织社区活动是一个增加居民社区感的重要手段，而社区环境设计时，也应相应地考虑这些公共活动、社区活动承载的场所。

4.2.3　居住满意度的新趋向

1. 居住空间适老化设计

当前我国进入人口老龄化快速发展和新型城镇化不断加快阶段，改善老年人居住、生活和社会文化水平，解决老年人居住、出行、就医、养老以及社会参与等方面存在的不适老、不宜居问题，推进老年宜居环境建设水平成为社会普遍关注的问题。世界卫生组织已经将环境因素纳入健康老龄化政策体系的构建中，强调包括居住环境在内的老年友好环境对于个体功能的发挥具有重要作用。在我国，居家养老的老年人日常生活主要集中在社区内的居住环境中。良好的居住环境是保障老年人居家养老的重要条件。有研究发现，居住环境与老年人的生活状态及生活满意度密切相关，住房及周围环境对提高老年人的生活质量至关重要。居住环境是否满足老年人需要的水平会影响其身心健康及社区参与度，因此，居住环境已经成为老年人养老需求的重要组成部分③。

（1）老年人对居住环境的需求变化

1）生活时间结构变化

老年人退休后，工作和学习的时间大大缩短，而闲暇时间则大幅度延长。并且进入老年后，生理机能逐步衰退，生活时间结构也会随之发生巨大变化，老年人有较多的空闲时间从事兴趣爱好和娱乐活动，如参加歌舞文艺演出、练习书法绘画、

---

① 丘海雄. 社区归属感——香港与广州的个案比较研究 [J]. 中山大学学报（哲学社会科学版），1989（02）：59-63.
② 潘允康，关颖. 社区归属感与社区满意度 [J]. 社会学研究，1996（3）：7-17.
③ 曲嘉瑶. 城市居住环境对老年人生活质量的影响——以北京市为例 [J]. 城市问题，2018（12）：44-54.

参与体育锻炼和棋牌娱乐等。当然，也会有部分老年人因此脱离了社会交往，过着孤独的生活。这说明老年人对于社会文化交流具有特殊的要求，以充实他们的日常生活[①]（陈实，2010）。因此，在对居住环境进行设计时，要为老年人提供合理消费时间的必要空间，以提高他们的生活质量和生活满意度。例如，为满足老年人的文娱需要，可以在居室或社区中增设相关场地；为满足老年人进行体育锻炼的需要，则可以在居住区周边设置健身设施等。这些都是老年人由于生活时间结构发生变化而产生的对居住环境的特殊需求[②]。

2）生活空间结构变化

老年人退休后，不仅闲暇时间增加，其生活空间结构也发生了变化。该变化主要表现为活动空间范围的缩小，住宅、社区成为生活的主要空间。据统计，老年人日常生活在家庭中度过的时间约为20h，外出活动仅占4h左右（Christenson，Taira，2014）[③]。由于家庭成为老年人生活的主要空间，所以住宅的居住情况也就成了影响老年人生活质量的重要因素。因此，只有为老年人提供空间充足和环境良好的住房，才能保证其晚年生活的舒适安乐。同时，随着老年人年龄的增长，活动空间也呈现出范围不断缩小的倾向，活动积极性也呈下降的趋势，进而使得他们的活动空间越来越局限在社区范围内。因此，创造良好的周边社区环境对老年人也显得格外重要。这不仅对于满足他们的生活基本需求具有重要意义，同时也对他们保持活力、充实生活和提高生活质量具有重要意义[④]。

3）生理与心理需求的变化

随着年龄的增长，行动能力降低，普通的人体工程学设计已经无法满足他们的需求。此外，在退出社会舞台的同时，他们的心理需求往往也难以得到满足。基于此，只有深入认识老年人的各方面变化和需求，才能设计出适合老年人生活的居住环境。

在身体功能上，由于受到脊柱、椎间盘萎缩的影响，老年人身高会有所下降，出现弯腰、弓背等现象，运动能力下降，关节活动性和弹性都有所减弱。由于身体机能下降，相对于普通人的安全环境往往会对老年人造成伤害。例如，老年人普遍会对台阶、楼梯、蹲便器等感到不便，而地面材质、门窗、扶手等设计不当，甚至会给老年人带来伤害。在整体空间布局方面，遵循无障碍设计原则，保证室内活动空间流线的通畅性，尽可能减少障碍物，排除不安全因素，为老年人创造优质的居住环境空间[④]。

---

① 陈实. 老年人社区设计初探 [J]. 中外建筑，2010（08）：136–137.

② 苏彦捷. 环境心理学 [M]. 北京：高等教育出版社，2016：317.

③ Christenson，Margaret，Taira，et al. Aging in the designed environment[M]. Routledge，2014.

④ 苏彦捷. 环境心理学 [M]. 北京：高等教育出版社，2016.

在感觉功能上，随着各感觉器官衰退，老年人的视觉、听觉、嗅觉、触觉等都会出现下降。例如，对室内外温度变化不敏感、视敏度降低、反应迟钝，甚至可能患上偏瘫和痴呆等疾病。这些都会导致老年人的反应力和适应力不足或迟缓。因此，老年人的居住环境应具有良好的通风和采光条件，保证室内阳光充足、空气新鲜，避免刺激性的强光和嘈杂声音；同时，还应配备良好的室内观景视线，以减少行动不便或独居老人长期处于室内的烦闷（Christenson，Taira，2014）[1]。

在心理方面，由于退休使老年人社会角色发生转变，老年人无法再像过往一样在工作中实现自我价值，这使老年人对于自我的认同感下降，身体机能衰退带来的行动不便让老年人参加社会交往的机会大大减少，进而产生失落感；退休后生活重心回归家庭，对儿女的依附程度增大，但子女多因工作繁忙而陪伴不周，使得老年人在心理上有孤独感；由于自身机体衰老又害怕成为社会负担，同时身边亲人朋友离去也会给老年人带来强烈的孤独感与不安感，身体与心理的双重压力易导致老年人心情抑郁。与此同时，这些消极心理又会反作用于老年人的机体健康，形成恶性循环。

为了适应生理和心理变化，在设计居住环境时应全面考虑老年人在安全性、社会交往、舒适性和尊重关怀等方面的需要（Christenson，Taira，2014）[1]。在居室环境中，一方面通过合理的室内空间布局划分、人性化的家具设计与摆放、良好的局部采光与通风，充分的辅助设施安装和合适的地面材质选择，来照顾老年人逐渐降低的自身安全保护能力，提高居住空间品质和舒适度。另一方面，根据老年人的需要对居住环境进行调整，以消除他们在生活中遇到困难的挫败感，满足其自尊的需要。例如，设置高度可升降的洗手台，在居室踢脚线处安装夜间指示灯等。同时，打造可以与朋友一起休闲娱乐的室内和社区空间，帮助他们消除因退出职业生活所产生的失落感。

根据老年人的这些特点及其对居住环境产生的特殊要求，社区规划、住宅建设在总体上应该创造能使老年人"老有所居、老有所养、老有所医、老有所为、老有所乐"的居住环境，并从决策、规划设计和建设上都采取相应的措施。在住宅环境方面，要求安全舒适，既能够方便老年人的独立活动，又能在需要时得到子女的及时照顾。在社区环境方面，则要求各种设施齐全完备，既有利于老年人保持活力，又能在需要时及时获得各种必要的社会服务[2]。

（2）适老化居住满意度的影响因素

1）个体特征

居住满意度在很大程度上受个体特征影响，以下因素对居住满意度都有较强的

---

[1]　Christenson，Margaret，Taira，et al. Aging in the designed environment[M]. Routledge，2014.

[2]　苏彦捷. 环境心理学 [M]. 北京：高等教育出版社，2016：319.

影响：年龄、性别、受教育程度、婚姻状况、生活自理能力、经济收入、居住安排、个体及家庭的压力性事件等。研究发现，年龄与居住满意度之间存在着正相关[①]；文化程度较高的老年人对社区环境的满意度显著高于文化程度较低者[②]；老年低收入家庭对居住环境的依赖性更高，对环境的要求也更高[③]；有配偶老人的社区服务环境满意度得分显著高于丧偶老人；比起租房者，住自己房子的居民居住满意度往往更高[④]。此外，个体在居住环境中居住的时间越长，生活满意度就越高[⑤]。这是因为生活的时间越长，居民对所在社区的依附感就越强，对邻居及社区的感情就越强烈。老年人在居住环境中居住的时间以及每天在居住环境中所处的时间越长，居住满意度也越高。

2）环境特征

居住环境特征对居住满意度也具有影响。这些因素包括：住房性质（公房或私房）、建筑年代、住房面积、住房结构、住房的通风、电梯、楼道照明、人行道及住房附近绿地及活动场地等因素等[⑥]。国外学者研究考察了具体住房特征对老年人生活质量的影响。例如，老年人居住环境中最大的不利因素，首先是住房面积狭小，其次是住房设施的不完备或者老化，最后是地面有高低差、没有室内厕所、日照不良等因素[⑦]。除此之外，楼宇环境、住房周边的文化娱乐设施等也会影响老年人的生活质量[⑧]。如果社区服务设施太遥远，会降低老年人的满意度[⑨]；社区的新旧程度可能会影响老年人的居住满意度，研究发现新社区中的老年人对社区环境的满意度高于老社区[⑩]。

3）主观感知

居住环境既包括客观环境，又包括人们对环境的主观感受。前者主要用"有、没有"或者数量等客观指标测度，而后者关注环境是否满足老年人的需求，常用"满意、

① Adams R E. Is happiness a home in the suburbs? The influence of urban versus suburban neighborhoods on psychological health[J]. Journal of Community Psychology，1992（20）.

② 庞海蓉. 老人的社区环境满意度与社区归属感的关系研究 [D]. 成都：四川师范大学，2009.

③ 魏薇，王炜，胡适人. 城市封闭住区环境和居民满意度特征——以杭州城西片区为例 [J]. 城市规划，2011（5）.

④ Rohe，William M，Stewart，et al. Homeownership and neighborhood stability[J]. Housing policy debate，1996，7（1）：37–81.

⑤ Bonaiuto，Marino，et al. Multidimensional perception of residential environment quality and neighbourhood attachment in the urban environment[J]. Journal of environmental psychology，1999，19（4）：331–352.

⑥ 曲嘉瑶，伍小兰. 城市老年人居住满意度影响因素研究——以无锡和烟台两市为例 [J]. 中共福建省委党校学报，2018（04）：81–91.

⑦ 早川和男. 居住福利论 [M]. 李桓，译. 北京：中国建筑工业出版社，2005：45.

⑧ Kahana E，Lovegreen L，Kahana B，et al. Person，Environment，and Person–Environment Fit as Influences on Residential Satisfaction of Elders[J]. Environment and Behavior，2003（3）：434–453.

⑨ Phillips，David Rosser，Anthony，et al. The environment and elderly people：an emerging social and planning issue in Hong Kong[C]. In：Environment and ageing：Environmental policy，planning and design for elderly people in Hong Kong. Centre of Urban Planning and Environmental Management，University of Hong Kong，1999：7–12.

⑩ 庞海蓉. 老人的社区环境满意度与社区归属感的关系研究 [D]. 成都：四川师范大学，2009.

不满意"或"好、不好"的方式来衡量。换言之,老年人居住环境研究有两种角度,一种是采取客观的、外在可证实的指标[①②];另一种是采用主观的方法,了解居民对环境的感知和评价[③④]。实证研究发现,老年人对居住环境的主观评价会显著影响居住满意度,影响作用从大到小依次是:老年人对住房环境的评价、对社区环境的评价、对邻居的评价以及对楼宇环境的评价[⑤]。老年人社区环境满意度与社区归属感关系研究显示,社区环境满意度与社区归属感总分是显著正相关关系,这表明老年人对社区环境的整体情况越为满意,其社区归属感就越强[⑥];反之亦然。李洪涛(2005)[⑦]的研究也显示社区环境满意度是影响社区归属的重要因素,而在社区满意度不同领域中,社区环境对社区归属感有较为明显的影响。因此,要提高老年人的社区归属感就要改善老年人的社区整体环境。

(3)居住环境适老化设计要点

随着老年人社会活动空间逐渐缩小,基本是以家庭和社区为主要活动场所,他们对居住空间的要求和依赖程度相对增加。住房状况成为老年人能否安心养老的物质基础。因此,居家养老中,住房无疑是支持老年人持续居住的重要环境,是老年人生存和发展最基本、最必要条件。研究发现,住房问题绝非单纯的住房类型或面积问题,它涉及对人们生活多方面基本需求的满足,如生理方面需求、心理方面需求和安全方面需求等(陈昌惠,1992)[⑧]。

1)室内环境设计要点

①物理环境。室内的物理环境主要包括声环境、光环境、热环境,建筑设计主要通过防噪、采光、人工照明、通风、设备制冷、取暖等来营造良好的物理环境。

室内声音环境主要由空间外界面(墙面、门窗、顶棚和地板等)渗入的外部噪声,以及空间内部物体发出的各种声音所共同构成,包括人与人之间的交谈声、脚步声、电话铃声等。一般而言,室内空间都会采用吸声和隔声材料来处理声音平衡

① Lawton M P.Environment and Other Determinants of Well Being in Older People[J]. The Gerontologist,1983(23):349-357.

② Windley P G,Scheidt R J. Housing Satisfaction among Rural Small-town Elderly:A Predictive Model[J].Journal of Housing for the Elderly,1983(1):57-68.

③ Carp F M,Carp A.A Complimentary/Congruence Model of Well-being or Mental Health for the Community Elderly.In I.Altman M.P.Lawton,& J.Wohlwill[M]. Human Behaviour and the Environment:The Elderly and the Physical Environment.New York:Plenum,1984.

④ Jirovec R,Jirovec M,Bosse R.Residential Satisfaction as A Function of Micro and Macro Environmental Conditions among Urban Elderly Men[J]. Research on Aging,1985(7):607-616.

⑤ Rojo-Perez F,Fernandez-Mayoralas G,Pozo Rivera F E,et al. Ageing in place:Predictors of the residential satisfaction of elderly[J]. Social Indicators Research,2001(2).

⑥ 曲嘉瑶,伍小兰.城市老年人居住满意度影响因素研究——以无锡和烟台两市为例[J].中共福建省委党校学报,2018(04):81-91.

⑦ 李洪涛.城市居民的社区满意程度及其对社区归属感的影响[D].武汉:华中科技大学,2008.

⑧ 李淑然,陈昌惠,黄悦勤,等.住房类型、环境与居民健康协作研究之三——住房类型、环境与老年人的健康[J].中国心理卫生杂志,1992(01):20-22+46-47.

问题，而对于老年人而言，受到身体机能和感觉器官衰退的影响，更需要在居室环境中对声音环境予以重视。一方面，老年人的睡眠较浅且时间较短，其睡眠质量更容易受到声音环境的影响。因此，在卧室环境设计中，应进行特殊的隔声处理，如加装双层玻璃，墙壁采用吸声材料等。另一方面，听觉器官退化，老年人在与人交谈、观看电视或收听广播时，外界噪声则很可能产生干扰。也就是说，在老年人经常活动的起居室中，也应该采取必要的隔声措施[①]。

光环境主要包括天然光环境和人工光环境两部分，室内光环境的好坏，会直接影响到老年人在居室环境中的视物情况。太差的光照条件，不仅会对个体的眼睛造成损伤，甚至可能导致老年人因视物不清而发生跌倒事故（赵子珺，2014）[②]。相反，充足的自然光照不仅能够保证视线清晰度，同时还能防止骨质疏松，增强老年人的身体抵抗力。因此，在针对老年人的居住环境进行设计时，应采取自然光和人工照明结合的方式。一方面保证日照时间和采光面积，如在向阳面的居室建造大面积的落地窗等。另一方面，结合人工照明设计，避免室内明暗反差过大以及光照形成的阴影干扰老年人的视物能力。

室内热环境是指室内空气湿度、空气温度、空气流动速度以及围护结构内部与表面之间的辐射热等因素综合组成的一种室内环境。因为老年人日常生活的大部分时间都在室内环境中度过，因此室内热环境问题对于他们十分重要。事实上，老年人的健康和活动效率很大程度上取决于房间冷热的舒适程度。由于老年人新陈代谢功能衰退，身体免疫力和体温调节能力下降，因此他们对于室内外热环境的要求也会比较高。在居住环境中，保持良好的通风条件以保持室内空气流畅非常重要，注意安装地暖、暖气和空调，以保证冬夏的保暖和降温，也可采用木材与毛皮织物等温暖材质保持室内温度均衡[③]。

②空间布局。空间布局并非只是简单的划分，需要考虑建筑特性与使用人群的特点、爱好、行为规律、心理活动等各因素的相互作用。对于老年人这一特殊人群而言，住宅环境的空间布局设计需要考虑到他们日常生活的作息规律、空间使用频率等因素的影响，进而更加有针对性地满足老年人的居住需要（Christenson，Taira，2014）[④]。

个体在空间中的一系列活动过程都具有一定的规律性，而静止仅仅是相对的。因此，在对老年人居住空间进行设计时，要根据他们的生理及心理特征，合理地划分空间布局。一般来说，老年人的行动能力较弱且速度较为缓慢，过大的居室面积

① 苏彦捷.环境心理学 [M].北京：高等教育出版社，2016：320.

② 赵子珺.老年人在宅养老的室内空间与装饰研究 [D].杭州：浙江理工大学，2014.

③ 苏彦捷.环境心理学 [M].北京：高等教育出版社，2016：321.

④ Christenson，Margaret，Taira，et al. Aging in the designed environment[M]. Routledge，2014.

所导致的长距离行走可能会让他们产生疲惫感。同时，由于他们的视力和记忆力均有所下降，因此房屋隔断应尽量通透，以减少视觉阻碍①。

此外，有调查表明，老年人住宅一般常用的空间为客厅、卧室、厨房和卫生间。因此，设计时可参考老年人在上述空间中的运动轨迹，以增强居住的顺畅性和便利性（孙洪艳，2013）②。例如，考虑到老年人有限的行动能力，可将厨房和客厅间形成一个开放式空间，从而减少路程重复，便于老年人使用。或者采用走廊式布局，将各功能空间排列在走廊两侧，同样能够达到减少行走距离的目的③。

总之，在划分老年人的室内居住空间布局时，应充分考虑他们的生活习惯和行动轨迹。除了对包括起居室、卧室、厨房和卫生间在内的日常空间进行合理布局外，还应针对不同老年人的具体需要对空间布局进行处理，如书房、阳台和娱乐空间等④。

③室内设计。随着年龄的增长，眼睛的晶状体会逐渐变硬、变厚、变黄，看到的色彩就会显得灰暗，因此很难捕捉到一些微妙的阴影变化。此外，细胞在视网膜上负责正常色觉的神经敏感度也会下降，从而导致不同颜色之间的对比度变得较不明显，从而影响老年人的深度知觉和对实际距离的判断。例如，绣有黑色边框的地毯或脚垫，可能会被老年人误认为凹陷，产生视觉障碍。同时，考虑到暖色能够给老年人以朝气蓬勃的热情，冷色有助于他们舒缓情绪、抑制病痛（Hidayetoglu，et al，2012）⑤。基于此，老年人居室的空间色彩应趋于柔和。首先，采用暖色调烘托出室内空间的温馨舒适；其次，由于老年人更容易区分对比明显的色彩区域，因此应选用对比度较为明显的家具陈设；最后，考虑到该年龄段对于色彩的喜好情况，应尽量选择色彩情感偏重古朴、温馨和高雅的室内配色方案④。

空间装饰需要搭配各种材料，在为老年人住宅空间选择材料时，除了要考虑材料自身的色彩和材质外，还要照顾到老年人的舒适性和亲切感（Christenson，Taira，2014；赵子珺，2014）⑥⑦。由于老年人的身体抵抗力下降，容易受到病菌感染。因此，老年人住宅空间材料的选择应倾向于绿色环保材料，避免化学成分和污染材料的介入。其次，老年人的平衡能力较差，容易发生摔倒、碰撞等危险事故。因此，应尽量避免使用过于光滑或坚硬的地面材质，如大理石或瓷砖地面。建议

① 苏彦捷. 环境心理学 [M]. 北京：高等教育出版社，2016：321.

② 孙洪艳. 养老住宅室内空间的通用设计研究 [D]. 天津：河北工业大学，2014.

③ 苏彦捷. 环境心理学 [M]. 北京：高等教育出版社，2016：321–322.

④ 苏彦捷. 环境心理学 [M]. 北京：高等教育出版社，2016：322.

⑤ Hidayetoglu M. Lutfi, Yildirim, et al. The effects of color and light on indoor wayfinding and the evaluation of the perceived environment[J]. Journal of environmental psychology, 2012, 32（1）：50–58.

⑥ Christenson, Margaret, Taira, et al. Aging in the designed environment[M]. Routledge, 2014.

⑦ 赵子珺. 老年人在宅养老的室内空间与装饰研究 [D]. 杭州：浙江理工大学，2014.

在室内铺设地毯，既柔软又防滑，但也不可避免地会增加清扫的难度。也可以考虑其他一些增加摩擦力和防滑处理措施，例如选择水泥地面时，可以适度增加表面的粗糙程度；选用瓷砖或陶瓷锦砖时，应该加宽空隙；选用木地板时，不能过于光滑。

根据老年人特有的行为方式和特殊需求，居住空间设计应增设便于老人行动的辅助设施，并且做好周到的细节性室内处理。老年人居住空间的门必须容易开关，并且要便于使用轮椅或其他助行器械的老人通过。因此，大门和房门处最好不要有门坎，或者采用斜坡来处理。门的把手应选用旋转臂较长的拉手[1]。窗户的设计不宜太高，便于老人从室内向外观看，为行动不便的老人提供观看户外景色与人们的活动提供便利。

2）室外环境设计要点

扬·盖尔在《交往与空间》中把公共空间的户外行为分3种类型：必要性、自发性和社会性活动。老年人在住区内的活动多为自发性活动，这些活动与户外空间环境质量密切相关。当公共空间环境变好、空间适宜和功能完善时，大量自发性交往活动随之发生。因此，为老年人提供一个安全舒适的社区环境，有利于促进老年群体的身心健康发展。

①社会交往场所设计。退休后，老年人的社会参与减少，由此不可避免地带来孤独感，他们往往会倾向于参与社区活动来避免脱离社会。例如在公共空间闲谈、坐着观看别人活动，实际上都是老年人积极参与社交活动的一种形式，同样可以使他们产生参与感。因此，这些社交场所的设计应考虑到方便、舒适两个方面。例如，这种场所的位置一般安排在建筑物出入口、步行道交汇点，以及日常使用频繁的街区服务设施附近等[2]。

②健身锻炼场所设计。老年人体力下降无法从事剧烈运动，因此在设计社区健身锻炼场所时，不能仅仅设置篮球场、羽毛球场等运动量大的体育锻炼场所，还应考虑年长者的锻炼需求。一般来说，步行、晒太阳和观赏花草都是老年人普遍偏好的户外活动，所以户外健身场所的设计要能够满足这些活动的需求。例如，在小区花园中铺设健康步道，在路旁绿植下增设健身器材等，或将儿童游戏场地和老年人健身用地可设置于同一空间，方便老年人在看护儿童时聊天、健身。老年人的散步空间也可与青年人的慢跑空间在同一空间设置，不同年龄段人群活动空间的融合，有助于减少老年人的心理失落感，增加老年人的活力，有助其身心健康。

---

① 苏彦捷.环境心理学[M].北京：高等教育出版社，2016：322.
② 苏彦捷.环境心理学[M].北京：高等教育出版社，2016：323.

③室外休憩设施设计。由于老年人的体力下降，在户外活动中，老年人常常需要坐下来休息，因此休闲座椅的设计就显得十分重要。在设计室外座椅时主要应该考虑到老年人坐下和起立时的方便性和安全性，特别是座椅扶手和靠背应该按照老年人身体特点进行设计，老年人身体平衡能力下降，桌椅设置须避免侧翻。此外，室外固定座椅的位置布置还应同时考虑到老年人聚集和闲谈、交往的需要，例如采用开放式半圆环设计等。

④道路设计。在道路设计方面，不仅要实现人车分行，还要将非机动车行车道路与人行道路分开。非机动车与人混行也给老年人的户外交往带来安全隐患。步行系统与机动车、非机动车完全分离，与广场和住宅单元的步行入口结合，并结合微地形设置缓坡，少用台阶，形成连续安全的户外空间，便于老人安全地进行户外交往活动。在老人交往频繁的活动场地，设施材料的选择应注重质地温和、柔软、防滑，如采用木材、塑胶等。这类材质不受气候温差影响，雨雪天防滑、质地较软，安全性高，适于老年人使用。而质地光滑的石质、金属材料，这些材质虽耐用性强，但冬凉夏烫，雨雪天湿滑，容易对老年人造成伤害。

⑤室外照明设计。老年人受视觉能力下降的影响，对室内室外的采光条件都提出了较高的标准。为提高老人的视觉辨别能力，一些重点区域如建筑物的出入口、停车场以及有台阶、斜坡等地势变化的危险地段都需提供良好的照明条件。设计使用高度不等的照明灯光可以形成不同的阴影，有利于减少刺目的强光，同时提高辨别力。

2. 居住空间共享性设计

在共享经济的发展背景下，"共享居住"作为一种新兴理念已经在一些国家有过尝试。例如，日本的"多代际共享居住"模式：老年人将家中的房间租借给年轻人，两者共享空间共同生活，年轻人通过为老人提供一定的生活服务来换取房租的减免，双方通过共享居住模式实现了共赢。在我国，共享概念在地产开发中也有所应用。以某地产开发的长租公寓项目为例，该长租公寓集办公、居住于一体，每层配备共享的公共厨房、客厅作为公共空间，私密空间包括卧室、书房和卫生间。然而这一类长租公寓仍然存在一系列问题，如考虑到量产的要求，住宅模式的类型较为单一，未考虑到多种人群的需求；大多数租赁住宅的目标群体都是青年人，同时又有多种条件限制，如不能有小孩、不能养宠物等，不具备普适性。从国内外共享居住模式的发展情况来看，共享居住仍然停留在尝试阶段，该模式的推广和普及都需要更加进一步的理论研究和实践探索。

（1）共享需求与行为

居住空间共享的需求与行为在现有社会价值观和社会现实下，归根到底还是要回归居住的本体。

1）居住空间共享需求

①各种社会群体的共享需求。《中国当代家庭户变动的趋势分析——基于人口普查数据的考察》指出，比照历年普查数据，中国"一人户"家庭数量明显上升：全国的独居人口已从1990年的6%上升到2010年的14%，65岁以上的老年人中13%选择或被迫选择独居。独居的原因多种多样，老年人因为子女不在身边而独居，青年人因为单身、独自离家打拼而独居。拥有一定的公共空间是部分独居人士的精神需求和实际需要。例如，独居的老人生活极度不便，在养老院没有足够普及的现实下，居家养老是大部分家庭的必然选择。共享居住空间能够降低居家养老的医疗护理成本，节约宝贵的养老资源，同时又能为老年人提供交流场所。独居青年人同样面临孤独、缺少交流空间的问题。

②经济压力带来的共享需求。城市用地紧张的社会现实导致住房资源紧缺，房价上涨为大多数年轻人造成极大的生活负担。购买一套区位良好、功能齐全、配套设施完善的住房成为巨大的经济负担。多数人尤其是年轻人、创业者很难实现。部分人牺牲区位资源选择在距离市中心较远处购买房产，将一部分居住空间共享，虽然牺牲掉一部分功能完整性，但能够降低住房成本，或将经济成本投放到良好的区位资源、配套设施上，对于购房者来说未尝不是一种选择。

③家庭结构转变带来的共享需求。国家卫生计生委发布的《中国家庭发展报告》显示，在20世纪50年代之前，家庭户平均人数基本上保持在5.3人的水平上。随着经济社会发展和人口变化，家庭户平均规模开始缩小。20世纪80年代以来，家庭户平均规模缩小的趋势更加显著，根据国家统计局数据，2012年居民家庭户的平均规模为3.02人。小型的家庭结构成为主要的家庭模式。家庭结构的转变意味着住宅的功能压缩，住宅所需面积在逐步减小。

④住宅功能转变带来的共享需求。信息化社会也称后工业化社会，其重要标志是服务业成为三大产业中占比例最高的产业。这意味着城市能提供更加定制化、便捷化的服务，人类活动更加自由，更多公共活动能够更多回归到城市的公共空间。而住房承担的功能，由综合性向单一性转移。表现在具体居住空间形式上，住宅户型在逐步发生改变：卧室面积所占比例提高，客厅、餐厅的面积比例下降，传统家庭空间内完成的社交娱乐活动逐步转移到家庭空间之外，原来由家庭空间承担的部分功能转为由公共空间来承担。客厅电视过去是凝聚家庭的核心，而如今手机、平板电脑等能够提供更加个性化的娱乐[①]。

---

① 常铭玮，袁大昌. 共享经济视角下居住空间与居住模式探索 [C]. 中国城市规划学会、东莞市人民政府. 持续发展理性规划——2017中国城市规划年会论文集（20住房建设规划）. 中国城市规划学会、东莞市人民政府，2017：387–395.

2）共享生活方式

人类可以借助互联网平台来实现时间上的共享、空间上的共享、价值上的共享等，从而形成一种新型的居住方式。在信息化社会中，信息的共享对生活来说是不可或缺的一部分。凭借强大的互联网信息平台实现信息的准确、高效率的传递，对不同的生活需求进行划分，进而整理出不同群体对共享空间的功能需求，再通过选择结果的信息整合，那么就可使得具有相同功能需求，或者生活习惯爱好的人群居住在一起。这样的群体因为拥有许多的共同点，在相处之中会更加和谐，并且空间需求也更加相像。与之相反的是"共异体"，他们对居住功能的空间需求各不相同，居住在一起很难满足到每一个居住个体的需要。所以结合互联网大数据背景来筛选"共同体"，能够尽量满足所有人的需求，从而降低居住空间的功能复杂性。

共享生活模式就是试图将这些同频人群组成不同层级的组团单元。在人的生命周期中，家庭的规模和结构一直在变化，因此不同层级的组团单元能够适应不同家庭结构。在山本理显的"地域社会圈"模型中，居住单元是由个人的居住空间与他人组合而成的，其中居住单元面积的 30%~40% 为个人的私有空间，其余空间则完全共享[①]。这样的居住单元可以进一步连接在一起，形成一个稍大的二层居住单元依次进行叠加，这样就形成了具有多层次地域关系的新住区模式。

共享经济的弊端就是使用者并不需要对使用产品本身的价值负有任何责任，因而会出现 ofo 公司最终倒闭破产的结局。因此，在共享居住模式中提出了共同合作和自我运营的理念，该理念最早源于"花园城市"。列支沃兹是世界上的第一个花园城市，它所有的住宅都是由住户参与兴建的或由地方的承建商建设和销售的[②]。后来人们将这种住宅体制称为合作住宅。合作住宅不同于现今的社会住宅。共享的生活模式建立在这种共同合作和自我运营的基础上，一方面可以增强居住者对居住建筑本身负有的责任感，另一方面借助着共同的合作可以使薄弱的人际关系得以巩固和加强，使断裂的"地缘"关系得到修复和发展[③]。

（2）居住空间共享

1）构件模数化与灵活化

为了符合不同使用对象在不同时间以及不同场合的居住空间需求，对于建筑的构件可以采用模数化的设计并且利用组装、拆卸、移动达到建筑空间的灵活性。随着预制化装配技术的成熟，建筑所需的构件均可在工厂提前生产，现场只需装配即可，也大大缩短了建筑的建设工期，可以使建筑空间有最多可能性的同时又降低最大程

① 司马蕾. 同一屋檐下的"共异体"——老人与青年共享居住的可能性与实践 [J]. 城市建筑，2016（04）：28-31.
② 贾倍思. 寻找私有和共享的结合点——经济型住宅中的公民社会营造 [J]. 新建筑，2009（03）：4-15.
③ 苏红. 基于共享经济的住宅设计探究 [J]. 设计，2019，32（11）：158-160.

度的耗费。空间的改变与成长的核心理念在于分解体的概念，约翰·哈布瑞肯教授提出可将建筑空间看成两个部分的组合状态，即支撑体和填充体。支撑体包含所有建筑中固定不变的构件。例如：柱、梁等建筑承重体系，楼梯，公共设备管道。而填充体就是隔墙，住户内部的设备管道等可以根据需求移动，更换构件。对于管道的设计可将公共管道与住户内的管道分开设计，既可以避免打穿楼板后可能造成渗水现象，也可以让住户自由安排卫生间、厨房等需要排水设备的空间，做到真正的"开放平面"[①]。

2）空间私密性层级化

共享思维下，大部分空间性质是可以属于公共或者是半公共的，但有些居住行为活动又是极为私密而不便与他人共享的，因而，共享住宅需要考虑私密性与公共性的良好平衡。人们在住宅中的一系列活动都拥有不同的私密性程度，从无法共享的私人卧室到开放的公共广场，每一层次的空间之间都需要明确且自然的过渡。空间上的过渡也是人与人之间的关系和认知的过渡，从小尺度向大尺度空间递进，从私密性逐渐向公共性展开。

吉林新青年公社对共享空间进行了细致的设计研究。将原始的筒子楼分为几个组团单元，然后通过进一步划分共享空间和私密性空间，使社区中的空间出现了多层级的形态。其平面借鉴了四合院的形式来实现私密性的层级关系，中间通高的大厅空间作为共享空间出现，中庭两边就是住户单元内的第二层共享空间，第三层级则是住户拥有的最为私密空间。设计通过垂直叠加同时达到了垂直和水平方向的私密性过渡（图 4-11）。

3）空间自主化与个性化

当自主化应用到建筑空间中就代表着居住者对建筑空间有了更多的自我决策能力，或者说建筑空间能够引导居住者对其进行自我设计，达到"自下而上"与"自上而下"相结合的设计策略。每个居住者都可选择一个或几个空间模块来重新定义其功能与空间形态，从而最大化地满足个体的空间需求。赫兹伯格曾提出"多价空间"的概念，他表示建筑的空间需要像化学的化合价一样具有多样性。但与"通用空间""开放平面"等不同的是，多价空间在强调空间适应性的同时，更重要的是能够激发个人表达和解释的潜力。因此多价空间带有某种隐含的特征，这种特征是由其中使用的人自我挖掘出的。不同的人对同一个空间所挖掘出的特征并不相同。共享空间的设计就需要像多价空间一样可以构成一种贡献，它可以时常地诱发适应特定环境的特别反应。

---

① 朱颖 . 容纳更新与传统的住宅空间——对可变性住宅建筑体系的研究 [D]. 上海：华东师范大学 . 2013.

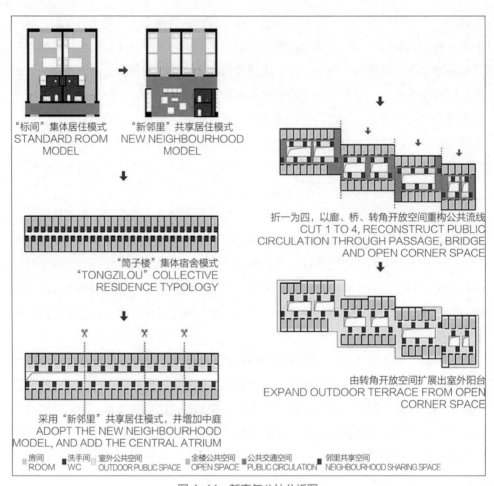

图4-11 新青年公社分析图

（来源：苏红，2019）

4）空间城市化与社会化

城市化的空间环境有助于唤起人们对于社交活动的联想，可以尝试将公共场所中的设计手法运用到共享住宅的公共部分，通过建筑空间来增加人与人之间的沟通和交流。

①通过干预视线来增加人们视线上的交流与对撞。将主要视线、逗留场所和环形交叉点用插入空间、楼梯平台、联系桥梁、明暗区域、透明物体、眺望远景、穿越景物和用于遮蔽和保护的屏风相连接。例如在公共走廊部分，可以设计成互相交错的而不是简单的平行关系，这样就能形成一种看与被看的关系。

②通过趣味性的空间来延长人们在公共空间内的逗留时间。尝试在整体空间中设计一个个趣味的"亚空间"的节点，并且在空间中营造一种轻松、舒适、随意的氛围，人们就会乐意在空间中休息，交谈，稍作逗留。

③通过将室内空间设计成室外感受，以激发人的交流欲望。通过设计中庭的采

光空间让更多自然光射入；尝试在内部空间使用部分外部材料，例如碎石、砌砖等；也适当改变空间层高营造一种室外的空阔感。将住宅城市化，内部空间外部化，通过建筑的空间感受来改变使用者的心理感受，从而激发人们的社交欲望①。

社区建筑的内部空间联系了家庭内部成员之间的关系，而共享化的空间则是在人与人、家庭与家庭中产生了极大的影响。长久以来，我国的居住社区在不知不觉中抛弃了中国传统院落居住模式的共享与交流，虽然目前新建成的居住区大多按照《城市居住区规划设计标准》的要求规划设计了大于 30% 的绿地率，营建了小游园等场所，但是共享与交流仍存在较大的提升空间②。

4.3 城市外部公共空间行为

公共空间这一术语最早出现于 20 世纪 50 年代的社会学和政治哲学著作。到 20 世纪 60 年代初，建成环境中"公共空间"的概念逐渐进入城市规划及设计学科领域，出现于芒福德（L. Mumford）和雅各布斯（J. Jacobs）及其后的一些建筑、规划学术著作中；20 世纪 70 年代"公共空间"成为学术界广泛研究的议题。在城市研究范畴内，公共空间是社会生活交往的重要场所。公共空间所产生的公共交往行为是维系不同层次社会关系的重要纽带。

4.3.1 城市外部公共空间活动的类型

城市外部公共空间的活动可以划分为三种类型：必要性活动、自发性活动和社会性活动。其中每一种活动类型对于物质环境的要求均有不同③。

1. 必要性活动

必要性活动是在各种条件下都会发生的。它包括如上学、上班、等人、候车等。换句话说，就是那些人们在不同程度上都要参与的所有活动。一般来说，日常工作和生活事务属于这一类型。因为这些活动是必要的，它们的发生很少受到物质构成的影响，一年四季在各种条件下都可能进行，相对来说与外部环境关系不大，参与者没有选择的余地。

2. 自发性活动

自发性活动只有在适宜的户外条件下才会发生。它只有在人们有参与的意愿，并且在时间地点可能的情况下才会产生。这一类型的活动包括了散步、呼吸新鲜空气、驻足观望有趣的事情以及坐下来晒太阳等。这些活动只有在外部条件适宜、天气和

① 苏红. 基于共享经济的住宅设计探究 [J]. 设计，2019，32（11）：158–160.

② 赵淑玲，贺智娴. 城市居住社区共享化建筑空间设计 [J]. 商丘师范学院学报，2013，29（08）：134–137.

③ Gehl，Jan. Life between buildings：using public space[M]. Island press，2011.

场所具有吸引力时才会发生。对于物质规划而言，这种关系是非常重要的，因为大部分宜于户外的娱乐消遣活动恰恰属于这一范畴，这些活动特别有赖于外部的物质条件。

3. 社会性活动

社会性活动指的是在外部公共空间中有赖于他人参与的各种活动，包括主动式接触，即互相打招呼、交谈、共同参与活动等；被动式接触，即仅以视听来感受他人的存在。社会性活动也称为"连锁性"活动，因为在绝大多数情况下，它们都是由必要和自发性活动发展而来，这就意味着只要改善外部公共空间中必要性活动和自发性活动的条件，就会间接促成社会性活动的发生。

4.3.2 城市外部公共空间的行为习性

行为习性是经过社会和文化认同的长期重复出现的行为模式或行为倾向。它是人类生物、社会和文化属性（单独或综合）与特定的物质和社会环境持续和稳定交互作用的结果。人类较普遍存在的行为习性如下：

1. 动作性行为习性

有些行为习性的动作倾向明显，几乎是动作者不假思索作出的反应，因此可以在现场对这类现象简单地进行观察和统计。但正因为简单，有时反而无法就其原因作出合理的解释，也难以推测其心理过程，只能归因于先天直觉、生态知觉或者后天习得。

（1）抄近路

人们非常清楚地认知到两点之间直线最短，在目的地明确时，只要不存在障碍，人总是倾向于选择最短路径行进，即大致成直线向目标前进（图 4-12）。只有在伴有休闲等其他目的（如散步、闲逛、观景）时才会"舍近求远"。抄近路习性可说是一种反文化行为现象。对于这种穿行行为，有两种设计优化方法或可解决：一是设置障碍以减少或阻碍这类穿行行为，如设置围栏、矮墙、绿篱、假山和标志等；二是在环境设计时满足人们抄近路的行为习性，并借以创造更为丰富和复杂的建成环境 [①]。例如，著名建筑大师格罗皮乌斯（W.Gropius）设计迪士尼乐园时，主体建筑竣工已久但园路设计却迟迟不能令自己信服，于是着急的格罗皮乌斯前往法国巴黎散心，在郊外发现主人无力打理而游客自然踏出路径的葡萄园，格罗皮乌斯深受启发地设计了一个独特的方案：在乐园空地上撒上草种，整个乐园被绿草覆盖时再开放乐园试运营。开园一个月以后，草地被游客们踩出了许多条深浅不一，宽窄不一的道路，随后让施工人员按照这些痕迹铺设园内各

---

① 胡正凡，林玉莲. 环境心理学 [M]. 北京：中国建筑工业出版社，2000：176.

景点之间的园路。园路铺好后，层级分明且自然天成，深受游客喜爱。由此，在1971年伦敦国际园林建筑艺术研讨会上，格罗皮乌斯的园路设计被评为世界最佳设计。

（2）靠右（左）侧通行

为提高道路的使用效率，人们将道路划分设计为两个方向通行，同时为减少人流与车流的交叉，交通管制要求行人与车流同向通行。对此，不同国家有不同的交管规定。在中国等大多数国家与地区，要求车辆、行人靠右侧通行。大部分人都惯用右手，倾向走右侧，开车靠右行驶自然也合情合理。而在欧洲以英国为代表的国家与地区则是要求靠左侧通行。这是由于在汽车出现以前的古罗马时期，骑士会骑马面对面战斗，为了方便右手持武器交锋，左侧通行反而更安全。欧洲许多国家将这项惯例沿袭下来，成为后来驾驶汽车的规则。日本左侧通行的最初说法也是为了便于武士之间拔刀相向，另一个说法则是近代日本受到了西方国家的影响。当然，在中国大多数人仍以右行为先，这一习性主要是后天习得，环境设计者了解这一习性后可尽量减少车流和人流的交叉，对于外部公共空间的安全疏散设计具有重要参考意义（图4-13）。

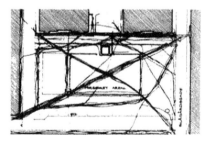

图4-12　抄近路图片　　　　　　图4-13　右侧通行图片
　（来源：杨·盖尔，《交往与空间》）　　　　　（来源：作者自摄）

（3）转弯倾向

公园、游园场所和博览会中的流线轨迹显示大多数人的转弯方向具有一定的倾向性。日本学者户川喜久二（1963）[①]考察过电影院、美术馆中观众的流线轨迹，渡

---

① 戸川喜久二. 旅館施設における避難施設について [C]（32 回，4 部，p.29）（関東支部研究発表会報告集）（支部研究発表論文概梗）[J]. 建築雑誌, 研究年報, 1963, 63：382.

边仁史（1971）[①]研究过游园中游客的转弯方向，均证实观众或游人具有沿"逆时针方向"转弯的倾向。其中，后一项研究中，逆时针转向的游人高达74%（69例中有51例）。另外也有其他实例，如体育比赛、速度滑冰都是逆时针转圈。这一课题表面看似简单，但深入探讨后会发现两个实质性的问题：一是符号、标志、前导物（也可能是走在前面的人）和空间限定等物质手段对转弯倾向的影响；二是将物质手段排除在外后，是否存在纯粹的"转弯倾向"（逆时针或顺时针）偏爱。也就是说，需要在理论上区别两种转弯倾向：一是处在特定情境之中受到社会–物质因素影响所产生的转弯倾向；二是适用于各种情境的先天具有的转弯倾向[②]（图4-14）。

（4）依靠性

人并不是均匀散布在外部公共空间之中，而且也不一定停留在设计者个人认为最适合停留的地方。观察表明，人总是偏爱逗留在柱子、树木、旗杆、墙壁、门廊和建筑小品的边缘和附近。用环境心理学的术语来说，这些依靠物具有对人的吸引半径。在日本纸野火车站进行的观察也得出了类似的结果。旅客想要使自己置身于视野良好、不为人注视或不受人流干扰的地方，在没有座椅的情况下，柱子就可能成为可供依靠的依靠物[②]。研究者认为依靠性与人的生态知觉有关，来自于巢居穴居时代对安全的需要，为了狩猎视域宽阔且防止背部受攻击，原始人会寻找支撑物或者部分封闭的自然洞穴作为凭靠。阿普尔顿（Appleton，1975）[③]提出过类似的理论假设：人偏爱既具有庇护性又具有开敞视野的地方，这是生物演化的必然结果。因为这类场所提供了可进行观察、作出反应、如有必要可进行防卫的有利位置。在城市园林和建筑群中随处可见设计师的使用者对依靠性的偏爱（图4-15）。

（5）边界效应

在外部公共空间中，研究者发现沿空间边缘的桌椅更受欢迎，因为人们倾向于在环境中寻找受保护的空间。位于凹处、长凳两端或其他空间划分明确的座位，以及后背有靠的座位倍受青睐，相反，那些位于空间划分不太明确的座位易受到冷落。人们对边缘空间的偏爱不仅反映在座位选择上，也体现在逗留区域的选择上，人们的活动总是从边缘逐步扩展开的。心理学家德克·德·琼治（Derk de Jonge）[④]最早提出了"边界效应"的理论。人类有聚集的本性，人的活动也具有向心性，但向心性的活动总是从边界开始发生的。在广场空间中，边界由各种竖向界面组成，如廊架、景墙、台阶、商业界面、花坛边缘等。这些区域是人们最喜爱停留的地方。较大的

① 渡边，仁史，相田，等. 地域社会のシステム分析の研究：離島の類型化とシミュレーション：都市計画 [J]. Architectural Institute of Japan，1971.

② 胡正凡，林玉莲. 环境心理学 [M]. 北京：中国建筑工业出版社，2000：177.

③ Appleton H. Viruses and gastroenteritis in infants[J]. Lancet，1975，1：1297.

④ De Jonge，Derk. Images of urban areas their structure and psychological foundations[J]. Journal of the American Institute of Planners，1962，28（4）：266-276.

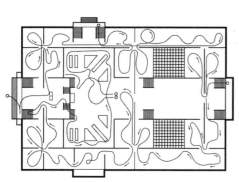

图 4-14　美术馆参观人流动线记录　　　　图 4-15　人们喜欢逗留在能有所依靠的地方
（来源：常怀生，《建筑环境心理学》）　　（来源：阿尔伯特·拉特利厅，《大众行为与公园设计》）

外部公共空间中，人们更愿意在半公共、半私密的空间中逗留，一方面，他可以对于公共生活形成积极的参与感，观看人群的各色活动，另一方面他处于一个具有相对私密性的空间之中，有被保护的安全感。边界效应实际是"依靠性"的延伸。边界区域之所以受到青睐，显然是因为处于空间的边缘为观察空间提供了最佳的条件。边界空间是两种不同性质的空间在相互邻接时产生相互作用的一个特定区域。在场所设计中，边界空间不仅是过渡性空间，更是活动的激发点，是外部空间设计的焦点所在[①]（图 4-16）。

图 4-16　人们在边界空间的行为活动
（来源：作者自摄）

---

① 李志民.建筑空间环境与行为 [M].武汉：华中科技大学出版社，2009.

2. 体验性行为习性

体验性行为习性涉及感觉与知觉、认知与情感、社会交往与社会认同以及内省的心理状态。这些习性虽然也常表现为某种活动模式或倾向，但通过简单地观察只能了解其表面现象，必须通过体验者的自我报告才能对习性有较深入的理解。

（1）看人也为人所看

20世纪70年代末，国内建筑界在介绍波特曼设计的旅馆中庭时，首次提到了共享空间中"人看人"的需求（图4-17）。"看人也为人所看"在一定程度上反映了人类对于信息交流、社会交往和社会认同的需要[1]。亚历山大等（1977）[2]对此分析道："每一种亚文化都需要公共生活中心，在其中，人们可以看人也为人所看"，其主要目的在于"希望共享相互接触带来的有价值的益处"，而"观察行为的本身就是对行为的鼓励"。通过看人了解到流行款式、社会时尚和大众潮流，满足人对于信息交流和了解他人的需求；通过为人所看，则希望自身为他人和社会所认同；也正是通过视线的相互接触，加深了相互间的表面了解，为寻求进一步交往提供了机会，从而加强了共享的体验。在外部公共空间设计中，应在人们渴望观看的地方留有较大限度的观看场所以及休息设施[3]（图4-18）。

（2）围观

围观是广泛存在的一种行为习性，这类"看热闹"和"好奇"的心理状态既反映了围观者对于信息交流和公共交往的需要，也反映了人们对于复杂和丰富刺激尤其是新奇刺激的

图4-17 威斯汀-桃树广场酒店内庭

（来源：作者自摄）

应考虑如何组织整个活动区，从而促进一个场地到另一个场地的人与人之间的相互观看

图4-18 户外空间宜满足人看人的需求

（来源：阿尔伯特·拉特利奇，《大众行为与公园设计》）

① 胡正凡，林玉莲. 环境心理学 [M]. 北京：中国建筑工业出版社，2000：179.

② Alexander, Christopher. A pattern language: towns, buildings, construction[M]. Oxford university press，1977.

③ 李志民. 建筑空间环境与行为 [M]. 武汉：华中科技大学出版社，2009：155-156.

偏爱。正是出于上述需要和偏爱，人们在相对自由的外部公共空间中易引发各种广泛和特殊的探索行为，对差异显著的信息（或提示）均表现出十分好奇的倾向。在外部公共空间中，围观之所以特别吸引行人，还在于这类行为具有"退出"和"加入"的充分自由，多半不带有强制性。不同种类的围观可呈现出无组织 - 有组织的梯度。无组织随意和自由的围观，其对象常出人意料，一切反常的事物（如动物、特殊广告、危险物品等）、动作（如长时间抬头观望固定目标，蹲地低头寻找等）和活动（下棋、比试、高空作业、意外事故等）均可能导致人群自发扎堆。大多数外部空间中发生的以演示、推销为主的围观行为具有不同程度的组织性，至少演示者在有目的地引人围观。组织性更高的围观多见于有组织的宣传和演出活动。外部空间中的这些场景，对人类尤其是儿童的学习和参与社会活动具有重要的影响。不少人对童年见到的街头表演和围观记忆犹新，儿童在无意识中习得大量社会和生活知识。当下部分商家热衷于有组织的街头宣传、表演和咨询，正是下意识地认识到了街头聚集和围观所产生的商业和传播效应，在客观上推动了这一广义学习的过程。但事物有正面也有反面，不少围观增加了交通拥挤，前推后拥中还可能导致各种意外的发生。因此，在外部空间设计中应适度合理地满足这一行为需求 [1]（图 4-19~ 图 4-21）。

（3）安静与凝思

在快节奏的城市生活中，人们长时间处于忙碌状态，在体验到丰富、复杂和生气感的同时，有时也非常需要在安静状态中休息和养神。可以说，寻求安静是对繁忙生活的必要补充，也是人的基本行为习性之一。传统城市中存在着许多安静的区域，供人休息、散步、交谈或凝思（Being Lost in Thought）：巴黎塞纳河畔、北京什刹海湖边、青岛八大关街巷等都是安静区域的典型。它们不是公园胜似公园，为烦心和伤神的城市提供了一块吐故纳新和养心安神的宝地。许多城市虽然在城区缺少

图 4-19 无组织围观
（来源：作者自摄）

图 4-20 介于无组织 - 有组织之间的围观
（来源：作者自摄）

---

① 胡正凡，林玉莲 . 环境心理学 [M]. 北京：中国建筑工业出版社，2000：179.

这类区域，但仍可以在社区、街坊和街巷等不同层次上有意识地形成有助于"静心"的地段、小巷和院落。在环境设计中，运用各种自然和人工素材隔绝尘器，创造有助于安静和凝思的场景，会在一定程度上缓解城市应激，并能与富有生气的场景整合，起到相辅相成的作用[1]（图 4-22）。

图 4-21　有组织围观　　　　　　　　图 4-22　有助于凝思的环境
（来源：作者自摄）　　　　　　　　　（来源：作者自摄）

3. 行为习性的差异

现实中，不同情境、群体和文化中的行为习性存在明显的差异。

（1）情境差异

在不同情境中，即使同一种行为习性也可能表现各异。一般，动物在受到危险时，会立即折回，具有沿原来出入路线返回的行为习性。日本的环境心理学家认为，人类也具有同样的习性，并称这种本能为"归巢本能"或"识途性"。同时，还把这一习性泛化，认为"当不明确目的地所在地点时，人们一般摸索着到达目的地，而返回时，又追寻来路返回，这是人们的经验"。但是，这一"以动物受到危险时"的本能为依据的习性，很可能被人的社会化过程和学习行为所修改，并随不同情境而发生质的变化。比如，现代人，尤其是年轻人，在商业街、商场、博览会、主题公园、一般公园等情境中，为了寻求更为丰富和复杂的信息，往往更偏爱"不走回头路"。即使不明确要去的目的地，仍不大可能沿原路返回，因为现代人控制环境的手段更多，能力更强，而现代物质—社会环境又提供了更多的定向和定位的辅助手段。因此，"识途性"这一行为习性更多地表现在灾变事件等特殊情境之中[2]。特殊情境中往往具有特殊的行为习性。例如，日本学者提出在火灾时顾客具有归巢性、向光性和从众性等特殊的行为习性（冈田光正，1985）[3]。

---

① 胡正凡，林玉莲. 环境心理学 [M]. 北京：中国建筑工业出版社，2000：180.

② 胡正凡，林玉莲. 环境心理学 [M]. 北京：中国建筑工业出版社，2000：181.

③ 冈田光正. 建筑消防实例 [M]. 天津：天津科学技术出版社，1990.

即使带有一定普遍性的行为习性也要具体情境具体分析。在山坡上，人的步行轨迹通常呈现为"之"字形路线，这是山坡环境的"提供"与人的生态知觉结合所产生的必然结果。如果在山坡上也机械地照搬"抄近路"，设置笔直的通天坡道，反倒有违常理，当然烈士陵园等特殊环境因需要营造庄严肃穆的氛围可另作考量。高速干道的线形通常带有一定程度的弯曲，除却个别因地就势的影响因素，过于笔直的近路反会令驾车者走神和疲劳，从而引发更多的交通事故 [①]。

（2）群体差异

同一行为习性在不同群体中存在明显差异。例如，"看人也为人所看"在中青年群体中表现最为典型；老年人更多地主动"看人""看街"或看一切可看的事物，并不重视和顾忌"为人所看"。学前儿童往往更主动地"为人所看"，甚至在客人或家长面前主动表现自己。"抄近路"现象实际上对中青年群体才具有普遍意义。老年人往往只走自己走熟了的近路，不熟悉的路再近也不会贸然去走，离家越远或路程越长越不敢去走；学龄儿童是否偏爱"抄近路"，要视情境而定。观察表明，游戏或放学时，儿童多半偏爱迂回的、具有丰富和复杂刺激的行进路线。

不同群体常常具有自己独特的行为习性。老人为了弥补信息不足，偏爱扎堆，看街和闲话家常——熟人在菜场天天见面，天天有说不完的话。对其他特定群体的行为习性，目前还观察和研究得不多，已经注意到学生群体出行时，具有独特的小团体行为，在占座、挤车、排队和行进方式方面表现最为明显。此外，近年还出现了个性化的倾向。例如，除了遛鸟、遛狗、溜龟外，还有人手持小鸟逛大街（没有鸟笼），头戴西瓜皮，身穿"报纸服"招摇过市。不仅旨在张扬个性，而且还为了炫耀自己的能耐，借以引起公众的注意，虽为个人行为，但实际上代表了当代的一种时尚 [②]。

（3）文化和亚文化差异

人类学家霍尔（E.Hall）早年曾是联合国工作人员，长期在许多国家工作，这使他有可能考察若干行为习性的文化差异。霍尔注意到，他的一位德国助手无法在外部空间中拍摄过往行人。这位助手认为，按照德国的习惯，在公共场所不应在公共距离范围之内注视他人，未经允许进行拍摄是一种侵扰行为。霍尔曾长期在中亚工作，对当地的行为习性做了细致的记录。历史上阿拉伯人爱好人际间的相互涉及，不喜欢离群索居。他们不介意人群的拥挤，却对建筑的拥挤和嗅觉特别敏感。此外，有时突发事件，如瘟疫，也会改变，至少暂时改变人的行为习性。以上的初步考察开拓了一条通向未知领域的途径，值得深入进行探索。行为习性不同于"空间行为"（Spatial Behavior）。大致说来，后者是人在使用空间时的基本心理需要，带有普遍性，

---

① 胡正凡，林玉莲. 环境心理学 [M]. 北京：中国建筑工业出版社，2000：181.

② 胡正凡，林玉莲. 环境心理学（第四版）[M]. 北京：中国建筑工业出版社，2018.

或因时代、群体和文化而改变其部分内容或程度，但并不改变其实质。行为习性则是可观察到的活动模式或倾向，只适用于部分人，仅带有一定程度的普遍性，可能因时代、群体和文化的改变而完全改变甚至消失 [1]。

4.3.3　城市外部公共空间中的行为研究

分析城市外部公共空间中的活动通常采用五 W 法（When-Who-Where-Why-What），即观察什么时间、什么人、什么地方、为了什么目的、在从事什么活动。研究的目的并不在于单纯进行描述，而是要探索不同活动的时空特点及其规律，并据此提出改进外部空间设计的建议。

1. 时间要素（When）

时间要素即分析从活动开始到结束的时间持续过程。一般需要每天固定时间和时段，并持续若干天进行观察。如果观察的时间和时段每天不固定，就会得出不可靠的结果。观察一天中的所有活动变化，工作量会相应较大。一周之中，平时与周末可能会有质的不同。一年之中，各个季节差别往往很大，观察需在有代表性的季节里进行。时间要素也与天气变化密切相关，刮风下雨，下霜起雾都会对活动产生不同的影响 [2]。

时间要素方面还可进行同时性和历时性比较。历时性比较可以持续多年，也可以隔几年回访。经验说明任何观察如果少于一年的话，就有失去一些关键性信息的危险。虽然很少有研究能收集到全年的数据，但必须想方设法去弥补有关季节性差别的详细资料。在所选择的季节内，也要在不同的时间取样以提供一个有代表性的行为。一般观察会采用时间段的办法以利于观察者能休息片刻。观察者可以 5 分钟或 10 分钟为一个时间段。时间段的划分应当事先试验一下，以决定是否会失去一定数量有意义的数据。经常由一组人做强度很大的连续观察，由另一组人记录时间段里的行为，两者进行比较后便能得出结论 [3]。

例如对于短途出行来说，时间比步行条件更为重要。但其他步行体验的因素也会影响路径选择。十字路口的路障和长时间等待的红绿灯会使行人选择其他路径。拥挤的步行交通导致步行速度的减缓，人们更倾向于选择那些行人稀少或没有混合交通冲突的路径。尽管需要解决步行距离过长的问题（Boarnet，2001）[4]，但是在那些支持步行设计的环境中，城市总体密度和多功能的土地利用等原因导致步行距离

① 胡正凡，林玉莲. 环境心理学（第四版）[M]. 北京：中国建筑工业出版社，2018：313-314.

② 胡正凡，林玉莲. 环境心理学 [M]. 北京：中国建筑工业出版社，2000：171.

③ 李志民. 建筑空间环境与行为 [M]. 武汉：华中科技大学出版社，2009：144.

④ Boarnet，Marlon Gary，et al. Travel by design：The influence of urban form on travel[M]. Oxford University Press on Demand，2001.

占比增加了，步行者的审美品质也倾向于在这样的环境中增加步行距离（Canepa，2007）[①]。

2. 活动人群（Who）

首先应了解从事活动的个人和群体的背景资料，如性别、职业、年龄、出行方式等，必要时还应通过问卷了解其他社会文化背景，但不宜涉及个人隐私。活动人群以特定的个人作为分析的基本单元，会比较容易。群体可界定为出于同一行为目的，或具有同一行为倾向而聚集的人群。同时，群体还可按照人数分成以下几类[②]（表4-2）。

群体类型分类　　　　　　　　表4-2

类型	人数活动内容	举例
特小群	2~3人，活动范围一般较小，动作相对较少，目的易于辨别	恋爱、争斗、谈话、下棋等。一般在游园中特小群占多数
小群	3~7人，活动范围较大，动作相对较多，相互间视听联系较强，目的易于观察或询问	如聚餐、祭祀、出游、访友、运动、小组活动等
中群	7或8人以上，至数十人不等，活动范围更大，动作和视听联系更多，在自由活动中，一般大于7或8人的群体很难齐心，而且活动目的易于发生变化，人数也呈现出不稳定倾向，易于分解为更小的、7人以下的小群体	如聚会、联欢、旅游、运动、团体活动等
大群	数十人至百余人不等，多见于有组织活动。无组织的大群活动往往形成"群体行为"	如上课、做操、参观、行军、祷告等
特大群	百余人以上，多见于有组织或有一定程度组织性活动。由于人数较多、动机各异，一旦发生自然或人为突变事件，形成挤压、逃跑、冲击、打、砸等无组织行为，会对人身和社会造成很大危害	如候车、看球、联欢、游园等

来源：胡正凡，林玉莲，2000。

3. 活动场所（Where）

对活动场所应作全面了解，包括场所本身及其周围环境的社会及物质组成因素。如本身的面积大小、空间组成、总体形态以及人工和自然组成因素；周围环境中的建筑、道路、交通、自然和社会因素以及社会文化氛围等。应着重了解与活动密切相关的部分，如铺地、小品、绿化、照明、室外家具、各类设施等。但是，也不可忽视其他潜在的因素。例如，处在摩天楼阴影中的广场终年不见天日，即使增加雕塑也无法吸引游人；在南方多雨城市中，地势低洼处的广场大雨时往往成为泽国，

① Canepa, Brian. Bursting the bubble: Determining the transit-oriented development's walkable limits[J]. Transportation Research Record, 2007, 1992（1）: 28-34.

② 胡正凡，林玉莲. 环境心理学 [M]. 中国建筑工业出版社，2000: 172.

形同虚设。记录人群在某个特定场所的聚集密度图，即类似于人群集结的鸟瞰图，可以帮助设计师分析人们的停留方式、聚集模式、喜好逗留的地点，从而为更好地设计外部空间提供依据[①]。

例如在旧金山，有 21% 的人选择步行或骑自行车，主要是因为街道的布局模式和土地的混合利用（Cervero，Duncan，2003）[②]。这样的环境比那些没有行人导向特征的环境产生了更加丰富多样的交通方式。Saelens，Sallis，Black 和 Chen（2003）[③]发现，即使在控制收入、教育水平和种族的高密度住区，土地混合利用和街道连通性也能产生较高的步行率。在亚特兰大，高步行率也被认为与密度和土地混合利用相关（Frank，Andresen，Schmid，2004）[④]。

4. 活动目的（Why）

在现场研究中，难以用简单的观察了解动机，而问卷和口头提问有时又不易取得合作，或者得到的只是表面敷衍，因此，想了解内心的真实目的和动机，相对较为困难。同时参与同一活动的人可能具有完全不同的目的。目的可以变换、转移或替代，目的有直接和间接之分，有人直接去街头绿地打拳，有人散步路过绿地顺便坐坐。也可能有一系列目的：散步、做操、喝早茶、聊天、购物。这些复杂的动机和目的是环境与行为相互作用的产物[⑤]。

5. 活动研究（What）

活动本身具有不同的类型、方式、内容、进程和结果，与上述三项密切相关，又有所区别。应结合活动群体，分析群体人数、组织状态、聚集方式、活动强度、参与程度、设施使用情况、活动进程和结果。活动的聚集方式和参与程度多种多样，有目的的聚集成簇成堆，多见于儿童、少年和老年人，或其他目的十分明确的活动。随意和自发的聚集多见于围观，多数出于好奇[⑥]。

活动研究的核心是要把上述五个方面综合起来，了解特定群体在特定时空中的活动规律或固有模式。也就是根据"什么人—什么时间—什么地点—为什么—什么活动"的线索和信息，研究人们在场所中的行为模式。综合性研究的对象可以是单一的活动，也可以是若干活动的集合，还可以是持续时间较长的事件。后者工作量相应增大，但可能获得更多的有关行为的宝贵信息。总之分析外部空间中的

① 胡正凡，林玉莲．环境心理学 [M]．中国建筑工业出版社，2000：175．

② Cervero，Robert，Duncan，et al. Walking，bicycling，and urban landscapes：evidence from the San Francisco Bay Area[J]．American journal of public health，2003，93（9）：1478-1483．

③ Saelens，Brian E，et al. Neighborhood-based differences in physical activity：an environment scale evaluation[J]．American journal of public health，2003，93（9）：1552-1558．

④ Frank，Lawrence D，Andresen，et al. Obesity relationships with community design，physical activity，and time spent in cars[J]．American journal of preventive medicine，2004，27（2）：87-96．

⑤ 胡正凡，林玉莲．环境心理学 [M]．北京：中国建筑工业出版社，2000：175．

⑥ 胡正凡，林玉莲．环境心理学 [M]．北京：中国建筑工业出版社，2000．

活动，其根本目的在于了解人的需要和使用特点，以便改进城市外部空间的规划和设计[①]。

　　研究时，不仅要从观察角度考察存在哪些行为场景，更要从设计需求角度考察物质环境及其组成元素是否适合人的特定活动：了解哪些被正常使用；哪些被使用者自行改造使用；哪些被使用者兼作他用；哪些为使用者带来了不便甚至损害，从而为改进设计提供了基于行为的参考资料。其中，兼作他用（也称"异用"）几乎是一种普遍现象：花台当作座椅、草地当作床铺、雕塑当作靠背、花池当作垃圾桶、路牌当作晒衣架等。环境的"提供"一旦符合生态知觉，现场若别无选择，则有被兼作他用的可能性[②]。设计人员应该从中得到启示：鼓励合理的他用，提倡一物机动多用，防止不合理甚至有害的他用，通过环境的巧妙设置来引导人们的行为。例如，为了防止人们在建筑外墙面上随意涂画，可事先将墙面粉刷装饰或使用光滑的外墙材料，以阻止人们的涂画行为（图4-23）；儿童喜欢利用墙面来游戏，设计师不妨专门设置一面可供游戏的墙面来引导并满足儿童的这一行为，从而减少这一行为对建筑物的破坏（图4-24）。

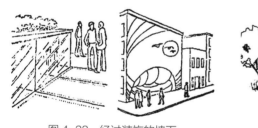
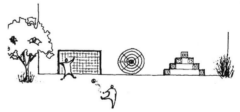

图4-23　经过装饰的墙面
（来源：大众行为与公园设计）

图4-24　可供游戏的墙面
（来源：大众行为与公园设计）

4.3.4　相关案例分析

　　基于城市外部公共空间的行为需求，在调查和分析行为习性的特征及属性的基础上，我们既承认人性化行为习性的"存在即合理"，从而试图探索合理行为习性的"正强化"可能，又需要对一些消极的甚至不良的行为习性进行"负强化"的疏导甚至规避。以下的两个案例可以给我们带来一定的参考和借鉴：

　　1. 顺应合理行为习性的"正强化"设计

　　La Petite einture，法语直译"小环线"，又称"小腰带"。在这众多铁路遗产改造项目中，巴黎的 La Petite Ceinture 铁路改造项目格外引人注目。这条铁路的长度与复

① 李志民. 建筑空间环境与行为 [M]. 武汉：华中科技大学出版社，2009.
② 胡正凡，林玉莲. 环境心理学 [M]. 北京：中国建筑工业出版社，2000.

杂的沿线空间令其无法具有像其他项目一样贯彻完整的改造概念。经过不断地摸索，"小腰带"在大量的尝试和讨论中逐渐找到了适合自己的回收道路：化整为零。

通过"自下而上"的改造，因地制宜将铁路"打破"成若干段委托给不同的部门，并邀请当地居民参与决策，实现多方共同建造。"小腰带"逐渐从杂草丛生的无人之境，蜕变为一处受欢迎的城市公共空间。周末市场、音乐演唱会、城市农庄，各种看似与铁路毫无关联的市民活动，如今每周都在这片新的城市乐园发生。

1852~1934 年，"小腰带"逐步完成了建设，1900 年 4 月的世博会上，巴黎向世界展示了西方社会在整个 19 世纪的机械和生产成果，吸引了超过 4000 万的参观者。这一年的"小腰带"也创下了客运承载的记录——运载量多达 3900 万人次。世博会之后，巴黎开通了第一条城市地铁，标志着地铁客运时代的来临。刚刚达到客运巅峰的"小腰带"随即被新兴的地铁取代，"小腰带"的客运功能从此开始衰落，慢慢成为了以货运为主的线路。随着客流量的逐年剧减，巨大的运营成本和维护成本使得负责运营"小腰带"的巴黎运输联合会陷入了财政危机，由此，法国政府通过决议，以 1934 年作为节点，"小腰带"的大部分的路段正式关停，这条环绕巴黎城市黄金地带的铁路环线，曾经是这个城市最繁忙的交通血脉，却在它被废弃的 80 多年里逐渐被人遗忘，成为巴黎居民口中的"沉默之线"，甚至一度成为了废墟爱好者喜欢的"城市秘境"。随着时间发展，小腰带部分被拆除，部分被并进了市郊线火车（RER）。现存的是一段失去了原有功能的 23km 半环状铁路，环绕着城市的黄金地段却是满目荒凉的涂鸦地（图 4-25）。

然而，"小腰带"沿线独特的城市形态、历史建筑也蕴含了新公共空间的可能，此外在铁路废弃的 80 多年中，市民的自发使用也给不同铁路区段赋予了不同的空间性格。这一切为顺应合理行为习性的设计和改造提供了基础和灵感。"小腰带"改造的基础，正是基于对其现有文化的尊重。经过长时间的废弃，已经自发形成了一些小众的探索基地，同时也兴起了与之对应的秘境文化和嬉皮文化。鸡舍咖啡、城市

图 4-25　历史上和现在的 Le Hasard Ludique

（来源：李晗，谢璇，城市星球研究所）

农场、隧道影院、车站舞台等，无一不是对"小腰带"原居住民行为习性及当地文化的进一步强化。此外，配套廉价住宅的建设和社区基础设施的完善等策略，也使得"小腰带"改造带来的收益尽最大可能回馈给原居住民。

原 Gare de Saint-Ouen 车站，在"小腰带"荒废后，一度成为十八区街头涂鸦的场所。人们也会时常在这里的铁路上聚会，留下的垃圾和随意的涂鸦导致了这里的进一步混乱。这里作为荒野区域在 2010 年被巴黎市政府收购，并经过 1200 人的志愿改造和扩建，在车站前一小段铁路旧址旁搭建了 300m² 的露台，可供容纳 250~300 人。由于这个空间位于市区街道的下方，不占用巴黎拥挤的城市空间。现在它成为了颇具盛名的 Live House，这里会定期举办音乐会，街头艺术展和烧烤 Party 等。而之前遗留下的街头涂鸦并没有被强行去除，反而很好地融入了新的功能，这种针对原有环境的回收空间的方式不仅是这个项目要表达的设计重点，也反映着巴黎街头的改造时尚。而原来这里的车站由 Ground Control 收购，成为了与室外舞台相配套的功能空间。二层成为私人工作室，而楼下用作可容纳 30 个座位的室内表演厅，并向室外舞台提供灯光，音响等设备。室内室外的空间由原阶梯改建后相连，使得整个车站成为了办公娱乐于一体的多功能生活区。"小腰带"站台平均宽度不足 5m，空间极为有限，如何在有限的空间创造出灵活多变的使用方式是"小腰带"沿线成功改造的必然要求。Le Hasard Ludique 参考了巴西狂欢节的街道式舞台，通过定期的街头音乐会等相应的活动拉长人群的聚集范围，增加了空间的使用率，并保证良好的流动性（图 4-26）。

总体来说，巴黎政府为"小腰带"的未来寻找到了因地制宜的定位：在改造的最初阶段，提供区域内较为稀缺且容易聚集人群的初始功能，如餐厅，活动场地等，重新唤起巴黎市民对已被遗弃铁路的城市记忆，并共同推进它们的进阶功能的发展。改造设计中，重视并尊重了"小腰带"在消极时期所形成的行为习性痕迹（涂鸦、拾荒、种菜等），以此为基础进行了"化零为整"的顺应式优化改造设计和实施，通过这样的渐进式体系不但唤醒了荒废的城市角落的活力，丰富了分散在巴黎各个区域的市

图 4-26 Le Hasard Ludique 音乐节盛况
（来源：李晗，谢璇，城市星球研究所）

民业余生活，同时创造了多种可持续的绿色生活方式①。

2. 规避不良行为习性的"负强化"设计

纽约是有着人口超 840 万的美国最大城市，一直以全球城市的身份而闻名，有着众多知名的城市公园，如中央公园、市政厅公园、高线公园。然而，翻阅纽约城市历史数据之后发现，纽约城市公园见证了太多不良社会行为甚至是暴力犯罪事件，位于曼哈顿中城的口袋公园——布莱恩特就曾经是其中之一，在 19 世纪 70~80 年代，仅这一个公园平均每年就发生约 150 起抢劫和 10 次强奸。如果从城市来看，19 世纪 80 年代的纽约总犯罪竟高达 68 万起，其中暴力犯罪 14 万起，经济犯罪 54 万起，平均每天 380 起暴力犯罪事件。19 世纪 80 年代，公园的恶性事件带来的消极影响已经达到顶点，纽约不能再容忍下去，必须采取一些措施加以修复。布莱恩特公园的"反击战"也就此开始。

1979 年，纽约公共图书馆出台了一个更新计划，其中就包括了解决布莱恩特公园的问题。城市规划师和社会学家 William H. Whyte 分析了公园成为罪犯避难所的原因，并提出了可行的解决建议。在更新计划中，布莱恩特公园获得了一个全新的定位——图书馆的"后院"。并且针对这个定位，彻头彻尾地进行了系列改造活动。这一切，都成为了布莱恩特公园成功扭转局面的必要要素。

今天的布莱恩特公园，看起来是安静和和谐的。曾经的毒品暴力泛滥成灾，肮脏破败的消极景象，绕道而行的游客一去不复返。改造后的布莱恩特，社会环境很快就得到了恢复，公园中满是周边上班族、图书馆读者和婴儿车。据报告，改造后的第一年，2200 张户外折叠椅，每个月只有一两个被盗。重新开放后的两年内，犯罪率急剧下降。七年来，犯罪率降低了 92%。公园定期举办春夏城市系列节庆活动、户外音乐会等。公园的两端都有餐厅等各类商业场所和儿童游乐场。这一切，让其成为纽约现存最好的城市公园、城市事件发生地（图 4-27、图 4-28）。

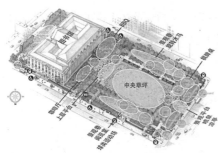

图 4-27 公园功能分布图
（来源：https://mp.weixin.qq.com/s/2Psil5LH0Pk-kV3xzPs3Pg）

图 4-28 中午的布莱特恩
（来源：https://mp.weixin.qq.com/s/2Psil5LH0Pk-kV3xzPs3Pg）

---

① 李晗，谢璇. 拒绝高线公园，巴黎将废弃铁路打造成独一无二的"城市秘境"[EB/OL]. 城市星球研究所，https://mp.weixin.qq.com/s/6-sI_TJn66avhjWoYp2Csw.

布莱恩特公园的改造是多方面、多阶段进行的,从初期的公园硬性物质更新(拆除栅栏、建立通道、优化设施等),到公共财产私有化运营模式的摸索,再到利用软性城市事件催化激发公园活力。改造的第一项工作是拆除遮挡视线的铁栅栏和灌木丛,清理公园,清除涂鸦并修复受损的建筑元素。改造后视觉通道得到了很大的改善,公园变得更加安全透明。其次,调整并添加入口到 11 个,增加景观人行道和残疾人坡道,配置一个开放的循环体系,从而实现了全公园的自由流通和包容度的提升(图 4-29)。

改造前　改造后

改造后的景观节点空间

硬化处理的平台空间　改造后的公园鸟瞰

无人打扫的草坪　改造后的景观路　新增可移动的折叠椅

图 4-29　公园改造前与改造后对比

(来源:https://mp.weixin.qq.com/s/2Psil5LH0Pk-kV3xzPs3Pg)

此外,为实现"后院"的定位,将原有石子路翻新,建立场地与图书馆的直接联系,扩大草坪空间并取消灌木,在两侧种植多年生草本植物和常青草,消除场地中的物理或视觉障碍。设计保留了场地中长势良好的伦敦梧桐树及下方的常春藤,为使用者提供舒适的绿色边界休闲空间。还在草坪上增加了共享棋牌桌小型球场、6 个景观构筑和可移动的折叠,以提高公园在任何时间和季节的容纳能力,将布莱恩特公园转变为一个安全和充满活力的城市公共空间[1]。

---

[1] 从纽约的「布莱恩特公园」,看一场「城市垃圾堆」到「曼哈顿绿洲」的反击战 [EB/OL].城市星球研究所,https://mp.weixin.qq.com/s/2Psil5LH0Pk-kV3xzPs3Pg.

第 5 章

城市微观环境行为

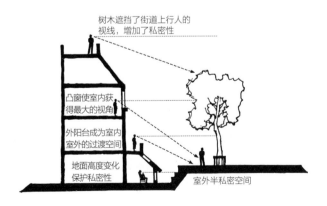

树木遮挡了街道上行人的
视线，增加了私密性

凸窗使室内获
得最大的视角

外阳台成为室内
室外的过渡空间

地面高度变化
保护私密性

室外半私密空间

5.1 个人空间

在人与人的交往中，彼此间的距离、言语、表情等均起着微妙的作用。无论陌生人之间、熟人之间还是群体成员间保持适当距离和采用恰当交往方式十分重要。环境心理学家将其称为"心理空间"，人类学家霍尔（E.Hall）则称之为"空间关系学"（Proxemics）。这方面的观察与研究既有益于人际交往中的行为选择，又对环境设计有着重要意义[①]。

5.1.1 个人空间的概念

如果仔细观察，我们会发现电线上停歇的小鸟总是保持一定的距离，同类动物只有受到邀请或默许才能进入其他动物的个体空间，否则将被驱逐。人类社会的生活也表现出此类特征。人们搭乘公共汽车、地铁以及在公园休息时，最先会去选择整排空置的座位，在咖啡厅及快餐厅卡座就餐时，如果可以选择，也会适当间隔地选择座位（图 5-1）。

个人空间与人际互动距离有着千丝万缕的联系，人与人之间总保持着一定距离，每个人似乎被包围在一个气泡之中，这个神秘气泡随身体的移动而移动，当这个气泡受到侵犯时，人们会感到焦虑和不安。这个气泡是个人心理所需要的最小空间范围，可称为个人空间（Personal Space）。

---

① 林玉莲，胡正凡.环境心理学 [M].北京：中国建筑工业出版社，2006.

图5-1　各种情境的个人空间

（来源：作者自摄自绘）

"你不可能把人和空间分开，空间既非外在对象，也非内在经验。我们不能设想将人排除后，还有空间存在。"海德格尔的这段话体现出个人空间的主体是人。个人空间是以个人为中心、以满足心理安适为需要的最小空间范围，个人空间会因情境的不同以及对象的不同而发生改变，它似乎是一种无声的媒介，被用来呈现与他人的交往程度，因此，个人空间是环境使用的一种行为机制[①]。

个人空间对个体的心理意义解释，学界主要有三大理论：应激理论、唤醒理论和行为局限理论。

应激理论认为，环境的各种因素在个体感知层面都可以被视为不同的应激源，刺激出现频率过高或者单次刺激程度过强都会引起个体应激，长此以往就会影响个体的身心健康。保持一定的个人空间，可以避免因超越关系所带来的太过亲密接触，通常这种接触可能导致机体做出生理与心理应激反应。

唤醒理论则认为，当个人空间不适宜时，人们会体验到唤醒并试图通过行为回避唤醒。在社会情境中，归因（别人的靠近是因为爱意的表达，还是敌意的攻击）会决定个体进一步的反应。

行为局限理论则从个体行为自由度的角度，认为个人空间的主要作用在于维持和保护个体周围有一定的自由活动空间，以避免行为受到约束。

通过这些理论的解释，我们可以看到个人空间是人与人之间的边界调节机制，它一方面保证了个人的安全性，另一方面又决定着人们进行社会交流时的空间利用方式[①]。

5.1.2　个人空间的测量方法

海达克认为，个人空间像一个围绕着人体看不见的纵向空间，腰以上的部

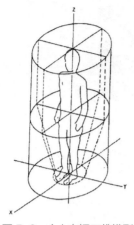

图 5-2　个人空间三维模型
（来源：L. A. Hayduk，1978）

分为圆柱形，而腰以下的部分为圆锥形，脚部最细（图 5-2）。这一空间不仅能随人移动，还能在不同情境下发生变化。虽然在不同的情境下个人空间的范围可能随之改变，但在多数情况下其变化区间会呈现一定的规律性，因此对个人空间的测量是有意义的。常见个人空间的测量方法主要有实验室止步距离法（实验室研究）、投射法（模拟研究）和自然观察法（现场研究）。前两者为实验室控制条件下的方法，而后者则是在真实情境中进行的测量。

1. 现场研究（自然观察法）

现场研究的自然观察法，是指在日常生活环境里实地考察人们的人际距离，如观察人们在公园、广场、教室、图书馆等环境中人与人之间的距离。在日常环境里的研究对被考察人而言没有任何限制，人们不知道自己被观察，观察结果很少受到人们主观意识的影响。近年来照相机与摄像机广泛用于现场研究，更是让这一方法可用性增大，研究者不再仅仅依赖眼睛与纸笔，也大大提高了研究测量的精确度。

2. 实验室研究（实验室止步距离法）

实验室研究的止步距离法是通过实验室实验进行测量，具体做法是要求被试者从前后左右与对角线八个不同方位分别接近对象，当被试者停止前进，或被对象叫停时，记录被试者与对象之间的距离。Horowitz 等人（1970）[1] 以及我国的心理学家杨治良（1988）[2] 都使用了这种方法对个人空间进行测量。实验室研究的优点在于研究人员可以对实验条件施加控制，但其缺点是被试者知道研究与空间有关的行为，被试者下意识的反应可能会影响实验结果，无法反映真正的社会互动距离，因此将实验室研究的发现归纳应用到现实世界中时应该谨慎小心。

3. 模拟研究（投射法）

模拟研究因为实验过程简单易操作，因而一直是最受欢迎的。在模拟研究的投射法测量中，研究人员将代表人的图像或符号给被试，被试的工作就是根据记忆重构自己与别人的距离，将这些图像或符号重新排列起来。初期实验中通常采用一些用纸、毛毡切割而成的图形代表人，然后把这些图形再贴在一张纸上。后来一些研究使用过不同的符号，如玩具娃娃、人的剪影、线条画和抽象符号。另外，杜克和诺威奇的适宜人际距离量表（Comfortable Interpersonal Distance Scale，简称

① Horowitz，Mardi Jon. Image formation and cognition[M]. New York：Appleton-Century-Crofts，1970.

② 杨治良，蒋孜，孙荣根. 成人个人空间圈的实验研究 [J]. 心理科学通讯，1988（02）：26-30+66-67.

CID）使用也较广[1]。Kuethe[2] 在 1962 年首先使用了模拟法，他发现被试者在粘贴人物剪纸的时候表现出相当的组织性。Kuethe 认为这是人们用图形表达出来的亲近程度的心理表象。譬如在实验里，代表孩子的图形通常被安排在代表女性的图形旁，而代表男性的图形则被置于较远地方。

近年来，由于技术的进步，越来越多的研究使用了相对较新的方法，虚拟现实便是研究个人空间的有效新方法之一，Iachini 等人（2015，2016）多次基于虚拟现实技术研究个人空间的影响因素，在这些实验中，既有容易控制的优势，也能够展示各种尺度且接近真实场景的优势[3][4]。

5.1.3　个人空间的功能

个人空间是一个为防备对主体身心造成潜在危险的支持保护缓冲圈。近半个世纪以来，研究者已经发现并概括了个人空间的许多功能，但总的来说，这些功能可以概括为以下几类。

1. 保护功能

个人空间最重要的功能就是保护，保护心理私密度与生理安全度，减少甚至避免太多刺激、过度唤醒带来的应激。个人空间使人们在空间中相互分开，使每个人保持各自的独立性而不被侵犯。

保护功能体现在可以作为缓冲与反应的空间方面，对抗自己受到来自外界对身体及情绪的潜在威胁，埃文斯和哈沃德（G. W. Evans，R. B. Howard，1973）[5] 认为，个人空间具有增加攻击控制力及降低压力的功能。比如在对方语言动作过分亲密的情况下，个体可以通过增大人际距离来提高自己的私密性，降低身体的应激水平，并在一定程度上将心理感受反馈给对方。卡拉本尼克等人（Karabenick，Meisels，1972）的研究发现，当一个人收到来自对方的负面反馈或受到威胁后，会保持较大的人际距离，继而会减少亲密言语动作，将行为转为一般性的接触[6]。

2. 调节功能

在实际交往中要注意交流双方之间的关系与个人空间的大小是否合适，研究表

① Duke M P，Nowicki S，Jr. A new measure and social learning model for interpersonal distance[J]. Journal of Experimental Research in Personality，1972，6，1–16.

② Kuethe，James L. Social schemas and the reconstruction of social object displays from memory[J]. The Journal of Abnormal and Social Psychology，1962，65（1）：71.

③ Iachini T，Pagliaro S，Ruggiero G. Near or far? It depends on my impression：Moral information and spatial behavior in virtual interactions[J]. Acta Psychologica，2015，161：131–136.

④ Iachini T，Coello Y，Frassinetti F，et al. Peripersonal and interpersonal space in virtual and real environments：Effects of gender and age[J]. Journal of environmental psychology，2016，45（Mar.）：154–164.

⑤ Evans G W，Howard R B. Personal space[J]. Psychological Bulletin，1973，80（4）：334–344.

⑥ Karabenick S A，Meisels M. Effects of performance evaluation on interpersonal distance[J]. Journal of Personality，1972，40（2）：275–286.

明，实际人际距离大于或小于合适的距离范围时，会给交流双方带来不舒适感和不愉快的情绪体验（Hayduk，1981；Albert，Dabbs，1970）[1][2]，个人空间的调节功能可以维持交往的最佳水平。斯科特（Scott，1993）认为，交往过程中距离太近会导致个体感知环境刺激的过度负载，因此人们可以调节交往的距离以避免过度负载。阿特曼（Altman,1975）则认为边界调整可以满足个体在交往过程中所需要的空间范围，从而使个体或群体处于相对的独处状态[3]。内斯比特等人（Nesbitt，Steven，1974）的研究发现，在刺激量很大的情况下，个体会感觉不适，此时个体就会自动调整与刺激源之间的距离，从而调适自己的心理感受。艾洛（Aiello，1987）基于阿盖尔等人（Argyle，Dean，1965）的平衡亲密程度模型（Intimacy Equilibrium Model）提出的舒适模型（Comfort Model）也有类似观点，他认为，在人际交往的过程中，人们希望维持一个最佳亲密距离。如果亲密水平太高，个体就会通过采取一系列补偿行为，如增大个人空间距离，调整眼睛注视的方向等方式来平衡[4]。比如，公交车上相对而坐的两人如果互不相识，往往会将目光投向窗外或是低头玩手机。反之，如果个体感受到的亲密水平偏低，则会通过缩短个人空间等方式来保持平衡。总而言之，通过调节个人空间的距离可以使个体之间维持最佳亲密距离从而保证舒适的生理与心理状态[5]。

3. 交往功能

个人空间除了保护功能外，另外的功能就是在社会生活中的交往功能，将个体之间的交流维持在最佳水平。个人空间在人与人交往的过程中起到适度调整作用，这一调整作用主要由不同的人际距离来实现。首先，不同的人际距离对自我保护意识的唤起程度不同，因此不同的人际距离体现了彼此的亲密程度，人际距离越近，双方感知到的亲密程度也就越高。比如，我们与亲人朋友交流时，个人空间比较小；而与陌生人在一起时，个人空间就比较大。其次，人际距离也决定着人们交流时采用不同的感觉通道，如肢体动作、眼神交流或气味，从而反过来影响人际交流的效果。霍尔（Hall，1963，1966）认为，个人空间的大小由个体感受到周围环境刺激的质与量决定，交往双方的距离反映了他们之间的亲密程度，从个人空间的距离中传达出的非言语信息极其丰富。需要注意的是，如果交往时的人际距离与两人的人际关系不符时，对交流效果也会有明显影响。研究表明，

---

① Hayduk, Leslie A. The permeability of personal space[J]. Canadian Journal of Behavioural Science/Revue canadienne des sciences du comportement, 1981, 13（3）: 274–287.

② Albert S, Dabbs J M J. Physical distance and persuasion[J]. Journal of Personality and Social Psychology, 1970, 15（3）: 265–270.

③ The Environment and Social Behavior[J]. Psychological Medicine, 1978, 8（04）: 736.

④ Dean A J. Eye–Contact, Distance and Affiliation[J]. Sociometry, 1965, 28（3）: 289–304.

⑤ 苏彦捷. 环境心理学 [M]. 北京：高等教育出版社，2016.

对于不是那么亲密的关系来说，人与人之间较近的距离不仅不会增加积极反应，还会增加消极反应[1]。

5.1.4 影响个人空间的因素

个人空间受到多个因素的共同影响。分析影响个人空间的因素，有助于人们进一步理解个人空间。总的说来，能影响个人空间的因素可以分为三类：个人的人口学因素、心理因素和情境因素。

1. 影响个人空间的人口学因素

（1）年龄

不同年龄被试者对人际空间距离的要求是不相同的。研究发现，个人空间大约是在个体 45~63 个月的时候发展起来的，5 岁前的个人空间模式并不稳定，而 6 岁之后，随着年龄的增大，个体对人际距离的偏好也随之增大。艾洛等人（Aiello，1974）的研究发现，随着年级的提高，学生相互接触的平均距离随之增大，成年人具有的人际距离模式最早出现在青春期[2]。顾凡(1993)的研究结论显示 16 岁的人际距离最大，平均为 147cm，11 岁时的人际距离为 139.4cm，21 岁时的人际距离为 140.1cm。顾凡认为这一阶段是个性形成的重要阶段，自我意识的确定和自我角色的形成是该时期的核心问题，因而这一年龄阶段的学生自我封闭和自我防卫性较强，对人际空间距离的需求较大[3]。但个人空间与年龄之间的比例关系并不是一成不变的，到了老年，个人空间又呈现出缩小的趋势。老年人的各个感官不再如以前那样灵敏，因而希望依靠不同线索包括空间来部分地补偿此种能力的降低。老年人喜欢靠近其他人，以增加触觉和嗅觉等刺激作为信息沟通的手段[4][5]。

（2）性别

性别是决定大多数情境中空间行为的重要因素，艾洛（Aiello，1987）的研究发现，关系亲密的异性空间距离要比同性之间的小。异性在互动的过程中，随着客观人际距离的拉近，相互之间的吸引力也在提高。需要注意的是，这一结论是基于北美的研究，在讨论其他文化尤其是对两性关系偏保守的传统儒家文化时可能并不适用。因此，有研究者认为，当下东方文化下的年轻人受到西方文化的影响较多，也呈现出同样的个人空间模式；但较大年龄的人通常还保留着"男女授受不亲"的传统，所以对于年龄较大的东方人来说，吸引力增强，关系密切，但空间距离并不

① Hall，Edward Twitchell. The hidden dimension[M]. NY：Doubleday，1966.

② John，R，AielloTyra，et al. The development of personal space：Proxemic behavior of children through 16 [J]. Human Ecology，1974.

③ 顾凡. 人际空间距离的实验研究 [J]. 心理科学，1993（05）：56-58.

④ 苏彦捷. 环境心理学 [M]. 北京：高等教育出版社，2016.

⑤ 徐磊青，杨公侠. 环境心理学 环境知觉和行为 [M]. 上海：同济大学出版社，2002.

必然减小。

同性之间的个人空间偏好也有较大差异。研究表明，在同性别的交往中，女性之间比男性之间的互动距离短，女性间的人际距离会随着相互喜欢程度的增加而缩短；而男性间的人际距离并未受相互间喜欢程度的影响。除此之外，男女两性对于个人空间的入侵者的反应也不一样。弗舍等人（Fisher，Byrme，1975）对大学生在图书馆个人空间受到侵入时的反应进行研究发现，女性对来自侧面的入侵更敏感，而男性对来自正面的侵犯更敏感。萨默（Sommer，1959）的研究发现，男性更倾向于与喜欢的人面对面交流，而女性则更倾向于与喜欢的人肩并肩交流。哈瑞斯等人（Harris，1978）的研究则发现，在面对入侵者的反应上，男性更多采用离开的方式；而女性则更偏向于采用防卫而非离开，比如用双手交叉或者视线转移的方式来回避入侵者[1]。

需要指出的是，性别对个人空间的影响也会受到其他因素作用。有研究者认为，性别在作用于个人空间时还会受到个体的性取向与生理周期影响。

（3）文化与种族

文化与种族的内涵广泛，对个体往往会产生潜移默化的影响，很多研究者都已经观察到空间行为的跨文化差异，尽管差异的模式并不完全一致，但是众多研究者都已经发现由于文化和种族的不同，人们的个人空间之间也存在差异。

霍尔（Hall，1966）将文化分为两种：接触文化（又称地中海文化，包括法国、阿拉伯、南欧和拉丁美洲等）与非接触文化（如北美和北欧等）。霍尔（Hall，1966）的研究发现在接触文化的国家中，人们的人际交往中有着更多的肢体和眼神接触，使用嗅觉、触觉以及视听觉等多种感觉通道进行交流，交往过程中的距离也更近，比较典型的如欧洲国家中的社交法式亲吻。而在非接触文化的国家中，人们的人际交往一般较少有肢体或眼神等非言语的接触，一般使用视听觉两种通道进行交流，交往过程中的距离相对较远[2]。比如德国建筑大师密斯设计的椅子（图5-3）较非德籍设计师设计的椅子重，是为了避免客人在交流时随意拖动椅子以引起交往的不适，在美国、意大利等国家，客人随意搬动椅子靠近主人可以理解，但是在德国常常被视为无礼行为。霍尔的观点也得到了其他研究的支持（Watson，Graves，1966；Sommer，1969）[3]。

在同一文化背景下，亚文化或种族差异也会对个体的个人空间有所影响。研究表明，西班牙裔美国人比英裔美国人有更小的个人空间距离（Aiello，Jones，1971；

① 苏彦捷.环境心理学 [M].北京：高等教育出版社，2016.

② Hall，Edward Twitchell. The hidden dimension[M]. NY：Doubleday，1966.

③ 苏彦捷.环境心理学 [M].北京：高等教育出版社，2016：10.

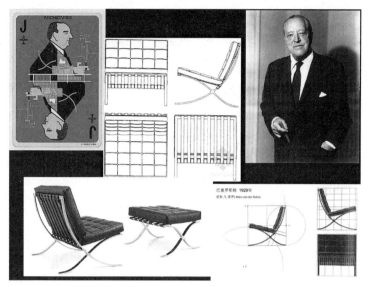

图 5-3　密斯设计的椅子

（来源：作者整合相关资料后整合）

Ford，Graves，1977；Pagan，Aiello，1982）[1][2][3]。也有研究训练白人警察在面对白人和黑人时使用不同人际距离，若白人警察在面对黑人时采取黑人喜欢的人际距离，则黑人对白人警察的好感上升。由此可见，种族会影响个人空间距离。

在人际交往过程中，交往双方的行为都会受到交往双方文化的影响，因此，有可能出现因文化不同而带来的个人空间的不同。比如美国人的个人空间较小，在他们看来有些空间甚至是可以共享的；但是德国人对人与人的界限十分敏感，他们不喜欢未经允许的他人进入个人空间。

2. 影响个人空间的心理因素

（1）情绪

由于个人空间意在防范他人对主体身心两个方面的侵犯，所以个人情绪对个人空间具有较强的影响力。研究结果显示，与一般人相比，焦虑的、感到社会排斥的人更倾向于需要更大的个人空间；而安全亲密的氛围，比较容易让人们亲近起来。

（2）人格

人格也是影响个人空间的重要因素，不同人格特质对人际距离的影响也不尽相同。因为人格反映了个体看待世界的方式，它是个体独特性的集中体现，能表现为一个人典型的日常活动方式特征，所以人格会影响个人对他人、对事物以及对环境

① Aiello，John，Jones R，et al. Field study of the proxemic behavior of young school children in three subcultural groups[J]. Journal of Personality and Social Psychology，1971.

② Ford J G，Graves J R. Differences between Mexican-American and White Children in Interpersonal Distance and Social Touching[J]. Perceptual & Motor Skills，1977，45（3）：779-785.

③ Pagan G，Aiello J R. Development of personal space among Puerto Ricans[J]. 1982，7（2）：59-68.

的独特性。除人格特征会影响个人空间外，还有研究表明，精神健康水平也会影响个人空间，比如精神分裂症患者对个人空间要求会更高。

3. 影响个人空间的情境因素

以往有关环境影响因素的研究都集中在个体与文化社会心理层面，而较少研究物理情境因素对个人空间的影响。其主要原因是情境具有一定的特殊性：一方面很难将单纯的物理因素从整个情境中剥离出来；另一方面是物理环境也具有独特性，很难将一种情境中得到的结论进行推广。影响个人空间的情境因素可以分为物理因素和社会人际因素。

（1）物理情境

在影响个人空间的物理情境研究中，首要发现是建筑空间特征对个人空间的影响。当顶棚较低矮（Savinar，1975）或房屋空间较小（White，1975）时，被试者需要更大的个人空间。还有研究者发现，在房间中放置隔离物能够显著减少个人空间遭侵犯的感觉（Baum，Reiss，O'hara，1974）[1]。从这些研究可以大致看到，感知到的可活动范围（并不一定是实际活动范围）会对个人空间的需求有所影响，感知到的可活动范围越大，对个人空间的需求反而越小。这可能是因为预期到个人空间遭受入侵时，可以有更大的自由空间来躲避入侵，因此更能与其他个体共享空间的忍耐度更高。还有观点认为，人们对空间的利用情况反映了他们安全的需要程度：当容易逃离时，所需空间要小；而不容易逃离时，空间需求就更大一些[2]。

其次发现是灯光会影响个人空间。格根的研究发现，人们在黑暗中比在典型的光亮条件下，需要更大的个人空间。这也许因为个体在黑暗中更容易发生身体接触，引起更大的不舒适感。

另外，交流发生的地点也会影响个人空间，如交流地点是在房间的角落或中心（Tennis，Dabbs，1975）[3]，室内还是室外（Cochran & Hale，1984）[4]，交流双方是坐着还是站着（Altman，Vinsel，1977）[5]，所处环境拥挤还是疏松（Jain，1993），这些因素都会对个人空间的大小产生影响。在这些情境下，个体所感知到的可活动空间越大，或被告知可随时离开时，会更能容忍较小的个人空间。

（2）社会人际情境

除物理情境之外，人们在人际交往中所形成的情感关系也会影响个人空间的大

---

① Baum A, Riess M, O'Hara J. Architectural Variants of Reaction to Spatial Invasion[J]. Environment & Behavior, 1974, 6（1）: 91-100.

② 苏彦捷. 环境心理学 [M]. 北京: 高等教育出版社, 2016.

③ Tennis, Gay, H, et al. RACE, SETTING, AND ACTOR-TARGET DIFFERENCES IN PERSONAL SPACE[J]. Social Behavior & Personality An International Journal, 1976.

④ Gay, H, Tennis, et al. Judging Physical Attractiveness: Effects of Judges' Own Attractiveness[J]. Pers Soc Psychol Bull, 1975.

⑤ Altman I, Vinsel A M. Personal Space[M]// Human Behavior and Environment. Springer US, 1977.

小，积极情感如报答、相似性、互补性会拉近互动距离（Patterson，1970；Allgeier，1973）。同样，有研究者发现个人的社会经济地位等因素也会影响到个人空间。Sommer（1969）与 Henley（1977）的研究表明，在交往过程中，地位较高的人总是比另一方拥有、控制和利用更大的空间，我国学者的研究也得出了类似的结论。

人际交往过程中交往的性质也会影响着个人空间。在最初的研究中，西蒙发现，合作者通常肩并肩坐着，而竞争者通常面对面坐着。除合作和竞争的人际关系会影响到个人空间外，研究还发现，人们的合作性越强，其人际距离越近。

在日常生活中我们也很容易看到，当朋友或关系亲密的人距离很近时，人们的反应是舒服的，这说明个人空间与人际吸引程度相关，当然这种相关受到人际关系的性别、地位等因素的影响。对于女性，人际关系越近，个人空间会越小；而男性则不尽然。这些结构都说明了个人空间会受社会人际情境的影响。

5.1.5 人际距离的梯度

1966年，Hall 在他的《The Hidden Dimension》（看不见的向量）一书中讲述了一些关于个人之间的距离[①]。书中把其1959年发表在《The Silent Language》（无声的语言）中的八类距离，做了修正与简化。他把人与人间距离的研究称为近体学（Proximics）。他提出人与人之间的空间距离可概括为四个梯度：亲密距离（Intimate Distance）、个人距离（Personal Distance）、社交距离（Social Distance）和公众距离（Public Distance），且每类距离都包含远、近两个距离段[②]（图5-4）。

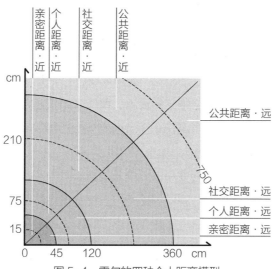

图5-4 霍尔的四种个人距离模型
（来源：作者根据相关资料整理自绘）

---

① Hall，Edward Twitchell. The hidden dimension[M]. NY：Doubleday，1966.
② Hall，Edward T. The Silent Language[J]. anchor books，1960，38（3）：87–96.

亲密距离（0~0.45m），其中0~0.15m为近段，0.15~1.45m为远段。亲密距离小于个人空间，亲密距离中个人空间是重叠的，在这个距离中双方能够清晰地看到对方的面部表情细节，听到对方细微的声音，乃至感受到对方的体温，嗅到对方的气味，肢体接触也最多。因此在亲密距离下嗅觉、触觉、听觉、模糊的视觉（近距离视觉失真）、温度感知是交流的主要感觉通道。

这种距离往往出现在具有特殊亲密关系的人之间，如夫妻、恋人和亲子关系中。但在某些特殊的情境下也会出现这种距离，如上下班高峰时段的地铁、公交，黄金周的旅游景点等。在这种情况下，由于个体间的人际关系并没有达到非常亲密的程度，因此过于密切的物理距离往往会激起心理上的不适，人们会倾向于互相推搡、躲避以达到合适的人际距离①。

个人距离（0.45~1.2m），其中0.45~0.75m为近段，0.75~1.2m为远段。个人距离与个人空间的大小基本一致。在这个距离下双方能够看清对方的面部表情，言语交流多于肢体接触，触觉部分参与，在个人距离下听觉与视觉是交流的主要感觉通道。这种距离也是人们在交往中最常使用的一种距离，往往出现在朋友、师生、同事或亲属的日常交流之中。

社交距离（1.2~3.6m）。其中1.2~2.1m为近段，2.1~3.6m为远段。近距离社交距离下双方很少有肢体接触，一般只存在言语交流及肢体语言、眼神交流，视觉与听觉为交流的主要感觉通道。这种距离多出现在非正式的陌生人之间的交往中，比如商业接待。远距离社交距离下，双方对是否进一步接触有较大的自主权，可以打招呼后进入更近的社交距离，也可以简单聊几句后继续做自己的事。与较近的社交距离相对应，远距离社交距离一般存在于正式的公务或事务接触中，比如同事之间商量工作，国家元首之间的会晤等①。

公众距离（3.6m以上），其中3.6~7.5m为近段，7.5m以上为远段。公众距离下视觉与听觉往往承担了交流的全部感觉通道，此时言语信息与肢体语言成为全部的表达方式。比较常见的是政治家演讲、知名人士举行新闻发布会与观众的距离，又或者是教师给学生们上课的距离。

从个人距离向公共距离的转变中，几个重要感官参与程度也随之发生改变。在亲密距离内，嗅觉、触觉、听觉、视觉等感觉均发挥着重要的作用，随着距离的增加，视觉与听觉逐渐成为发挥作用的全部感官通道（图5-5）。另外需要注意的是，霍尔对于人际距离的四种划分是在对美国白人的研究基础上进行的，霍尔认为不同文化背景的人，他们的个人空间也是不一样的。因此，在将这一结论进行跨文化讨论时，尤其是在文化差异较大的亚洲文化中推广时需要结合实际文化情况进行适度调整。

① 苏彦捷.环境心理学[M].北京：高等教育出版社，2016.

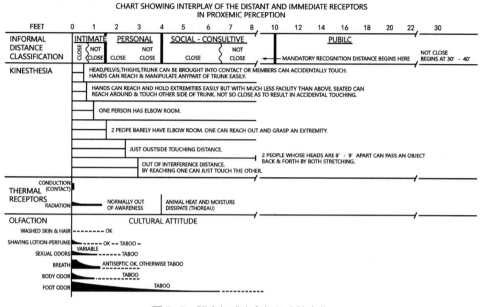

图 5-5　距离与感官参与程度的变化

（来源：The Hidden Dimension by Edward T. Hall）

　　杨治良，蒋韬，孙荣根（1988）[1]曾对 160 名 20~60 岁的成人被试者进行实验研究，这些被试者相互陌生，男女各半，有干部有工人，文化程度也各有不同，研究揭示了中国人个人空间的一些数据。实验测定，女性与男性接触时平均人际距离是 134cm，这是在所有组里最大的，当女性与女性接触时平均人际距离是 84cm，两者相差悬殊。而男性与女性接触时平均为 88cm，男性与男性接触时平均为 106cm。男性之间的人际距离要大于女性之间的人际距离，数据显示总体上中国人的人际距离要小一些。

　　以上人际距离均是基于普通人日常生活状态、生活空间的测量，而一些特殊人群如精神病患者、罪犯的个人距离，也需研究者进一步探索。此外，在某些特殊时间段，会出现特殊形式的个人距离需求，如在公共卫生事件尤其是传染性疾病暴发的特殊时期，有医学专家呼吁提出必须保持一定的特殊距离——安全距离。据医学资料显示，保持"安全距离"是为减少飞沫传播的风险，疫情期间在公共场所要求保持 1m 以上的"安全距离"。

5.1.6　对个人空间的侵犯

　　对个人空间的侵犯与对固定领域的侵犯两者之间存在异同，相似之处在于它们都是未经允许的空间入侵行为，并且都会引起被入侵者的不适；不同之处在于两者

① 杨治良，蒋弢，孙荣根.成人个人空间圈的实验研究 [J].心理科学通讯，1988（02）：26-30+66-67.

带来的被入侵者的反应与后果有很大差异。例如面对固定领域的入侵，领域所有者会尽自己所能来保卫领域，但由于个人空间的可移动性，人们通过简单的逃避行为就可以达到维持个人空间的目的，因此往往不会选择风险较高的"战斗行为"。同时，对于侵犯个人空间的反应，被入侵者和入侵者的反应也是不同的[1]。

1. 被入侵者的反应

当个人空间遭到侵犯时，首先会引起唤醒，接着会带来不舒适感与消极情绪，之后会有一系列的认知行为并由此产生补偿反应；但这一系列的反应会受到被入侵者的个体特征影响，比如年龄、性别、感知到的社会地位等。具有不同特征的个体面对入侵时，不仅会激起不同的唤醒水平，其认知阶段的归因也会有很大区别。因此在讨论个体对入侵的反应与影响时，必须结合具体的情境与双方的个体特征来判断。

在个人空间的侵犯带来的影响上，有关性别差异的研究发现，男性对来自面对面的入侵反应更强烈，而女性对来自侧面的入侵反应更强烈（Fisher，Byrne，1975）[2]；面对同样程度的入侵，男性的反应比女性更消极（Pattreson，Mullens，Romano，1971）[3]。总结已有研究发现，不管侵犯者的个体特征如何，多数情况下对个人空间的侵犯都是令人厌恶的，躲避是面对侵犯行为时绝大多数人的选择。

2. 入侵者的反应

当一个人侵犯他人的个人空间时，侵犯者自己的个人空间在一定意义上也被对方侵入，因此很少有相对处于弱势的个体会主动侵犯他人的个人空间，因为自己所受到的消极影响可能更大。

进一步的研究表明，男性入侵者会比女性入侵者带来更多肢体上的反应（Bleda，Bleda，1976）[4]，也会带来更多的不安（Murphy-Berman，Berman，1979），人们对于男性入侵者的评价也更加消极（Bleda，Bleda，1978）[5]；在作为入侵者时，女性更倾向于选择对她们微笑的人进行侵犯，而男性则恰好相反，更倾向于选择反应消极的人进行侵犯（Hughes，Goldman，1978；Lockhard，McVittie，Isaac，1977）[6][7]。

① 苏彦捷. 环境心理学 [M]. 北京：高等教育出版社，2016.

② Fisher, Jeffrey, DavidByrne, et al. Too Close for Comfort：Sex Differences in Response to Invasions of Personal Space：Erratum[J]. Journal of Personality & Social Psychology，1975.

③ Patterson M L, Romano M J. Compensatory Reactions to Spatial Intrusion[J]. Sociometry，1971，34（1）：114-121.

④ Bleda P R, Bleda S E, Byrne D, et al. When a bystander becomes an accomplice：Situational determinants of reactions to dishonesty[J]. journal of experimental social psychology，1976，12（1）：0-25.

⑤ Bleda P R, Bleda S E. Effects of Sex and Smoking on Reactions to Spatial Invasion at a Shopping Mall[J]. Journal of Social Psychology，1978，104（2）：311-312.

⑥ Hughes J, Goldman M. EYE CONTACT, FACIAL EXPRESSION, SEX, AND THE VIOLATION OF PERSONAL SPACE[J]. Perceptual & Motor Skills，1978，46（2）：579-584.

⑦ Lockard J S, Mcvittie R I, Isaac L M. Functional significance of the affiliative smile[J]. Bulletin of the Psychonomic Society，1977.

有关年龄与社会地位差异的研究发现，8 岁及以下的儿童作为入侵者时，较少引起被入侵者的消极反应，5 岁孩子甚至会得到积极的回馈（Fry，Willis，1971）[1]；而高社会地位的人入侵时会引起更多的回避反应（Barash，1973）[2]。

群体的大小也会影响个体入侵的倾向。一般说来，人们不愿意入侵正在进行互动的群体成员的个人空间，四人群体比两人群体影响更大，所以步行者与群体成员一般比与单独的人距离更远（Knowles，Kreuser，Haas，Hyde，Schuchart，1976）[3]；人们也不愿意侵犯社会地位更高的群体空间。

5.1.7 个人空间与环境设计

1. 公共空间

（1）社会离心空间与社会向心空间

古尔公园（Park Güell）于 1900 年开始建造，位于巴塞罗那的北部的卡梅尔山（Carmel Hill），向南则可俯瞰巴塞罗那全景，远眺地中海。古尔公园可以说是高迪占地面积最大的一个项目，它于 1984 年被宣布为世界遗产。古尔公园核心区的中心是一个大型的露天平台，原计划称为希腊剧院（The Greek Theatre），后改称为自然广场（Plaçade la Natura）。平台最外圈看似"自然"的蛇形座椅实际上是用大小两个半圆——衔接而成，是严格控制下的曲线（图 5-6）。这些半圆的座椅很巧妙地将休息的人群分隔而不会互相打扰。平台最外圈看似"自然"的蛇形座椅实际上是用大小两个半圆——衔接而成，是严格控制下的曲线。这些半圆的座椅很巧妙地将休息的人群分隔而不会互相打扰（图 5-7）。

1950 年，Sommer 在研究医院公共休息厅的时候发现，空间中的座位摆放会影响人们的交往行为，座位摆放使人们缺乏目光接触时，会妨碍人们之间

图 5-6 巴塞罗那的戈尔公园座位设计
（来源：作者自摄）

① Fry A M，Willis F N. Invasion of Personal Space as a Function of the Age of the Invader[J]. Psychological Record，1971，21（3）：385–389.

② Barash，David P. Human ethology：Personal space reiterated[J]. Environment and Behavior，1973.

③ Knowles E S，Al E. Group size and the extension of social space boundaries[J]. Journal of Personality and Social Psychology，1976，33（5）：647–654.

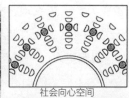
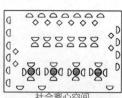

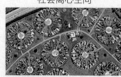

社会向心空间　　　　　社会离心空间

向心空间　　　　　　离心空间

手冢建筑研究所设计的富士幼儿园，将狂野的乐趣置于设计的中心，看似自由分散却因为屋顶操场平台的向心性导向设计而显出主题明确。

丹麦景观设计之父索伦森的代表作：都市农场与分配花园，结构独立而又统一，整体来看偏向离心空间，个体内部却包含向心空间。

图 5-7　戈尔公园的蛇形座位
（来源："建筑志"公众号）

图 5-8　社会向心空间与社会离心空间
（来源："筑梦师"公众号）

的交谈；座位摆放模式呈集聚状态时（图 5-8），能够促进人们在空间中的交往。前一种鼓励社会交往的空间被称为社会向心空间（Sociopetal Space），后一种维持个人私密性的空间被称为社会离心空间（Sociofugal Spaces）。

在公共空间设计中，社会向心空间和离心空间的身影处处可见，如咖啡厅、酒吧和餐厅往往采取社会向心空间的方式，人们围绕着每一张桌子相对而坐，形成相对独立的有利于交流的小空间。火车站、汽车站等人流量较大的公共空间，座位往往成排固定布置，容纳大量旅客就座的需求相反成为设计首要考虑的问题。

显然，社会向心布置并非永远都是好的，社会离心布置也不是都不好，人们并不是在所有场合里都愿意和别人聊天。例如图书馆、阅览室里要的是安静而不是嘈杂。在公共空间设计中，设计师应尽量使桌椅的布置有灵活性，既需考虑人们的交往需求，也需注意人们的私密性要求，根据需求设计不同功能的空间，如曲线形的座位或成直角布置的座位以促进人们交流，独立的座位以供人们安静的独处。

陆家嘴商务中心（理查德·罗杰斯事务所）可以看作是一个中观尺度的社会向心空间：六个具有混合功能的社区从空间中限定出一个公共的中心城市公园，公园周边成组布置不同高度的建筑物以减少它们对其他建筑和公共空间的影响。梅杰卡技术城则是宏观尺度的向心和离心空间并存的城市，技术城被分成每个大约 2000 居民的三个社区，开发顺应基地的地形。山顶部分不建房屋。每一个社区在步行和自行车行距离范围内规划，一条地面公共交通路线连接三个社区的中心，形成"枝与

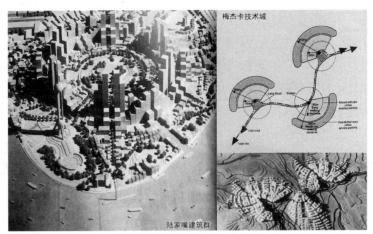

图 5-9 陆家嘴建筑群与梅杰卡技术城

（来源：理查德·罗杰斯，《小小地球上的城市》，2004）

叶"的离心和向心空间和谐并存的空间结构，从每一个社区的社会中心放射出街道（图 5-9）。

（2）瞭望 – 庇护理论

英国地理学家杰伊·阿普尔顿于 1975 年在《景观的经验》一书中提出"瞭望 – 庇护"（Prospect–refuge）理论，该理论是基于景观美学提出的。理论提出人们喜欢视野开阔且能庇护自己的环境，所以人们会更喜欢一个区域的边缘或背部有遮挡的空间，以避免自己背面受袭[①]。

在公共空间中，研究者发现沿空间边缘的桌椅更受欢迎，因为人们倾向于在环境中寻找受保护的空间。位于凹处、长凳两端或其他空间划分明确的座位，以及后背有靠背或遮挡物的座位倍受青睐，相反，那些位于空间划分不太明确之处的座位易受到冷落。人们对边缘空间的偏爱不仅反映在座位选择上，也体现在逗留区域的选择上，人们的活动总是从边缘逐步扩展开的。当人们驻足时会选择在凹处、转角、入口、或是靠近柱子、树木、街灯和招牌之类可依靠的物体边上。丹麦建筑学家 Gehl（1991）说许多南欧的城市广场立柱为人们较长时间的停留提供了支持。人们依靠在立柱或是立柱附近站立和玩耍。当人们在此类空间中逗留，人们既能看到人群中的活动，有对公共活动的视觉参与，同时比待在其他地方暴露得少些，个人空间也是一种自我保护机制，在这类空间中，人们对自己是否参与活动有一定的控制感。

在建筑设计中，这一理论同样被广泛运用。1991 年，格兰特·希尔德布兰德（Grant Hildebrand）出版了《赖特空间：弗兰克·劳埃德·赖特故居中的模式与意义》

---

① Crawford D W，Appleton J. The Experience of Landscape[J]. Journal of Aesthetics & Art Criticism，1976，34（3）：367.

一书，他解释赖特的作品之所以能让观察者产生幸福感，就在于其建筑空间与外部环境的独特交互模式[1]。另外，著名的波特曼空间也运用了这一理论，他指出，设计一个空间时，空间本身并不是它的最终目的，必须将人的因素包括进去。他常在大空间的周围设置一系列连贯的小空间，这样既有大空间的自由感，又有一个相对独立的庇护场所（图 5-10）。

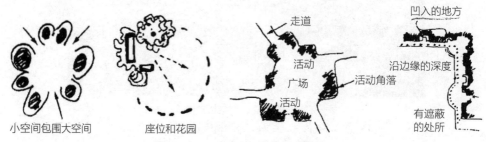

图 5-10　人愿意逗留的各种空间模式

（来源：A Pattern Language）

（3）小群生态

在日常生活中，人们总是三三两两、三五成群地在空间中活动，这就是社会心理学中所说的小群生态，在公共空间设计中，无论是广场、街道绿地、休息厅、门厅、交通空间如过道等，如果空间设计符合这种小群生态的特点，那么空间模式就能与人们的活动模式较好地结合起来。所以设计构思时环境设计者需对小群生态的活动模式有充分的了解[2]。

John James 1951 年曾与其学生在俄勒冈的两座城市中做过观察记录。他们观察了步行人、购物的人、在游戏场游玩的人、游泳的人中一些非正规的小群共 7405 人及正在工作的小群共 1458 人，其中 74% 为 2 人，21% 为 3 人，6% 为 4 人，2% 为 5 人或 5 人以上。由此统计可见，实际上小群在多数情况下是很小的，大部分由 2 人组成。在国外餐馆中观察，多于 3 人的小群是很少的，在一些社交场合大部分人组成的小群也多为三三两两地交谈，超过 4 人的较少，而且这种交谈不断流动变化，重新组合。如果小群要扩大到 8~10 人在一起交谈，就要有所组织或涉及一个大家都十分关心的中心议题[2]。

（4）高宽比（D/H）

日本建筑师芦原义信把建筑物之间的距离与人际距离作了类比，将人际距离延伸至景观设计和街道设计[3]。芦原义信认为建筑物之间的距离（D）与建筑物高度（H）

① Long D G D. The Wright Space：Pattern and Meaning in Frank Lloyd Wright's Houses[J]. Journal of Architectural Education，1994，47（3）：183.

② 李道增. 环境行为学概论 [M]. 北京：清华大学出版社，1999.

③ 芦原义信. 街道的美学 [M]. 天津：百花文艺出版社，2006.

之比 $D:H>1$ 时会逐渐产生远离感；当 $D:H<1$ 时产生接近感；当 $D:H=1$ 时，高度与宽度之间的关系较为均衡；当 $D:H>4$ 时，建筑物之间的影响很小，不用考虑建设物对个人心理感受的影响（图5-11）。这些经验的比值对欣赏和设计雕塑、独立别墅、标志性建筑等都具有参照意义。观赏距离与被看对象的高度可以参照社会距离和公共距离：要看清对象与环境，比值适宜为4；要看清对象，比值适宜为2；要看清细部，则需要走得更近。这在我们的现实生活中很常见，比如在寺庙中，要令人产生崇拜感，通常佛像塑的高大，而且位置也摆放得非常高，人们需要仰视才行，这种设计方式引导人们在心理上产生崇拜感[1]。

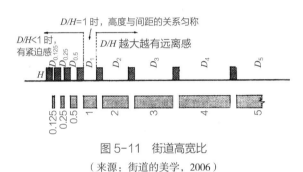

图 5-11　街道高宽比

（来源：街道的美学，2006）

2. 学习环境

（1）图书馆

Estman 和 Harper（1971）在卡内基 – 梅隆大学图书馆中观察了阅览室里的读者如何使用空间，他们的目标不仅是理解使用者对空间的使用情况，而是希望能发展出一套方法来预测相似环境里的使用模式。两位研究人员的记录包括哪类使用者以什么次序使用了哪些座位，以及使用了多长时间。根据 Hall 的社交距离的近段假说，他们假设一旦某个椅子被选择了，那么使用者就会回避该范围内的其他椅子。此点在实验中得到证实。但他们还是发现了一个强烈的趋势，即使用者会选择那些空桌，并且读者很少选择并排的位子，如果读者们这样做的话，则两人很有可能交谈。Estman 和 Harper 归纳了一些图书馆座位选择的原则：

1）人们最喜欢选择空桌子边的位子；

2）如果有人使用了这张桌子，那么第二个人最可能选择离其最远的一个位子；

3）人们喜欢背靠背的位子，而不是并排的位子；

4）当阅览室中已有 60% 以上的座位被占用时，人们将选择其他的阅览室。

（2）教室

斯基恩（Skeen，1976）的研究发现，在一对一的学习情境中，不管任务的难度水平如何，学习者之间处于个人距离的活动表现均高于在亲密距离空间中的表现。

---

① 苏彦捷. 环境心理学 [M]. 北京：高等教育出版社，2016.

而在一对多的典型教学情境中，座位选择最有影响力的刺激因素是其他人的存在。Canter（1975）观察了一个班里的学生是如何选择座位的，在此工作中要求学生以八人一组进入此教室，并发给每人一张问卷要求他们各选一个座位坐下。控制的变量是教师与第一排座位间的距离和座位排列的方式（直线或半圆形）。当教师站在离直线排列的第一排 3m 远时，学生们都坐在头三排座位。当教师与第一排相距 0.5m 远时，学生们都坐到后面去了，只有半圆排布置时，教师的位置对他与学生间的距离没有影响（图 5-12）[1]。这个实验表明在半圆形的环境里，随着角度的变化，抵消了在直线排列时产生的距离选择影响因素。由于有证据说坐在边上和后排的学生参与教学活动少并且不认真，因而环形布置更有利于提高讨论课上学生们的投入程度。实际上半圆形的桌椅排列可以增进全班师生之间的合作与交流[2]。

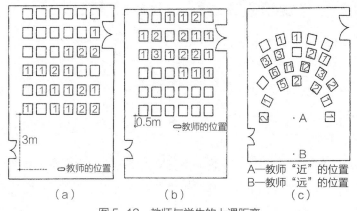

图 5-12　教师与学生的上课距离
（a）座位直线排列在教室中，当教师站在远处时，座位选择的频率；
（b）座位直线排列在教室中，教师站得较近时，座位选择的频率；
（c）教师在四次"近"的试验和四次"远"的试验中，每个座位学生们占用的频率
（来源：Canter，1975）

3. 职业领域

（1）医院

有关职业领域的适宜空间研究多集中在医生与病人之间。比如，格林（Greene，1777）的研究发现，医生与病人之间的适宜距离并不囿于简单的物理层面，而是取决于病人与医生的心理距离大小。当患者认为医生的态度真诚时，较近的距离（0.6m）会增加患者遵从医嘱的概率；而当患者认为医生的态度冷淡时，较近的距离则会产生相反的效果。总而言之，根据上述研究发现，当医生与患者的心理距离与物理距离一致时，对患者会产生更多积极的效果。

心理咨询师也非常注重与来访者之间的距离是否适宜。保持适宜距离，不仅可

① Skeen，David R. Influence of Interpersonal Distance in Serial Learning[J]. Psychological Reports，1976，39（2）：579–582.
② 徐磊青，杨公侠. 环境心理学 环境知觉和行为 [M]. 上海：同济大学出版社，2002.

以防止来访者与咨询师之间的距离过密而所导致的焦虑与不适，同时也可保证不会因为距离过疏而使得来访者不愿倾诉。布勒克曼等人（Brockmann，Moller，1973）的研究发现，在咨询情境中，咨询师与来访者往往更愿意采用中等距离进行咨询，并且在如图 5-13 中展示的 4 号桌椅摆放方式咨询效果最好[①]。

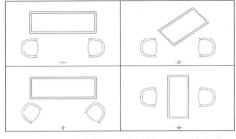

图 5-13　咨询情境下座椅的不同摆放方式
（来源：Brockmann，Moller，1973）

（2）会议室

人际交往中，个人的相对位置还常常与其权力和地位相对应。例如中国封建社会的朝廷上，天子总是高高在上坐北朝南，百官文东武西分列两侧。传统中国宴会也分上座与下座，上座留给贵宾或长者。长桌会议上，会议主席往往坐在桌子的短边，即使在非正式场合，谈话最多的或居于支配地位的人倾向于坐在桌子的短边，以保证能方便看到所有与会者的行为。在国际谈判中，位置的排列秩序甚至还象征着国家的权力和尊严。1959 年 5 月，在苏联和西方国家之间关于德国前途的会谈中，对座位安排问题曾进行了激烈的争论，最后争执双方达成协议：为主要谈判国家设置一个大圆桌，另为民主德国和联邦德国分设一个较小的长方桌，将民主德国和联邦德国视为会议观察员。结束越南战争的巴黎和谈因争论谈判桌的大小和形状而被耽搁了 12 个月，直到 1969 年 1 月 15 日才最后达成协议：用一个直径为 8m 多的完整圆桌进行会议。

（3）交流环境

人们在进行人际交往的接触中，其空间定位往往是有一定规律性的。这一点在座位的选择中表现得非常明显。学者萨默（Sommer）1969 年对此做过研究：他询问被试者与同伴在从事某些交流活动时，会在一张配有 6 张椅子的长方桌如何选择座位，并解释原因。根据观察发现：

1）交谈：选择 90° 折角与面对面的坐法较多。解释说这样既有接近也便于眼光接触，而目光的自由度很大，谈话过程中很少有连续的目光接触。而选择面对面的坐法略多于折角的坐法。

2）协作：相当一部分选择肩并肩的坐法。认为这样便于阅读共同的材料，或核对数据、使用工具。

3）分工：这时往往选择距离最远的座位，减少目光接触，保持秘密，提高效率。

4）竞争：此时双方希望彼此保持一定的距离，然而要有目光接触以刺激竞争意

---

① 苏彦捷. 环境心理学 [M]. 北京：高等教育出版社，2016.

识。多选择面对面坐，这样各自工作有一定秘密性而又了解对方的进度。

萨默经大量研究认为，一般朋友交谈选择角对角就座（图 5-14）；一对竞争者常选择面对面就座；合作者更多地选择肩并肩就座。

图 5-14　朋友间交往时座位的选择
（来源：作者自绘）

5.2　领域与领域性

领域是我们生活中一种常见的空间现象，不同尺度的环境中都有领域这类空间，大尺度如国家之间需要明确的边界，否则极易导致争端甚至引发战争；小尺度如个人办公室、学生时代桌上画的分割线，如果其他人擅自闯入或越界，定会引起不快。生活中领域性行为无处不在，一般说来，领域必有其拥有者，常常表现为不同规模的一个场所或一片区域，且常常标有记号以显示拥有者的存在。

5.2.1　概念及分类

1. 领域和领域性的概念

研究者认为领域是个体或群体排他性地拥有和使用具有一定范围的空间区域；但对于领域性，不同研究者有不同的理解，其中得到较多支持的观点来源于阿特曼（Altman，1975）[1]。他认为领域性是个体或群体为了满足某种需要，拥有或控制一个场所或一片区域，并对其进行个性化和防卫等一系列行为模式的一种属性[2]。

从上述定义可以看出，领域性包含以下特点：第一，它是人类的一种高级需求，体现为对空间及所属物排他性地控制或拥有，这种需求的根源可能来自保证自身安全的本能；第二，领域的需求会伴随着一系列的行为，包括对领域及领域内物体的标记、使用与保护等；第三，领域性的表达基于个体的知觉和空间认知，受个体或群体多个因素的影响。领域性是所有动物的天性，它既是一种与生俱来的习性，为生物性所驱使；同时它又是动物内在心理的需求，是社会性的表现。因此，领域行为有其生物性基础，但在很大程度上又受文化因素的影响与调节。

2. 领域的分类

领域不同于个人空间，个人空间可随身体移动，而领域无论大小，都是一个静止的空间，不能通过逃避行为来避免侵入，因此领域的控制感更强。研究者根据控制感将领域分成不同类别，其中，被广泛认可的是阿特曼 1975 年在《环境和社会行

①　Altman I. The Environment and Social Behavior：Privacy，Personal Space，Territory，and Crowding[M]. 1975.

②　苏彦捷. 环境心理学 [M]. 北京：高等教育出版社，2016.

为：私密性、个人空间、领域和拥挤》（Environmental and Social Behavior、Privacy、Personal Space、Territory and Crowding）一书中对领域的划分 [①]。阿特曼认为领域之间的差异在于它们在生存者生活中的重要性，因而有些领域位居核心地位，个人在领域中感受到的安全和控制程度最佳，具有最强的控制感。因此，阿特曼根据领域对人的重要性差异将领域分为以下三类：首属领域（Primary Territory）、次级领域（Secondary Territory）和公共领域（Public Territory）。

（1）首属领域

首属领域是指被个体或群体独占或专用，同时得到所有者和他人共同承认的专属领域。相对于其他类型的领域而言，首属领域是所有者的生活中心，是所有者使用时间最长，也是控制感最强的区域。在日常生活中，办公室、家等重要场所均属于首属领域。首属领域具有最强烈的个性、隐秘性和归属感，它承担着重要的社会化任务，并满足人们的感情需求。在现代社会中它通常也是得到法律认可的，其所有者可以通过武力来加以保护。

（2）次级领域

相对于首属领域来说，次级领域对使用者来说不处于核心地位，使用者对次级领域的控制感也相应较弱。一般说来，使用者对此区域不具有所有权，不独占这一区域，但具有一定的使用权。在日常生活中，小区组团内的球场、广场等均属于次级领域。通常情况下，次级领域具有半开放性，也没有显著的划分使用标志，他人也可以同样使用，所以当不同使用者试图同时占用次级领域时，就会产生纠纷矛盾。在某些特定情境下，次级领域可以转化为首属领域，比如房前的空地，在同一使用者长期占用而不被质疑的情况下，可能会约定俗成地被某一使用者完全控制。

（3）公共领域

公共领域的开放性最强，任何人均可进入并在遵守规则的前提下短期使用，使用者不具备该区域的任何控制权或所有权。公共领域在人们的生活中随处可见，如城市公园、广场、购物中心、运动场、步行街休憩设施等。为了暂时或短期的某种目的，任何人都可能成为使用者；但公共领域却不是使用者生活的中心，对其占有也是临时性的，也不可能对其长期拥有或控制。使用者一旦离开，就对公共领域完全失去控制。有研究发现，如果使用者频繁地占据和使用同一公共领域，最终这一公共领域可能会成为使用者的次级领域，当其他人进入这一区域时会引起该使用者的不愉快反应（Cotterell，1991）[②]。例如，小区内广场舞锻炼的固定场所被占用、学生在图书馆阅览室常坐的座位被占都会引起其不愉快的反应。

---

① Altman I. The Environment and Social Behavior: Privacy, Personal Space, Territory, and Crowding[J]. 1975.

② Cotterell, John L. The emergence of adolescent territories in a large urban leisure environment[J]. Journal of Environmental Psychology, 1991, 11（1）: 25–41.

5.2.2 领域的功能

人类的领域具有生物性与社会性。从生物性的角度来看，领域的功能主要是提供生活、生产的保护性场所；从心理角度来看，领域具有提升认同感的功能；从社会性的角度来看，领域一方面具有维持私密性的功能；另一方面拥有一定的组织功能，在某种意义上还是身份的标识。

1. 保护功能

早期人类就已学会建设一些防御措施以保障领域所有者的生存活动，例如，收集、加工食物与养育后代等。领域的保护性功能主要是体现在预防上，领域所有者可以通过在领域边界进行标记以警示企图入侵者，或者通过分工使族群中的一部分个体巡逻保卫领域。当领域外的个体注意到标记而选择不侵入时，领域就起到了保护作用。威尔逊（Wilson，1975）[1]和巴拉什（Barash，1982）[2]的研究表明，领域性是社会行为系统的表征，它的发展完善使动物更具有生存适应性[3]。

2. 认同功能

人们通常会在领域建立个性化标志，一方面凸显自己的爱好与品味，另一方面通过这些标志来表明对领域的控制，如住宅、办公室、学生公寓与教室等。学生们会在墙上贴自己喜欢的足球明星、摇滚歌手的海报与写真。私人办公室的墙上会挂着自己喜欢的字画，桌子上更是有家人的照片。对自己的领域个性化，按自己喜欢的方式装饰，增加对个人有意义的饰物，选择自己喜欢的色彩等，都可以提高使用者的满意度，增强认同感。

领域的认同还可物化为职场身份地位的空间标识，例如在诸多公司，普通职员之间仅通过隔板分隔成各自不同的工作区间，而经理则拥有自己单独的办公室，有的公司还会按照职位高低安排办公房间，楼层越高，窗景观越好的办公室，其使用者的职位也越高。在同一城市中，往往越靠近市中心、学校、公园的房价越高，随着距离的增加房价反而降低。

更大规模的领域，如聚落、村庄和社区，领域性也和认同感有着密不可分的联系。严明（1992）[4]分析了西双版纳少数民族的聚落，傣、哈尼、布朗等民族按照古老的传统习惯建立村寨都要举行仪式，挑选寨址，选定村寨的范围和寨门的位置（图5-15）。"布朗族在选定寨址后，群众按寨主或佛爷的指点，用茅草绳与白线先把寨子的范围围起来，在中间栽上许多小木桩，然后建立四道寨门，每道门旁都要栽两根村桩，象征守寨门的神。"寨门和村寨的象征性范围线共同构成了聚落的边界。

① Wilson E O. Sociobiology: The New Synthesis[M]. Cambridge: Harvard University Press，1975.

② Barash D P. Sociobiology and Behavior[J]. Man，1982，13（1）.

③ 苏彦捷. 环境心理学 [M]. 北京: 高等教育出版社，2016.

④ 严明. 理想与现实——对西双版纳建筑创作的思考 [J]. 云南工业大学学报，1992，000（003）: 27-31.

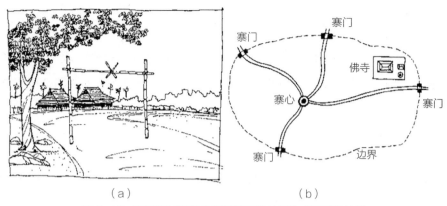

图5-15 寨门和村寨的象征性范围线共同构成聚落的边界
（a）寨门；（b）傣族村寨结构示意图
（来源：严明，1992）

这一边界虽然没有以较多的实物形式出现，但它具有神圣的约束作用。这使村寨聚落从自然环境中相对划分出来，使之成为可控制的领域[①]。

现代社区也是沿着这个思路来确定边界。社区四周用围墙围住，入口大门有专职保安进行监控管理。这样既利于社区的安全防卫，又有利于场所感的营造，同时还增进了居民对社区的认同感和归属感。

3. 私密功能

领域有助于私密性的形成和控制感建立。即使是同一住宅，也会划分不同的功能分区，以满足家庭成员间亲密有间的健康关系。有的研究者认为（Russel Barton，1966）[②]，在医院病房中提供个人领域会促进精神病患者的康复，另外在监狱或密度过高的牢房，如果犯人缺乏个人领域，攻击行为会更多，情绪也表现得更抑郁。维持私密性最常见的形式是使用围帘、墙壁等完成空间上的遮挡，并尽力保证在声音上也与外界隔绝；更有甚者，会在房屋设计的过程中将首属领域设计为套间的形式，进入外间需要很高权限的许可，而内间一般禁止所有人进入。这种"领域中的领域"可以真正保证私密活动不被其他人窥视或偷听，从而保持真正的私密性。

领域有助于个体保持独处，个体能退缩到自己的主要领域里并单独待在那里，这样，个体便能与外界隔开，有助于个体避免不良的外在环境，有助于个体进行反省等活动。因此，辨认出某些东西和地方是"属于"自己的是儿童社会发展中的重要阶段（L Furby，1978）[③]。而且已有证据表明，对领域的依附随着年龄的增长而增强

① 徐磊青，杨公侠.环境心理学 环境知觉和行为[M].上海：同济大学出版社，2002.

② Russell Barton. Mental Hospital Overcrowding：Formula for Change[J]. Mental Health，1966，25（4）：36–37.

③ Furby，Lita. Possession in humans：An exploratory study of its meaning and motivation[J]. Social Behavior and Personality：an international journal，1978，6（1）：49–65.

（G D Rowles，1980）[1]。

4. 协同功能

在人类社会中，领域除了维持私密性，还具有高度的组织功能。在一个家庭中，房子被分为卧室、会客室、厨房等不同功能区，人们从小就被告知不同生活功能区的区别，生活因而井井有条。走出家庭，在校园中，不同的院系有自己的学习区域和聚会场所，只有院系成员才可以自由进出。在大型办公园区、写字楼中，不同的公司占据不同的楼层，彼此之间有所隔又联系方便。不管是家庭、校园还是办公地点，不同类型的领域主要提供的是协同功能，使得人们能在特定区域与群体内成员进行合适的活动，而不至于造成混乱[2]。

此外，部分领域作为私密性较高的场所还具有一定的社交功能。比如邀请到私宅中做客，已成为当代待客之道的最高礼遇。在咖啡馆和酒店，当付费使用特定的座位时，实际上已经在特定时间内以租借的形式取得了该区域的领域使用权。在这种情况下，领域体现了其社交功能。

无论领域提供的是生活和工作的协同性还是社交功能，领域集中满足了人类对社会性的需求，表达了人们日常生活的组织性，这都说明了领域的协同功能。

5.2.3　领域的控制机制

建立领域的基础就是得到他人的认可，因此人们会通过一些行为来表明领域的归属，如国界上的界标、住宅前的树篱或围墙。我们可以将这些行为归纳为两类：个性化与标记。

1. 个性化

领域的个性化意味着领域的占有者用特殊的方式赋予领域空间独特性，个人化一般表现在主要领域和次要领域，如学生装饰自己的宿舍、床铺，职员在属于自己的办公桌上摆放个人化的物品，还有不同风格的社区标志。社区个性化有利于区分业主和到访者，从而减少领域侵犯行为的发生。个性化行为可以促成人们对于领域的依恋，增加人们对于"我的"这一概念的认同感。个性化也反映出所有者的身份，如房屋内部装饰的复杂性与主人的经济地位相关。领域的个性化程度越高，领域所有者对领域的归属感就越强。阿特曼（Altman，1976）的研究指出，大学生房间装饰的数量和种类与大学生在学校留宿的可能性有关。在大学宿舍，学生采取何种方式对他们的宿舍进行个性化装饰，与他们对学业的认同感有关[3]。那些装饰得丰富多

① GRAHAM D. ROWLES. Chapter 9–Growing Old "Inside"：Aging and Attachment to Place in an Appalachian Community [J]. Transitions of aging，1980：153–170.

② 苏彦捷. 环境心理学 [M]. 北京：高等教育出版社，2016.

③ William B，Hansen，Irwin Altman. Decorating Personal Places[J]. Environment & behavior，1976，8（4）：491–504.

彩并且显示自己喜欢大学环境的学生，比那些几无装饰自己宿舍的人更可能在学校生活。一般而言，女性对家表现了更多的个性化行为，并比男性对家有更深的依恋。戈林鲍姆（P E Greenbaum，1987）认为房东比房客更经常地将居住标记个人化[1]。领域的个性化，作为控制领域的有效办法，既能保证领域的认同感，又能保证领域内的安全。

2. 标记

在成熟的人类社会中，领域所有权的最基本证明是地契或租约，但在日常生活中，所有者通常会通过物品或某些特定行为来给领地做标记，从而使领域免受侵入，比如庭院的篱笆、晒麦季节空地的"占"字以及阅览室桌上的水杯。我们通过细心的观察就不难发现，领域性的标记可以大致划归为两类：第一类是阻隔领域与公共区域的障碍物，比如围墙、篱笆、床帏、铁丝网甚至看门的恶犬等。直接对入侵行为造成屏障，增加入侵的难度，使得入侵对象的界限更为明显也是人们最常采用的形式，其优点在于明确界定了领域的边界，缺点在于无法直接标明领域的属性，成本也较高。第二类是抽象符号标记，包括文字与图形，比如"办公区域，闲人勿进"的警示牌或是图形类的警示标志。这一类标记虽不能直接对入侵行为造成障碍，但是可更直接、明确表明了领域的性质以及入侵领域可能带来的后果，成本也较低；其缺点在于对故意入侵者无法起到阻隔的作用。鉴于上述两种防卫方式的利弊，在现实生活中人们往往会选择将两种类型的标记物结合使用。

所有者通过对领地的标记行为可向其他人传达该区域的领属，在最大程度上避免不必要的冲突。一般来说，领域的标记越具有个性化的特征，放置越明显，也就越能表明该区域的所属对象，也越能减少其他人的入侵。在公共领域，没有明显领域标记的地方会更容易遭到破坏，比如用途不太明确的空地和绿地往往是被破坏最多的地方；而私人住宅和沿街小商店被破坏的可能性要小得多，因为它们有明确的领域标记。因此，从提升所有者的控制感、安全感等方面来说，重视领域性对环境设计是具有重要意义的。

5.2.4 领域的防卫

1. 首属领域的防卫

一般而言，首属领域的边界往往明确且被人们广泛接受，对领域所有者而言其重要性最高，领域所有者对其采取的保护措施也最高。因此首属领域的状态通常是最稳定的，遭受的入侵行为相对来说最少。但一旦发生入侵，由于入侵者往往拥有

① Greenbaum M E, Harvey C E. Externalities and acceptable standards the case of surface mining[J]. journal of environmental management，1978.

更高的敌意，带来的后果也是最严重的。在人类社会中，对首属领域来说，其所有权都受到法律保护，因此不被允许的入侵往往是违法的，人们通常会采用法律手段来维护自己的权益（Brown，1987）[1]，如果法律途径走不通，就会采取可能造成两败俱伤的武力来解决争端，最极端的例子便是国家之间的战争[2]。

2. 公共领域的防卫

对于公共领域的侵入，人们通常不会有很强烈的反应。部分使用者在暂离公共领域时可能会留下部分私人物品暂时标明所属性，以方便回来时继续使用；但由于人们对公共领域并没有强烈的控制权，这种标记并不具有类似于首属领域标记的强有力的约束性，尤其是当公共资源紧张时，部分后来者可能会无视标记物的存在直接占有并使用资源。有研究发现，在这种特殊情况下原来的所有者通常不会驱离入侵者，而是选择避开（Brown，1987）[1]。萨默等人（Sommer，Becker，1969）发现，在公共领域，人们都喜欢做标记，但当其他人侵入时，他们一般都不会采取防卫[3]。在麦克安德鲁等人（McAndrew，Rychman，1978）[4] 的研究中，当被试者发现原先放在图书馆座位上的标记物被其他人放在一边时，即使入侵者不在，原来的占有者也不会再回到这个座位上。但是，阿伦森（Aronson，1976）的研究却发现，当邻座的人离开期间有入侵者时，有 63% 的旁观者会主动为原来的占有者保卫该领域。泰勒等人（Taylor，Brooks，1980）[5] 在研究中发现，有 50% 的人发现自己在图书馆占据的领域被其他人入侵时，会要求入侵者离开。鉴于研究结果的不一致，也有研究者提出，人们对于公共领域是否采取保护性措施，取决于领域对占有者的价值。

公共场所的某些地点反复被一定的人群占用，该地点的领域特权就可能被人们所默认。譬如在公园里，某个地方被一些人占领了，其他人就会避免纠纷绕道而走。不同的群体在公园里都有自己的地盘，尽管这些地方表面上没有任何标记，占有者对此区域也没有任何合法权利，但大家都心照不宣，其他人很少闯入。有时一块绿地在时间上会有不同的特色。早晨，老年人在此处挥舞木兰剑；放学后，这里或许是孩子们踢球的操场；而到了晚上，这块地盘就完全属于青年男女了，在这些事件中都没有明确的界限或标记以表明所有权，使用方式就足以明确领域的归属[6]。

---

① Brown，Jacqueline，Johnson，et al. Social Ties and Word-of-Mouth Referral Behavior[J]. J Consum Res，1987.

② 苏彦捷. 环境心理学 [M]. 北京：高等教育出版社，2016.

③ Sommer R，Becker F D. Territorial defense and the good neighbor[J]. Journal of Personality and Social Psychology，1969，11（2）：85-92.

④ Mcandrew，Francis T，et al. The effects of invader placement of spatial markers on territorial behavior in a college population[J].The Journal of Social Psychology，1978，104（1）：149-150.

⑤ Taylor，Ralph B，Brooks，et al. Temporary territories：Responses to intrusions in a public setting[J]. Population and Environment，1980，3（2）：135-145.

⑥ 徐磊青，杨公侠. 环境心理学 环境知觉和行为 [M]. 上海：同济大学出版社，2002.

3. 次级领域的防卫

次级领域的重要性介于首属领域与公共领域之间，领域所有者对其没有明确的绝对所有权，界限界定也较模糊，这也正是其相对于首属领域与公共领域更复杂的原因。次级领域在遭受入侵时，是否采取保护行为以及保护行为的激烈程度往往受到特定情境的影响。在一般情况下，领域所有者往往会根据实际情况调整认知。一种方式就是强调次级领域的重要性，将其提升为首属领域的范畴，当面临侵入时就可能采取类似于首属领域的保护行为；另外的方式就是强调其公共性，而采取类似于针对公共领域躲避冲突的方式。

虽然领域的入侵时有发生，但在多数情况下，人们会尊重领域所有者避免冲突的发生，这样可以保证领域的私密性与协同功能最大限度的实现。在城市社区保护领域的私密性，可以通过提高邻里之间的合作提高控制感，从而提升社区的幸福感（Edney，1975）[1]。

5.2.5 领域性与环境设计

在实际生活中，领域对个体和群体均具有极其重要的意义，领域性具有维持社会安定的重要功能。一个空间如果不能明示或暗示空间的所有权、占有权和控制权，人们相互交往就会一片混乱。领域的建立可使人们增进对环境的控制感，并能对别人的行为有所控制。促进领域性的环境设计应重在提高秩序感和安全感，从而达到减少冲突、增进控制的目的。

1. 理论基础

（1）可防卫空间（Defensible Space）

简·雅各布斯（Jacobs Jane，1961）是第一位提出实质环境设计可以影响安全感的学者，她认为某些城市设计手法有助于减少居住区的犯罪[2]。譬如，住房应该朝向有利于居民自然观察的区域，公共空间和私有空间应该明确区分开来，公共空间应该安排在交通集中的地方等。1972年，Newman的著作《防卫空间：通过城市规划预防犯罪》发展了这些想法，他将这类空间称为可防卫空间，他从1968年就开始关注美国城市的住宅区犯罪问题，他发现高犯罪率住宅区在规划布局与设计上具有户数多、层数高、住宅区内车辆可以自由穿行、缺乏组织花园、公共空间缺乏监督等特点[3]。Newman认为可防卫空间的设计特征有助于居民对领域进行控制，这将降低居民的恐惧感。基于此，他将可防卫空间理论总结为四个基本元

---

① Edney，Julian J. Territoriality and control：A field experiment[J]. Journal of Personality and Social Psychology，1975，31（6）：1108.

② Jacobs J. The Life and Death of Great American Cities[J]. New York，1961.

③ Oscar Newman. Defensible space，people and design in the violent city[J]. Architectural press，1972.

素：领域感（Territoriality）、自然监视（Surveillance）、意象（Image）和周围环境（Environment）。

1）形成易于被感知并有助于防卫的领域。将私密－公共空间层次划分等级，这样无形会扩大居民占有的空间与活动范围，从而增加了居民对环境的关注和控制。

2）自然的监视。通过建筑物和门窗的设计，使居民可以从室内自然监视到户外活动，从而提高了对环境的监控能力。

3）形成有利于安全护卫的建筑意象。建筑物的设计要考虑到给人的印象，建立真正或象征性的屏障，可以帮助居民控制环境。

4）改善居民的社会环境。周边合理的土地使用和周围场所活动都能够减少住宅周围出现不安全的行为。

可防卫空间并非是降低犯罪率的真正原因，而是通过空间影响人们的心理与行为，一方面增强居民的领域感，另一方面增加领域性行为，并加强对领域的监视。纽曼的"可防卫空间"思想在环境设计中得到了广泛的支持[1]，也得到了很多研究的证明，群体领域性具有促进群体领域感和保护所在邻里、社区和城镇的群体行为的功能。这也同样说明，尊重人们的领域性，对进行进一步的环境和建筑设计都非常重要。

（2）环境预防犯罪

1971 年美国著名犯罪学家杰斐利（C.Ray Jeffery）在《通过环境设计预防犯罪》（Crime Prevention Through Environmental Design）中首先使用 CPTED 一词，环境设计预防犯罪理论认为"对物质空间的合理设计及有效使用，可以减少犯罪行为的发生以及对犯罪行为的恐惧"[2]。杰斐利的著作与纽曼的著作同时期出版，引起的反响相对较小，但在后续的著作中，二人都对对方的研究作了介绍与点评，其理论也出现了某种程度的融合趋势（赵秉志，2012）[3]。在理论发展过程中，研究者将纽曼最初提到四个基本元素及其后续著作中增加的出入控制（Access Control）、目标强化（Target Hardening）、活动支持（Activity Support）归纳为环境设计预防犯罪理论六类要素：领域感、监视、出入控制、目标强化、行为支持、形象与维护。

1）领域感。通常，领域性行为如设置栅栏、艺术小品和标识均能有效地警告入侵者，领域的确立有利于人们对相应空间权属的认同及监督，利用有形与无形的领域标记去界定空间，既明确地定义了空间，又唤起了人本能的领域防卫感，对潜在的侵犯者来说也是一种心理威慑。

2）监视。环境设计和照明设计应促进环境中自然监视的形成，使建筑内的人们

---

① Oscar Newman. Defensible space，people and design in the violent city[J]. architectural press，1972.

② C Ray，Jeffery. Crime Prevention Through Environmental Design[J]. American Behavioral Scientist，1971.

③ 赵秉志，金翼翔. CPTED 理论的历史梳理及中外对比 [J]. 青少年犯罪问题，2012（03）：36-43.

或过路者广泛地参与监视，避免造成盲点，减少遮挡视野的屏障。

3）出入控制。出入控制主要针对特定空间、建筑的使用而言，如果某一空间、建筑的使用需要对特定人员的人数进行审核，那么该空间和建筑中发生犯罪的概率便会大大降低。

4）目标强化。目标强化是指对特定目标加强其保护措施，如营造围墙、加高围墙、布置铁丝网、加装防护栏等都属于常见的目标强化手段。

5）行为支持。城市中某些环境人流量很少，自然而然呈现出衰败混乱的景象，因此，对于这些地区就需要人为增加或优化公共空间以吸引人的行为活动，努力营造有活力的空间景象，活动支持就是人为增加该地区的人员活动来增强空间监控以预防犯罪。

6）形象与维护。某一社区的形象不仅直接影响犯罪行为，也对当地居民产生积极或消极的效应，为潜在的犯罪分子提供社区凝聚度的暗示，为此有必要保持社区的干净整洁，清除废弃物品，处理闲置空房，防止环境出现衰败和混乱，创造和维护良好的社区形象。

2.社区领域性环境设计

（1）宏观层面：优化居住用地布局

城市单一的土地使用开发会导致城市缺乏活力，同时会导致工作与购物出行距离过长，居住地内工作期间内成为监视犯罪的时间盲区，此时混合的用地则能起到监视作用，如居住区周边活跃的商业氛围。在用地布局上，应强调城市用地功能的协调混合，使城市用地均质化，即各地块的商业服务、交通可达、周边环境、教育娱乐等区位影响因素比较近似，从而增加社区的独立性，以利于居民选择工作出行距离较短的居住地，也减少闲暇时间购物、休闲娱乐等活动的出行距离，尽量使居民得以在步行范围的区域内完成必需的居住、就业、娱乐、教育、购物等各种活动，享受到丰富多彩、充满活力的社区生活的温馨与便利，减少对城市中心的依赖，从而达到减少"时间盲区"、降低犯罪概率的目的。同时，就单个居住社区而言，用地的合理混合，有利于塑造活跃的邻里空间[①]。

（2）中观层面：控制居住区规模

随着住区规模的增大、居民数量增多，越不容易形成居住区领域感，也越不利于犯罪预防。小规模邻里和低层住宅楼为居民提供了更多的社会交往，并增加了居民之间的熟悉感（Newman，Frank，1982）[②]。居民彼此熟悉能够提高人们的安全感和克服对陌生事物的恐惧感，人们对熟悉的事物怀有深厚的感情，社交活动和社区凝

---

① 刘岠. 基于犯罪预防的城市居住空间规划研究 [D]. 天津：天津大学，2006.

② Newman, Oscar, Franck, et al. The effects of building size on personal crime and fear of crime[J]. Population and environment, 1982, 5（4）：203–220.

聚力可能比物质环境更为重要，人们在相互认识的情况下，很容易辨别外来者，从而减少犯罪的可能。纽曼（1996）[①]曾在一个社区改建计划中通过减小住区规模成功地降低了社区里的犯罪率。他在美国俄亥俄州代顿市中心附近的一个社区完成此项研究，这个社区在 20 世纪 60 年代时主要是白人和中产阶级人士，他们都是住房的拥有者。到了 20 世纪 90 年代社区居民中则超过一半都是少数民族和租房者，犯罪率上升，地产价值下降。纽曼参与了该社区的改建工作，并把该社区分成了更多的小组团，用大门封闭了一些大街和小巷。这个改建计划实施以来，总的犯罪率下降了 26%，暴力犯罪案件下降了 50%[②]。

（3）微观层面：构建可防卫空间

1）空间划分明确，出入控制管理

领域标志物无论是实质性的还是象征性的，都是领域限定的要素。真正的屏障包括篱笆、大门、高墙等，象征性屏障包括花园、树丛、灌木和台阶等，都能对空间进行划分，形成一定的内向型领域，是实现居民的社区归属感，建立有效交往并相互认同。同时明确的领域界限有助于每个人把私有住宅外的半私密、半公共区域视为住宅和居住环境的组成部分，有助于在住宅边形成亲密和熟悉的空间，可以使居民能更好地相互了解，能鼓励居民之间的社会交往，有望促进感情而加强邻里的团结。加强对外人的警觉和对公共空间的集体责任感，这有助于防止破坏和犯罪。在边界划分的基础上进行出入口控制，强化所有权的空间层次设计能激发领域感的觉醒，并减少对私有空间、半私有空间、半公共空间和公共空间的混乱和误用。并且过多的出入口使犯罪人方便进入并易于逃脱，降低了居住区的安全性。同时也会减少空间的围合感以及居民相遇的概率，提高居民控制社区空间及相互熟识的难度。

2）增加自然监视，塑造交往空间

改善视线接触能增加对居住区的监视，第一通过改善住区内部建筑物布局和门窗位置，使居民可以从室内自然地监视户外活动，犹如环境长着眼睛，突出了居民自我防卫的重要性，居民的自我防卫提高了对空间的监视机会，从而对犯罪分子具有心理威慑作用；第二适当提高室外照明也能有效地降低犯罪发生率和减少居民对犯罪的恐惧感。另外研究者指出，促进人与人之间活动的实体环境，可进一步减低犯罪的概率（Fowler，1987）[③]。合理规划居住环境中的公共空间以增加居民的户外活动，从而起到对环境的自然监视作用。而在绿化设置方面则需注重视线的通透性，避免绿化遮挡视线影响自然监视或形成盲点空间，成为犯罪嫌疑人隐藏的地点。

---

① Newman，Oscar. Creating defensible space[M]. Diane Publishing，1996.

② 徐磊青，杨公侠 . 环境心理学 环境知觉和行为 [M]. 上海：同济大学出版社，2002.

③ Fowler E P. Street Management and City Design[J]. Social Forces，1987，66（2）：365–389.

3）提升住区形象，改善旧区环境

废弃的房屋、残破的建筑、肆意破坏留下的痕迹都会让居民感到社区治安不佳，使居民缺乏安全感，感到恐慌。并且根据破窗理论，如果某一建筑的窗户破损后没有得到修理，那么该建筑的窗户以及其他设施都会在短时间内都遭到破坏。同理，如果某一地区的环境出现恶化而没有得到治理和改善，那么这一地区的环境便会遭到更多的破坏。因此住区环境中不文明、破败的环境意象同样会让犯罪者认为此地治安欠佳，犯罪的可能性则会增加。营造、维护良好的环境意象使人们感到良好的治安水平，一方面可以提高居民安全感，另一方面则可以减少犯罪行为。因此，在住区形象与住区环境维护上，应保证社区的干净整洁。

4）开放住区

我国传统的封闭住区虽然具有较强的领域性，但也存在阻碍城市交通、资源浪费等弊端，住区开放则成为解决这些问题的重要途径之一。与纽曼改建计划相似的"大开放、小封闭"成为住区的开放模式，即住区在空间、功能上与城市有机联系，仅对居住组团进行封闭的居住模式。在封闭单元内保留居住功能和邻里交往功能以保持单元的稳定和安全，并使邻里得到足够的交往机会。在小封闭基础上，住区封闭不再使用实墙、铁栏杆等消极边界，而是在建筑底层设置底商，除分隔内外空间保证领域感外，还增强了城市活力。小型商业设施不仅充当了居民交往的纽带，促成了不同居民随机交往的出现，同时这些小商店又充当了"义务治安员"的角色，对住区周围形成了一定的监视作用。事实证明，封闭管理规模小的单元要远比管理规模大的单元有效：首先，人们可感知的邻里范围有限，小的空间规模有利于居民对领域的认同感和归属感；其次，小范围的封闭有利于组团外监控，增加内在安全感；最后，小范围的封闭有利于促进适度规模的交往频率，提高邻里的熟悉程度和陌生人的察觉敏感度。采用"大开放，小封闭"的住区组织方式，既能保证住区顺应城市的扩张，又能保证居民的领域感，保证住区封闭单元内居民生活空间的完整性。而且，在封闭单元保证充分安全性的同时，住区的公共开放氛围也能增加住区的活力（张荣华，2007）[①]。

5.3 私密性

在心理学中，私密性是在心理层面控制何时、何地、以何种方式与他人分享或沟通信息。在环境设计中，私密性可物化为空间形态的设计思路和控制技巧，即通过空间的营造方式，如功能分区、空间分隔等不同尺度的设计技巧，形成由私密性、半私密性、半公共性到公共性的空间层次，以应对各种可能的活动模式需求。

---

① 张荣华. 城市扩张中"开放型住区"模式及问题探析 [D]. 杭州：浙江大学，2007.

5.3.1 私密性的概念

人类具有生物性、社会性和主体性三大特性，这些特性反映在人对空间的需求上，便是领域性、公共性和私密性（图 5-16）。

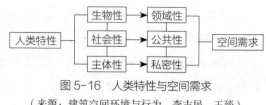

图 5-16　人类特性与空间需求

（来源：建筑空间环境与行为，李志民，王琰）

在空间行为研究中，领域性、个人空间和私密性是相互关联的，领域性和个人空间最重要的功能是保护功能和社会功能，而在社会功能中，最重要的体现就是私密性。在发展成熟的人类社会中，无论是领域还是个人空间，很大的作用就是维护个体或群体的私密性[1]。

韦斯廷（Westin，1970）最早将其定义为个体的一种控制意识，或是对其他人与自己接近程度的选择能力，后来的森德斯特伦（Sundstrom，1986）将私密性分为两大类，即言语的私密性与视觉的私密性[2]。前者是指言语上的交流内容不被其他人所偷听，而后者是指行为、文字等视觉信息不会被他人所窥探。现在被心理学家广为接受的概念是由阿特曼（Altman，1975）提出，他认为私密性是个体能够有选择地控制接近自己的人或物[3]。这一概念与早年韦斯廷提出的有相似之处，"有选择地控制"包含两层意思：第一层是控制权的掌握，个体可以完全控制自己的信息是否被他人知晓；第二层是"有选择"涉及程度的问题，即个体可以选择将自己的何种信息在何种条件下与人分享。从以上两层意思来看，私密性并不是简单地保护自己的信息不外泄，或者将他人屏蔽于自己的世界之外，而是一道可以自由开关的信息阀门，按照个体的意愿开合。总结所有的研究可以看到，在私密性的概念上，其核心成分为两个：一个是行为倾向——进退控制；另一个是心理状态——信息控制[1]。

私密性不仅包括与空间有关的对社会交流管理与组织，也包括与空间关系不大的个人信息管理与组织。韦斯廷（Westin，1970）认为，私密性分为四种基本类型：独处（Solitude）、亲密（Intimacy）、匿名（Anonymity）和保留（Reserve）。独处是指个体希望完全不受他人干扰，也不被他人窥视或偷听的状态。亲密是指两个或以上的小团体的私密性需求，与独处类似，也不希望被团体之外的任何人打扰或窥探。例如，情侣或闺蜜之间的交流，这种状态一般是在亲密距离或者个人距离中的交往。匿名的必要条件是两人或以上个体通过某种方式交流（通信或面对面等），却不希望在场的其他人知道自己任何信息。演员、歌手或是其他社会名人对此需求最为明显。

① 苏彦捷. 环境心理学 [M]. 北京：高等教育出版社，2016.

② Sundstrom，Eric，Sundstrom，et al，Cambridge University Press（CUP）. Work places：the psychology of the physical environment in offices and factories[M]// Work places：the psychology of the physical environment in offices and factories. Cambridge University Press，1986.

③ Altman I. The Environment and Social Behavior：Privacy，Personal Space，Territory，and Crowding[J]. 1975.

在网络信息时代，或许人们会共享自己的昵称、生日等基本信息，甚至很多网站都用实名认证，但在一般的网络交流中仅凭这些信息无法完全推知更多的个体真实信息，因此也是实质上的"匿名状态"。事实上，这种"匿名状态"亦是网络交流的吸引力所在。保留是指在正常的交流过程中对某些私密信息进行选择性隐瞒，不被他人所知，例如个人财产信息、家庭背景或情感状态。保留是大多数人在日常交往中采取的私密性策略。

一般情况下，对私密性的测量采用自我报告与观察的方法，由于私密性本身具有个体选择性，因为对私密性的实测较为困难。有研究者（Shu，2007）通过实地观察在自动柜员机、自动充值机和自动售票机前排队的人际距离来测量私密性。结果发现，随着在自动柜员机前所需输入个人信息量的增加，人们对私密性的要求也相应增高[1]。

5.3.2　私密性的功能

1. 建立认同感

私密性有助于建立自我认同感。阿特曼（Altman，1975）认为，私密性本质上是个体在与他人交流过程中的控制能力的体现[2]。如果在交流过程中丧失这种控制感，则会影响儿童与他人进行社会交往的信心与能力，久而久之可能会导致儿童形成较低的自我评价，从而对儿童自我概念的建立与自我认同造成影响。私密性不仅有助于儿童建立认同感，还有助于儿童建立和保持自律，从而增强其独立性和选择意识。失去自律也就失去了与社会环境相互作用的控制感，因此，我们要帮助儿童体验到选择性和控制感，就需要保证儿童的私密性[3]。

2. 增加控制感

韦斯廷（Westin，1970）认为，私密性可以使个体具有自我同一感和安全感、隔绝外界干扰以及控制和选择与他人交流信息的能力。他在将私密性分为四种不同类型的基础上，认为各种类型下私密性有着不同的功能：在独居状态下个体可以更好地自省；在亲密状态下个体可以做到情感的发泄；在匿名状态下个体可以实现更好的自主性；而在保留状态下个体可以进行有选择的交流。自省有助于个体进行自我评价和自我设计；情感发泄有助于个体放松情绪，充分表现自我；自主有助于个体自由支配个人的行为和周围环境，从而获得个人存在感；有选择的交流就更体现了个人的控制感[3]。

———————————

① Li S，Li Y M. How Far Is Far Enough? A Measure of Information Privacy in Terms of Interpersonal Distance[J]. Environment & Behavior，2007，39（3）：317–331.

② Altman I. The Environment and Social Behavior：Privacy，Personal Space，Territory，and Crowding[J]. 1975.

③ 苏彦捷. 环境心理学 [M]. 北京：高等教育出版社，2016.

3. 调节接触水平

私密性并非指离群索居，而是指对生活方式与交往方式的选择与控制。人们可以按照自己与他人关系的密切程度及交流场合，通过调节接触水平以进行适当的交流。阿特曼认为，私密性概念的关键是从动态和辩证的方式去理解环境与行为的关系[1]。独处是人的需要，交往也是人的需要，人们可以通过多种方式表达这些需要，包括言语表达和非言语表达。人们主观上总是努力保持最优私密性水平，当个人需要与他人接触的程度和实际所达到的接触程度相匹配时，就达到了最优私密性水平（图 5-17）。因此，个人选择的范围越大，控制能力越强，感觉就越满意。

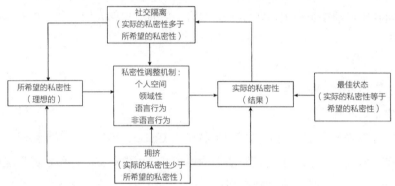

图 5-17　私密性、拥挤、个人空间与领域性之间关系总览

（来源：Altman，1975）

4. 避免过分暴露

个人信息的过分暴露，尤其是视觉暴露，会使人感到私密性遭受侵犯，产生失去控制的消极心理状态。基本的私密性保证了有着不同缺点与经历的个体可以在社会交往中关注最基本与最重要的信息，从而能够正常且高效地交流。值得一提的是，私密性的保护与性格的内外倾向无关，一个外向的人可能很注重私密性的保护，或是利用私密信息来加固交流双方的情感联系；相反，一个内向的人更可能正视自己的缺点，真诚待人而不遮遮掩掩。除此之外，交流过程中私密信息的适当暴露会增进双方的感情；但有研究发现，个人信息的过分暴露会使人感到私密性遭到侵犯而产生消极的情感，进而促进反社会倾向的形成（Diener，Fraser，Beaman，Kelem，1976）[2]。网络的发展对私密性而言是把双刃剑，一方面人们可以在匿名状态与人沟通交往，另一方面，信息的追溯和轨迹跟踪等亦使人们的私密性可能存有意想不到曝光的隐患。

---

[1]　Altman I. The Environment and Social Behavior：Privacy，Personal Space，Territory，and Crowding[J]. 1975.

[2]　Diener E，Fraser S C，Beaman A L，et al. Effects of deindividuation variables on stealing among Halloween trick-or-treaters[J]. Journal of Personality and Social Psychology，1976，33（2）：178-183.

5.3.3 影响私密性的因素

影响私密性的因素有很多，大致可以归为个体因素与环境因素。个体因素主要包含性别、个性等因素，而环境因素主要分为文化环境与客观情境因素。

1. 个体因素

（1）性别

研究发现，不同性别的个体对于私密性的要求有显著的差别。一般来说，女性相较于男性更能忍受拥挤的环境，也表现出更加积极的态度（Walden，Nelson，Smith，1981）[1]，他们的调查显示，三人间的男女大学生都认为居住状况拥挤，但在同样居住条件下，男大学生比女大学生认为更拥挤。这可能是因为男性更偏向于理性导向，而女性则有更多的情感导向，更喜欢与周围的个体建立情感上的联系，在拥挤环境下人与人的情感交流会更加便利[2]。

（2）个性

自尊感低的人会有更强烈的私密性需求，Aloia 比较了生活在养老院里和不在养老院里生活的老人之后，发现自尊感与私密性需要之间存在着负相关关系。Golan 发现那些有单独卧室的被试者比那些合住一间卧室的被试者在自尊感方面的得分高。私密性对个人的认同感和自尊感方面扮演着关键的角色，私密性不足的人其自我认同感和自尊感必然较低。有更高私密性需要的人往往幸福感较低，自我控制能力差且有更多的焦虑感，较为焦虑的人往往需要私密性来保护自己。另外，精力无法集中的人常常有较高私密性需要，因为他们希望免受别人的干扰。与此相似，性格内向的人也对私密性有更高的要求，性格内向的人比性格外向的人有更多的保留，而保留是私密性的一种类型[3]。

2. 环境因素

（1）文化环境

在不同的文化环境下，人们对私密性的要求会有极大的差异。在中国古代的传统社会，整个家族往往以聚居的形式生活在一起，彼此之间不仅在生活中相互照应，在情感上也紧密联系，彼此之间的私密性程度都比较低。但与家族外的人由于缺乏宗亲关系，哪怕是好朋友，与同家族成员之间的联结相比也是无法同日而语的。所谓"家丑不可外扬""血浓于水""君子之交淡如水"都是中国古代文化情境下的私密性写照。西方社会则与之形成了鲜明的对比，哪怕是家庭的亲子之间也极其注重私密性的保护。当今的中国社会正处在转型期，西方文化的影响也开始蔓延到传统伦理层面，但数千年的儒家思想仍然根基深厚，因此，在这样两种文化的共同影响下，

① Tedra A，Walden，et al. Crowding，Privacy，and Coping[J]. Environment & Behavior，1981.
② 苏彦捷. 环境心理学 [M]. 北京：高等教育出版社，2016.
③ 徐磊青，杨公侠. 环境心理学 环境知觉和行为 [M]. 上海：同济大学出版社，2002.

私密性出现了矛盾的一面。例如，"他人的日记是隐私不能随便翻看"得到每个人的认同；但某些中小学将写日记作为作业并由老师批改；家长在翻看孩子的日记之后也会对孩子的感受和行为进行评价。由此可见，文化对人们认知的潜移默化的影响也渗透到了私密性上[①]。

不同国家、不同文化间的私密性也存在着某些差异。比如，在德国，人与人的界限意识很强，他们对拥有"隐私区"的要求比较高，有属于自己的个人空间对他们来说是一种自尊的表现；而在阿拉伯，人际接触中几乎没有很严格的私密性，陌生人间的身体接触、眼睛对视是很平常且正常的。除此以外，中国人、美国人、日本人等不同国家公民都具有不同的私密性要求，这就意味着个人成长中有关私密性的经验也影响着私密性的知觉和要求[①]。

（2）客观情境

除了意识层面的文化因素，在实际的社会交往过程中，客观情境因素也会影响个体对私密性的需求。有两种理论对密度与私密性之间的关系作出了假设，驱动力减弱理论认为如果一个人未获得足够的私密性，私密性需求会更高。而适应水平理论则认为，若一个人未获得充足的私密性，他对私密性要求则会降低，因为他已适应这种状态。马歇尔（Marshall, 1972）[②] 在对独户住宅居民的调查研究中发现，生活在大家庭里的居民对私密性的要求更低，这可能是因为其已经适应了比较低的私密性条件下的生活。而费尔斯通做的相关研究也发现了相似的效应。他调查了数家医院，医院中有的病人住在条件比较好的单人间，也有更多的病人共享 4~6 人的病房，在共享环境下病人与病人之间往往只是以简单的床帘相隔甚至没有任何隔离物。调查结果发现，与他人共享病房的病人反而有更低的私密性要求。在后一项研究中不能排除的影响因素是病人社会经济地位的差异，因为住单人间的病人往往有着更高的社会经济地位。从多项调查研究来看，适应性水平理论更多被证明。

5.3.4 私密性与环境设计

私密性对个人生活和社会生活都起着重要的作用，生活在具有私密性 – 公共性序列层次的环境中，人们可以选择更舒适的交往方式，可以回避不必要的刺激，因此，在环境设计中满足不同层次的私密性需求具有重要意义。环境设计者应尽可能为使用者提供足够的私密性，但这并不意味着要建造更多空间面积以保证每个人拥有独立的部分，而是指在有限条件范围内，既保证一定的私密性，又保留不同开放程度的可能，总之，环境设计的重要性在于尽可能提供私密性调整的机制。

---

① 苏彦捷. 环境心理学 [M]. 北京：高等教育出版社，2016.

② Marshall N J. Privacy and Environment[J]. Human Ecology，1972，1（2）：93–110.

具有不同生活经验的人对私密性的要求是不同的，环境设计从使用者需求出发，提供从公共性到私密性的空间序列，让使用者对接近自己的信息（人和物）有选择性控制的可能，即有缓冲的余地。纽曼（1972）首先提出了空间的四个层次，即公共空间、半公共空间、半私密空间与私密空间。

1. 空间层次

（1）公共空间

人类在重视私密性的同时，也有参与社会活动的需求，即公共性的需求。个体对空间需求的公共性表示人们具有对公共活动、互相交往以及共同使用空间的需求特性。人类对空间需求的公共性主要体现在人际交往上，通过人际交往，个体之间不但进行了信息、思想和情感沟通，而且满足了个人的心理需要。城市空间可以组织成从公开到封闭的空间序列，公共空间譬如城市里的体育场和影剧院，市中心的步行街和广场，社区里的市场和游乐园。不同的环境设计可以为个体提供不同的社会生活情境，在城市中设计营造适宜的公共空间，以促进人们之间的健康交往。

（2）半公共空间

半公共空间比公共空间较私密一些，是一个过渡空间，如组团内部的绿地、公寓的走道、大楼的门厅等。半公共空间重点在于创造既能鼓励社会交流，同时，又能提供一种控制机制以适度交流。半公共空间中如何照顾使用者的私密性是需要巧妙考量的难点。在图书馆的阅览室里，私密性设计通常是设置部分隔断以阻挡其他读者的视线与声响[①]。

（3）半私密空间

半私密空间包括宅前花园、客厅、餐厅、厨房以及办公室的会议室、教师休息室等，这类空间多为小规模群体内部人员使用，拒绝大多数外来人员的进入，必须得到群体或个人的允许才能使用。而半私密空间与半公共空间的差异主要在于：半公共空间更加注重鼓励社会交流，而半私密空间则侧重于鼓励群体内部的交流。

（4）私密空间

私密空间指的是只对一个或若干个人开放的空间。卧室、浴室和私人办公室都是私密空间。一般来说，当人们拥有私密空间时，他们往往更合群，而不是更孤僻。私密空间是人们在生活里的真实需要，在住宅、办公室和社会机构的设计中，如果人们拥有了私密空间，他们遇到的社会压力也会减少很多。

生活在具有私密性－公共性序列层次的环境中，令人感到舒适而自然，人们既可以安静独处，也可以选择不同的交往方式；半公共空间或半私密空间的地带还具

---

① 徐磊青，杨公侠. 环境心理学 环境知觉和行为 [M]. 上海：同济大学出版社，2002.

有缓冲作用。因此，在环境设计的过程中应该更多地考虑人的感受性，只有这样才能提供环境设计的真正意义[1]。

除使用者的私密性要求外，不同功用的环境对于私密性的要求也不同。在广场、街道等需要更多互动的场所设计中对私密性的考虑可以适当放宽，但是也需考虑其部分空间的私密性；在住房等设计中则需要更多地考虑到人们对私密性的需求；而在类似于咖啡馆、办公室等半私密性的空间则需要具体分析。

2. 居住环境

居住环境是影响个人生活体验最重要的场所，好的居住环境应给居民提供不同层次的私密性，除了住宅内部的私密性，户外也需要保持一定的私密性，在不同的文化中有不同的反映方式。

英裔美国人以宅前的草坪象征户外的私密性空间和群体同一性。对加利福尼亚一些新社区的研究证实，居民买下住宅之后手头款项已所剩无几，然而常常室内家具尚未齐备，宅前的草坪却已种植和修整完好（Eichler，Kaplan，1967；Werthman，1968）[2]。在波多黎各，精心制作的锻铁围栏可能比它所围合的住宅造价更高。丹麦人宅前常种有一人高的山毛榉树，这是与草坪和围栏类似的暗示（Seligmann，1976）。以上实例说明，尽管文化及表达方式不同，但人们都有保持住宅户外空间私密性的需要[1]。

美国建筑师赖特（F.Wright）早年设计的切内（Cheney）住宅就充分体现了设计者对住宅私密性的考虑，设计者在宅前设置了有挡墙的平台，行人的视线越过挡墙顶部，恰好落到住宅起居室大门的上缘，行人无法看到住宅内部居住者的活动。而在需要时，居住者又很方便地走到室外凭靠挡墙与邻居、行人谈话，既使住宅内日常生活不受干扰，又为居民提供了丰富的感受（图5-18）。

我国幅员辽阔，各地民居差异性较大，但基本都会形成对外封闭、对内开放的院落式布局，主要通过多个空间的转换，或设置多道屏障遮挡视线来满足私密性需求，无论独门小院还是深宅大院，大门之外尽量不可让院子内部的活动一览无余。

北京四合院是我国北方地区院落式住宅的典型，在私密性维护方面十分用心，

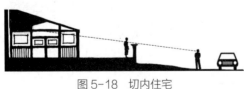

图5-18 切内住宅
（来源：作者自绘）

四合院基本为南北向布局，而其大门一般位于东南角，而不是在正中，门内迎面建立照壁，以隔绝外人的视线，进门后先转入前院，然后才能从正门步入正院，其无法直达的交通组织方

① 林玉莲，胡正凡. 环境心理学[M]. 北京：中国建筑工业出版社，2006.

② Edward P. Eichler，Marshall Kaplan. The Community Builders[J]. University of california press，1967.

式保证了内部庭院空间的私密性。前院在纵轴线上设立二门，也就是垂花门，在空间上又多了一道防线与界定，进一步满足了私密性的需求。

北京四合院庭院空间就整个空间序列层次而言，层次较为分明，领域划分明确，通过院落、围墙、大门、照壁等的设置，形成居住环境的公共空间－半公共空间－半私密空间－私密空间的逐级过渡。大门与照壁之间的庭院空间作为由外部空间到内院空间的过渡空间，更多的功能作用是对整个庭院空间的私密性起到了保护作用。接下来的空间依次为家庭起居的半公共空间和私密空间。倒座空间作为外客厅、书塾、账房或杂用间使用，其庭院内部公共性最强的部分，属于半公共空间；主院是家人主要的交往空间，属于半私密空间；女眷所属的庭院空间多在后院，相对于前院、主院，后院是私密很强的空间（图5-19）。

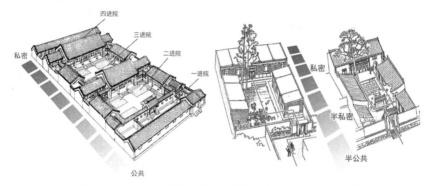

图5-19　北京四合院的空间私密性与山东民间的"智慧"

（来源：作者自绘）

现代城市居住环境也可以从多个方面来满足居民的私密性要求。在一些新建的多层住宅前圈出一定范围的空间作为住户的花园（图5-20），将其作为公共交通空间与住宅室内空间的过渡，不仅能充分保证住户的私密性需求以及对环境的控制感，

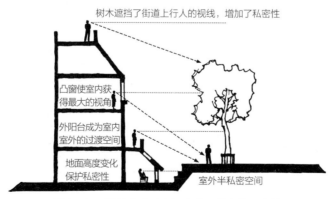

图5-20　通过多种手段提高底层住户的私密性

（来源：作者自绘）

而且能美化居住环境。而那些楼前屋后没有做处理的住宅，陌生人容易接近，居民则会缺乏私密性和安全感。另外，对于现代城市居民，文化背景、生活方式、年龄、家庭结构、经济状况等因素都影响着他们对居住环境的选择，同一户人家中也存在着程度不同的个人差异。因此，房地产开发商和建筑设计者应该在可能条件下尽量提供不同层次、多种户型、空间分隔灵活、功能齐全的居住环境，以满足不同个人和家庭的需要。

3. 学习环境

学生们为追求最佳的学习效果，会渴望"不同等级"的多层次学习空间，如需要独立思考、安静阅读时，他们会去自习教室或图书馆；需要进行小组讨论时，他们会去小会议室；另外，他们也渴望一些放松身心的创意空间，如校园情景书店、绿地旁的户外座椅空间。近年来，大学学习空间的多元化，人性化趋向正浓。专题讨论室与个人研究小间的设置、小型阅览桌的普遍采用、个人阅览座位的增设均反映出对学生在学习过程中私密性的尊重。从公共到私密不同层次的完整空间序列有利于满足学生的私密性需求，保证学生在学习中不受干扰，这样才能在不同空间中产生归属感，从而大大提高学生对环境的认同感以增强学习效率。为增加学习空间中的私密性，需增加空间明确的边界，将不同空间隔开，如在图书馆设置一些有遮挡的座位以及增加隔断或是通过空间的转换来实现私密性的保证，如华中科技大学西华园校园茶餐厅，空间营造俯仰有别，既保证了非正规学习的空间多样性，也兼顾了视觉私密的空间趣味性（图5-21）。

大学公寓是满足学生们求学、社会和个人需求的环境，也是大学生学习生涯的重要场所，在公寓里学生们除了睡觉、个人活动希望有私密性之外，也十分重视学习的私密性。调查显示，当同房间学生人数增加时，房间内学生的学习时间普遍减少了，如 Walden 等人的工作说明，当男大学生人数由两人增至三人时，他们在公寓里的时间就少多了。所以多人公寓迫使大学生们寻找其他空间以满足学习需要，如图书馆或公寓中的休息室。然而在理论上这种空间与公寓相比，它的私密性都比较差，

图 5-21 华科西华园校园书店

（来源：作者自摄）

因而当学生们在公寓中或其他地方无法获得足够的私密性，特别是学习上的私密性时，其学习成绩差是在预料之中的。我国高校都逐渐将八人间、六人间改为四人间就是出于私密性的考虑[①]。

德国 Reutlingen 专科大学学生公寓每层由 7 个居住单元体围绕着圆形内院布置而成。每个居住单元由 5~6 间卧室和一个公共活动空间构成。公共活动空间如厨房、活动室等朝向内院，并形成走廊上外部空间与私人空间的过渡层次（图 5-22）。Pskb 建筑设计公司为美国普特拉特学院设计的供建筑和艺术系学生居住的斯塔比尔宿舍，采用了单元公寓和长廊公寓结合的形式。平面布局呈 E 字形，公共空间为艺术和建筑工作室，是学生进行社交和工作的主要地点。建筑师巧妙地将 3 个公共核心体插入长廊和单元体的交接处，化解了长廊带来的拥挤问题（图 5-23）。

在公寓设计上，走道型公寓在导致私密性缺失方面显得严重，特别是双负荷走道，其服务的房间数多，使大学生之间有太多的相互作用与交往，这导致拥挤感大为增加。Valins 和 Baum 在 20 世纪 70 年代的系列研究说明走道型公寓里的居民由于遭受了更密切的社交影响，因而普遍有回避社会交往的倾向[②]。走道型公寓有一个难以克服的缺点是噪声干扰。走道里来往人群的谈话声和杂七杂八的声音难以避免。Feller 曾建议借调节走道上的灯光照度来控制走道里的噪声，以利于休息和读书，具体地说，当走道里的照度由 54lx 降低至 5lx 时，在实验的多数状况下，走道上的噪声都显著降低，借此发现，至少在听觉上可能获得更佳的私密性。

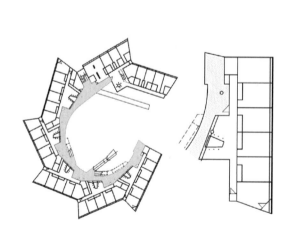
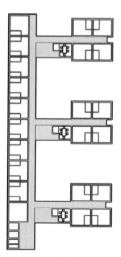

图 5-22　德国 Reutlingen 学生公寓　　　图 5-23　美国普特拉特学院设计的宿舍

① 徐磊青，杨公侠. 环境心理学 环境知觉和行为 [M]. 同济大学出版社，2002.

② Valins S，Baum A. Residential Group Size，Social Interaction，and Crowding[J]. Environment & Behavior，1973，5（4）: 421-439.

4. 工作环境

工作环境是除住宅外，人们所处时间最长的环境，众多研究表明，工作环境与办公人员的工作效能与工作满意度有关。建筑私密性是环境满意度的重要因素，人们在工作时对私密性也有要求，如果在空间里雇员们不能对别人的接近有任何控制，无论是身体上的、视觉上的，还是听觉上的和嗅觉上的，按照信息超载理论，雇员们被迫社会接触的概率将大大增加，这将导致雇员们产生更多负面的感受，导致工作压力增加。

开放式办公室是 20 世纪 50 年代末在德国发展起来，它试图通过将各部门合理地并置在一起以实现良好的沟通，其目的是为全体员工提供一个舒适的工作环境，同时又能经济地使用空间。但相对于个人办公室来说，开放办公室的私密性显然较低，Oldman 和 Brass（1979）的研究工作表明，雇员们从传统的封闭办公室迁入开放的办公室后，工作满意度大幅下降。然而，开放办公室现已然成为办公市场的主流，其私密性保证备受关注。

在开放式办公室中，如果办公桌周围有各种隔断的话，将有助于提高雇员们工作时的私密性。Sundstorm 等人（1980）[1] 发现，随着周围空间隔断数量的增加，雇员们的满意度与工作绩效会随之提高。除了隔断的数量以外，隔断的高度也与私密性有关。隔断高度越高，被试者对私密性、交流和工作绩效等项目的评分也越高。Michael J，O'Neill（1994）[2] 的工作表明，组合隔断与单片隔断相比，工作人员的私密性与对工作空间的满意度都会提高（图 5-24）。尽管在单片隔断的工作空间中，隔断的高度一样且略高于人坐着时的视线，但组合隔断中有一片隔板略低于人坐着时的视线，如此，工作人员可通过在隔断后挪动位置来控制自己在别人视野中的暴露程度。当他觉得不舒服时就可以把椅子移动到高隔板之后，别人就看不到他，于是私密性就提高了。这也再次说明，私密性是人们对开放与封闭的控制程度 [3]。

DuVall-Early 和 Benedict（1992）的调查显示，在开放式办公室里巧妙地布置桌椅也能提高私密性 [4]。他们发现如在工作时看不到同事也可以令人有私密的感觉。这意味着在共享的办公室间里职员们背靠背办公，不产生视觉接触就能创造一定程度的私密感。此项研究还提出，办公空间保持一定的距离，避免视觉接触，也

[1] Sundstrom, Eric, Burt, et al. Kamp, Douglas. Privacy at work: Architectural correlates of job satisfaction and job performance[J]. Academy of Management Journal, 1980, 23（1）: 101–117.

[2] Michael J, O'Neill. Work Space Adjustability, Storage, And Enclosure As Predictors Of Employee Reactions And Performance[J]. Environment & Behavior, 1994.

[3] 徐磊青，杨公侠. 环境心理学 环境知觉和行为 [M]. 上海：同济大学出版社，2002.

[4] Duvall-Early K, Benedict J O. The Relationships between Privacy and Different Components of Job Satisfaction[J]. Environment & Behavior, 1992, 24（5）: 670–679.

图 5-24　单片隔断与组合隔断

（来源：作者自绘）

能增加私密性。可调节的、性能优良的隔断以及适当的间距能遮挡视线，提高视觉私密性，但是对言语的私密性却无能为力，所以办公室设计时也应进行声学处理以减少噪声的音量，如铺地毯、做吸声吊顶，在墙面和隔断上铺钉吸声板以及增设帷幔等措施都可以减小办公室里的噪声。另外在大空间中设置一些私密性较强的小空间，如小型会议室、个人办公室、茶水室、休息室等也可有效地减少言语的暴露。

5.4　密度与拥挤

5.4.1　密度

1. 密度的界定

物理学中，将物质的质量与体积的比值称为密度，密度是物体的一种特性。环境心理学中，密度是指单位面积上个体的数目，这里的个体可以是动物、植物和建筑物等。我们这里讨论的密度主要是指人口密度，即是在一定时间一定单位面积土地上的常住人口或暂时聚集的人口数量。计算方式为人口数量除以单位土地面积，一般使用的单位是每平方公里或平方米。人口密度是反映人口分布疏密程度的常用数量指标，通常用于计算各国家、地区、城市或全球的人口分布状况。适当的人口密度能够保证良好的城市居住、生活及发展条件。

2. 密度的分类

环境心理学从不同角度对密度进行分类：从类型来看，可将密度分为内部密度和外部密度；从属性来看，可将密度分为物质空间密度和社会密度。

（1）内部密度与外部密度

内部密度（Inside Density）指的是每一房间内或者每一幢住宅等空间内容纳的人数。例如，电梯内人数的多少就是内部密度。外部密度（Outside Density）指的是每平方米或者每平方千米的居民、住宅和建筑物的数量，例如，在节假日广场上的人数就是外部密度。内部密度对人们社会心理和社会行为的影响更为直接和明显[1]。

（2）空间密度与社会密度

在对密度进行研究时，研究者采用了不同的改变密度的方法（Baum，Valins，1977）[2]。个体数量不变而改变其所在物质空间的大小，即为改变空间密度（Spatial Density）；与空间密度相对应，物质空间不变而改变其所容纳的个体数量，即为改变社会密度（Social Density）。这两种改变密度的方法在数学上计算结果是相同的，所导致的情境变化对个体的情感和行为却有着不同的影响，二者不可互换。高社会密度带来的主要问题是生活受到太多其他人的影响，而高空间密度带来的主要问题是个体的生存空间太小。调整哪种密度的效果更好，主要由实际的行为需求以及研究的实际情境决定[1]。

5.4.2 拥挤

1. 拥挤的含义

拥挤（Crowding）是环境心理学的专业术语，也是日常生活中的常用语。密度是客观的物理状态，而拥挤则是主观感觉。通常认为，拥挤是个体的空间需求没有得到满足而产生负面感受的主观状态。环境心理学中的拥挤区别于经济心理学中的动机拥挤理论、视觉研究中的视觉拥挤和拥挤效应、交通经济学中的城市交通拥堵。

在中国，心理学、建筑学和旅游学研究者比较关注拥挤的研究，研究内容主要集中在高密度对人类的影响、影响拥挤感的因素、对拥挤的理论解释、减少拥挤感的措施等。也有从解决不同类型拥挤问题为导向的研究，如交通拥挤、旅游拥挤、拥挤收费、住房拥挤、拥挤效应、拥挤踩踏、容量控制、环境承载力等。

环境心理学家认为，导致人们产生拥挤感的最主要因素可能是人口密度，当人口密度达到某种程度，个人空间的需要遭到长时间阻碍时，个体就会产生拥挤感。拥挤感是伴随着个体消极情感体验出现的。当然，拥挤也会使个体和群体产生某些消极行为，导致不良后果。

---

① 苏彦捷. 环境心理学 [M]. 北京：高等教育出版社，2016.

② Stuart，Valins，Andrew，et al. Residential Group Size，Social Interaction，and Crowding[J]. Environment & Behavior，1973.

2. 拥挤的类型

根据拥挤的时限，拥挤可以分为情境性拥挤和常态化拥挤。情境性拥挤是暂时的，很快会得到缓解或者解除，如交通拥挤、旅游拥挤、排队拥挤、饭堂拥挤、医院拥挤、电梯拥挤等。常态化拥挤是长期的，如宿舍拥挤、住房拥挤等。

蒙太诺等人（Montano，Adamopoulous，1984）[①] 研究了在不同的拥挤环境下人们的感受和行为表现，提出了4种令人产生拥挤感的情境、结合拥挤导致的3种情感和5种典型的行为反应，交叉获取了60种不同的拥挤类型。这4种令人产生拥挤感的情境包括：第一，个体感觉自己的行为受到限制；第二，个体的人身自由受到他人的干涉；第三，个体由于很多外来人的出现而感到不舒服；第四，高密度使个体对未来失去信心和兴趣。拥挤导致的3种情感包括：消极的情感反应、积极的情感反应和中性情感反应。尽管高密度大多带来的是消极情绪，但有时也会使人产生积极情绪，如在观看体育比赛的现场，高密度反而使人们兴奋不已。拥挤带来的5种典型行为反应包括：过分自信、身体退缩、心理退缩、急于摆脱和适应[②]。

5.4.3 影响拥挤感的因素

影响拥挤感的因素可以分为主体因素和客体因素。主体因素包括个体的性别、人格因素、生活方式、适应水平等；客体因素包括各种情境因素，如空间、温度、噪声、气味、建筑物情况和执行任务所处的自然和社会环境。

1. 个人因素

（1）性别差异

在性别差异上，男性对拥挤更加敏感，对拥挤的反应更消极。在拥挤的环境中，男性的情感、态度和社会行为比女性更具有敌意。有证据表明男性对高密度的这种反应更加强烈（Baum，Paulus，1987）[③]。例如，爱泼斯坦（Epstein Y M.）和卡林（Karlin R A.）在1975年曾成立了两个实验小组，小组成员分别由六男六女组成，在经过了一系列的实验之后，发现男性小组成员在高密度下产生的消极反应明显强于其在低密度下的反应。但令人惊奇的是，女性小组成员们在高密度下却更易于同别人产生好感、建立友谊。男女在对高密度的反应存在着性别差异可能是由于男女所需的个人空间距离不同，也有可能是因为女性更偏爱合作型社会交往方式，而男性更倾向于竞争型社会交往方式（保罗，2009）[④]。

① Adamopoulos，J. The Differentiation of Social Behavior：Toward an Explanation of Universal Interpersonal Structures[J]. Journal of Cross-Cultural Psychology，1984，15（4）：487-508.

② 苏彦捷. 环境心理学 [M]. 北京：高等教育出版社，2016.

③ Saegert S. Handbook of environmental psychology[J]. JOURNAL OF ENVIRONMENTAL PSYCHOLOGY，2004.

④ 保罗·贝尔，托马斯·格林，杰弗瑞·费希尔，等 . 环境心理学 [M]. 朱建军，吴建平等译 . 北京：中国人民大学出版社，2009.

（2）人格特征

研究者发现，内在人格者（认为自己能够控制自己的命运）比外在人格者（认为事件由外力所控制）对环境有更大的控制欲望，他们会在生活中学会如何克服所遇到的各种困难。因而如果高密度的时间不是很长的话，内在人格者将能缓和高密度带来的压力，并对环境有较积极的反应，如果长期处于高密度情境中，则结果正好相反，内在人格者将比外在人格者体验到更多的拥挤压力，因为外在人格者会放弃对环境的控制而随波逐流、逆来顺受，而内在人格者则会继续在情境中寻找控制的方法。事实上，人们并不是一直能控制环境，当确定环境不可控时，内在人格者所体验到的拥挤压力就越大，对情境的反应就会越来越消极 [1]。

（3）生活方式

芝加哥的一个调查说明，在乡村长大的人要比在城市长大的人对拥挤的反应更敏感（Gove，Huges，1983）[2]。乡村的密度比城市的密度要低很多，在乡村长大的人进入城市后，会对城市高密度较难适应，对拥挤的耐受力也会较低，而那些成长于高密度环境的人对于拥挤环境的适应性更强。也有研究发现，喜欢户外休闲活动的人更易产生拥挤感，而待在室内看电视为主要休闲方式的人，对高密度的反应不太敏感。

2. 情境因素

据 Stokols（1976）的观点，环境分为首属环境（Primary Environment）和次级环境（Secondary Environment），与次级环境（如运动场地、休闲场所）相比，普通人在首属环境（如家、个人办公室）中对高密度更易敏感，因而高密度所引起的社交干扰，在首属环境中要比次级环境中更具破坏性 [3]。环境中的其他应激源，如噪声、异味等与高密度同时存在时，均会加剧人们的拥挤感。另外，在注意力集中的时候更容易体验到拥挤感。但在一些特殊情境下，人们甚至更喜欢高密度、拥挤的环境，如观看球赛、听演唱会以及同学聚会时。

5.4.4 拥挤对人的影响

1. 拥挤对生理健康的影响

研究发现，拥挤对人类的生理影响主要表现为肾上腺素浓度升高、血压升高、脉搏增加等。达特里（D'Atri，1981）的研究发现，生活在高密度条件下的人血压偏高，会比个体患病的概率更高（McCain，1976）。也有研究发现，拥挤使人尿液中

① 徐磊青，杨公侠. 环境心理学 环境知觉和行为 [M]. 同济大学出版社，2002.

② Walter R. Gove，Michael Hughes. Overcrowding in the Household：An Analysis of Determinants and Effects[J]. New York N，1983，14（3）.

③ Daniel Stokols. Perspectives on Environment and Behavior[J]. 1976.

的儿茶酚胺含量升高，肾上腺素分泌也提高，皮肤的导电系数也显著增加（Aiello，Epstein，Karlin，1975）[1]，甚至还会出现手掌出汗等症状（Saegert，1975）[2]。由于高密度和拥挤会导致个体更多、更长时间的消极情感和更高的生理唤醒，因而高密度会影响人们的身体健康，引发某些疾病。

（1）拥挤对健康的影响

长期处于高密度环境，拥挤会使人的生理唤醒水平过高，使人们感到压力过重，从而引发其他疾病，同时，高密度环境中病毒的传播更快更容易受到病毒的侵袭，患上其他类型的疾病（Paulus，1988）。研究发现，在医院的急诊部，越是拥挤，病人们住院的时间越长，花费也越大（Sun，et al，2013）。麦凯恩等人（McCain，Cox，Paulus，1976）发现，在监狱中，生活在低空间密度环境的人要比生活在高密度环境的人患病的概率更小[3]。长期在拥挤的空间中生活，患高血压和精神病的发病率都较高，甚至在高密度环境中，犯人的死亡率也会上升（Baum，Paulus，1987）[4]。研究还表明，住在单人牢房和低密度空间的犯人自我控制意识要更强。沃克等人（Walker，et al，2014）的研究发现，监狱过度拥挤很可能导致罪犯更多的心理学问题，因而提供特定的心理健康服务将是监狱的一项重要任务。

对大学生宿舍研究发现，生活在高密度下的学生，其健康和情绪状态均较差。有研究发现，居住在套房式宿舍的学生比居住在走廊式的学生有较少的拥挤感。住套房式宿舍的学生显得更亲密、更有凝聚力，与套房式宿舍相比，在与他人合作时，走廊式宿舍居住者的绩效要差（Baum，Valins，1977）[5]。

（2）拥挤对儿童健康的影响

多数关于拥挤影响的研究都是针对成人展开，而针对儿童的影响研究却不多见。儿童更加依赖和受家庭环境的影响，儿童绝大多数的社会化、技能发展和同一性发展是在家庭完成的。部分研究显示，与居住在低密度家庭中的儿童相比，居住在高密度家庭中的儿童其任务绩效和控制能力都相对较差，表现出更为明显的习得性失助倾向（Rodin，1976）。孩子成长过程中的住房拥挤程度通常被忽略，但这也是一个社会不公平的潜在方面。恶劣的生活条件作为社会分层的机制会影

① Yakov Michael Epstein. Aiello J, Epstein Y, Karlin R. Effects of crowding on electrodermal activity. Sociological Symposium, 1975, 14, 43–57[C]// Sociological Symposium. 1975.

② Elizabeth, Mackingtosh, Sheree, et al. Two Studies of Crowding in Urban Public Spaces[J]. Environment & Behavior, 1975.

③ Garvin, McCain, Verne, et al. The Relationship between Illness Complaints and Degree of Crowding in a Prison Environment[J]. Environment & Behavior, 1976.

④ Schaeffer M A, Baum A, Paulus P B, et al. Architecturally Mediated Effects of Social Density in Prison[J]. Environment & Behavior, 1988, 20（1）: 3–20.

⑤ Stuart, Valins, Andrew, et al. Residential Group Size, Social Interaction, and Crowding[J]. Environment & Behavior, 1973.

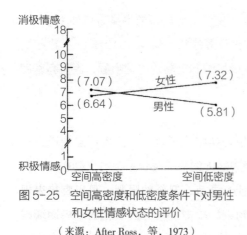

图 5-25 空间高密度和低密度条件下对男性和女性情感状态的评价

（来源：After Ross，等，1973）

响儿童的健康，导致社会不平等的代际传递[1]。

2. 拥挤对心理健康的影响

博伊科等人（Boyko，Christopher，Cooper，2014）的研究指出，城市不断地容纳更多的人，密度和拥挤对健康的影响已经成为最重要问题。拥挤几乎总是令人厌恶的体验，令人感到难受，使人心情低落、紧张和焦虑[2]。很多研究都发现高密度会导致个体消极的情感状态（Evans，1979；Sundstrom，1975）。在应对拥挤的情绪反应上，较高的社会密度对男女的情绪都会产生消极影响，但是在空间密度的情绪反应上，男性与女性存在差异。在一次改变空间密度的实验中，男性被试者报告显示，与低密度相比，高密度时心情更加消极；而女性则恰好相反（图 5-25），能彼此友好相处（Freedman，等，1972）[3]。

交通拥挤是我们日常生活中最常出现的拥挤类型，并且对个人情绪影响非常大。交通拥挤使个体不能采取有效的措施保护自己的周围空间不被入侵，所以它会导致人们很多的负性情感和行为，如攻击性、暴力和身心健康问题[1]。研究表明，坐车上下班的人体验着一种高应激的生活方式，会有更多的身心健康问题，路途的奔波影响了人们在家的情绪和满意度（Novaco，等，1979）。[4] 有研究者（Monchambert，Guillaume，Haywood，等，2014）[5] 发现，巴黎地铁车厢内乘客的密度与其旅途满意度呈显著负相关；乘车时间对拥挤感有显著影响；当车厢内很拥挤时，车厢内不好的气味和受限的站立空间使过于亲密的乘客感觉最不愉快[6]。相对于男生，女生受影响的程度更大；同时，拥有私家车的人通常会把地铁出行和自驾车出行比较，他们更加满意地铁的行驶速度，但地铁上的喧哗也更容易干扰他们。

① 苏彦捷. 环境心理学 [M]. 北京：高等教育出版社，2016.

② Boyko C T，Cooper R. Density and Mental Wellbeing[M]// Wellbeing. American Cancer Society，2014.

③ Freedman，Jonathan L，et al. Crowding and human aggressiveness[J]. Journal of Experimental Social Psychology，1972，8（6）：528-548.

④ Novaco，Raymond W，Kliewer，et al. Home Environment Consequences of Commute Travel Impedance[J]. american journal of community psychology，1991，19（6）：881-909.

⑤ Monchambert，Guillaume，Haywood，et al. Features of Crowding in Public Transport：An Empirical Analysis[C]. In：European Transport Conference 2014 Association for European Transport（AET）. 2014.

⑥ Haywood，Luke，Koning，et al. Crowding in public transport：Who cares and why?[J]. Transportation Research Part A Policy & Practice，2017.

3. 拥挤对行为的影响

（1）拥挤对攻击行为的影响

罗厄（Rohe，1997）[1]等人认为，拥挤状态下儿童攻击性的增强可能与资源缺乏有重要关系。如果玩具的数量不够分给每一个儿童，那么儿童的攻击性比每人都能得到一个玩具的情况要强。鲍姆与波拉斯（Baum，Paulus，1987）[2]提出资源短缺是孩子们之间攻击行为增加的决定性因素[3]。部分研究显示，拥挤对儿童攻击性的影响更大，并且随年龄的增加而改变（Aiello，et al，1979）[4]。这是因为相对于成人，儿童的攻击性行为很少受到社会规范、习俗的限制，可以直接表现出来，而随着年龄的增长，教育的规范和约束，攻击性行为外显化的趋势逐渐减弱。摩根与斯图尔特（Morgan D C，Stewart N J，1998）发现，老年疗养院中智力衰退或痴呆的老人们的破坏性行为也会随着疗养院的社会密度和空间密度增大而增多[5]。

交通拥挤对于乘客和司机的心理建康和生命安全都有着较大的影响，比如有"路怒症"的人越来越多。有研究者调查了司机的应激状况，总的表现为负性情感、认知和行为，攻击性强、焦虑、厌倦驾驶，以及与他人交往时频繁出现的过度反应。应激的体验依赖于年龄、驾驶经验、健康条件、睡眠质量、对驾驶的态度及评价[6]。司机行为问卷研究的结果显示，与体验的应激相关最明显的行为是攻击和厌倦驾驶（Gulian，et al，1986）[7]。

拥挤并不是攻击性行为发生的直接影响因素，拥挤所引起的空间与资源短缺，拥挤时人们的情绪体验、人格特点和社会情境等因素才是攻击性行为的引发根源。例如，在有足够的玩具分给儿童时，即使是在高密度条件下，儿童也不会发生攻击行为。无论是动物研究还是人类研究均显示：单纯的拥挤并不一定产生消极后果，拥挤对人带来的影响因个体差异、社会因素和具体情境而不同[6]。

（2）拥挤对退缩行为的影响

当遭遇高密度时，社会退缩行为是一种应激措施，它包括减少目光接触或者

① Rohe，William M，et al. Long-term effects of homeownership on the self-perceptions and social interaction of low-income[J]. Environment & Behavior，1997.

② Baum A，Paulus P B. Crowding. In D. Stokols I. Altman（Eds）. Handbook of Environmental Psychology[M]. New York：Wiley，1987.

③ Schaeffer M A，Baum A，Paulus P B，et al. Architecturally Mediated Effects of Social Density in Prison[J]. Environment & Behavior，1988，20（1）：3-20.

④ Thompson D E，Aiello J R，Epstein Y M. Interpersonal distance preferences[J]. Journal of Nonverbal Behavior，1979，4（2）：113-118.

⑤ Morgan D G，Stewart N J. Multiple Occupancy Versus Private Rooms on Dementia Care Units[J]. Environment and Behavior，1998，30（4）：487-503.

⑥ 苏彦捷. 环境心理学[M]. 北京：高等教育出版社，2016.

⑦ Gulian E，Debney L M，Glendon A I，et al. Coping with Driver Stress[J]. 1989.

保持较远的人际距离。有关高密度与人际交往、亲密程度的现场研究也表明，高密度条件下儿童游戏中的互动行为，言语交流减少，并表现出更多的退缩。在拥挤的环境下，人们不太愿意讨论一些私密性话题，交谈也会随之减少（Sundstrom，1975）[①]。

由于高密度导致的退缩行为可能会阻碍个体赖以解决生活中消极事件的人际关系网络（Lepore，Evans，Schneider，1991），在人际关系网络被破坏后，人们可利用的人际资源更少，缓解消极事件和消极情绪的可能更小，从而形成恶性循环。研究还发现，生活在高密度家庭环境中的个体，很少从同伴中获得帮助，也很少会为别人提供帮助（Evans，Lepore，1993）[②]。

（3）拥挤对亲社会行为的影响

环境是影响亲社会行为的一个重要因素。有研究显示，高密度情况下人们的亲社会行为（助人行为）会减少。高密度公共场所中利他行为的减少可能是由于对自身安全的担心，也可能是因为责任分散造成的[③]。比克曼（Bickman，1973）比较了大学生宿舍里高、中、低三种中间密度条件下大学生的利他行为，研究者故意在宿舍遗落一封准备寄出的信，信已经有邮票和地址，看被试者会不会帮助把信寄出。结果表明，在高密度条件下有 58% 的人把信寄出，在中等密度条件下有 79% 的人这样做，低密度条件下帮助把信寄出的人数最多，占 88%[④]。乔根森等人（Jorgenson，Dukes，1976）观察一个自助餐厅在高峰期和一般情况下的亲社会行为情况后发现，在高峰期，用餐完毕后自觉将餐具放回指定区的人寥寥无几[⑤]。

（4）拥挤对任务完成的影响

研究发现，拥挤会使个体难以保持高度注意力以有效地完成难度较高的任务，并且任务所需要的思维能力也会受到限制。

在不同空间密度下，Evans（1974）要求被试者完成不同难度的信息加工和做不同难度的决定等认知过程，研究结果表明，对大多数作业而言，高密度影响了复杂作业的绩效，但对简单作业则没有影响。瑙里（Knowles E S，1983）[⑥] 发现在高密度

---

① Sundstrom, Eric. An experimental study of crowding: Effects of room size, intrusion, and goal blocking on nonverbal behavior, self-disclosure, and self-reported stress[J]. Journal of Personality & Social Psychology, 1975, 32（4）: 645–654.

② Lepore, Stephen J, et al. Dynamic Role of Social Support in the Link Between Chronic Stress and Psychological Distress[J]. Journal of Personality & Social Psychology, 1991.

③ 苏彦捷. 环境心理学 [M]. 北京: 高等教育出版社, 2016.

④ Bickman L, Teger A, Gabriele T, et al. Dormitory Density and Helping Behavior[J]. Environment & Behavior, 1973, 5（4）: 465–490.

⑤ Jorgenson D O, Dukes F O. Deindividuation as a function of density and group membership[J]. Journal of Personality & Social Psychology, 1976, 34（1）: 24–29.

⑥ Knowles, Eric S. Social physics and the effects of others: Tests of the effects of audience size and distance on social judgments and behavior[J]. Journal of Personality and Social Psychology, 1983, 45（6）: 1263.

环境下，当房间内所有人都在关注被试者的表现时，被试者分析复杂问题的能力就会受到影响。

高密度对工作绩效的影响还取决于情境中人们相互作用的程度。赫勒、格罗尔和索洛门（Heller J，Groff B，Solomon S，1977）[1] 研究指出，当被试者彼此之间相互作用时，高密度才会对人们的任务表现产生不良影响、造成阻碍；相反，如果被试者之间不存在互相影响和相互作用，高密度环境下任务表现也不会受影响（图5-26）。

（5）拥挤对人际吸引的影响

沃切尔等人（Worchel，Teddlie，1976）对短期拥挤的研究发现，相比高密度条件，在低密度条件下，男性对组内其他成员更友好一些[2]。巴伦（Baron，1976）及其同事研究了在大学生宿舍这一长期拥挤的情况下，拥挤对人际吸引的影响。研究表明，一个能住两人的宿舍，如果居住人数变为三倍，那么和居住两人相比，舍友间相互的满意度和人际吸引降低，合作性也较差[3]。

研究表明男性对于高社会密度的反应比女性强烈，并且对组内成员的负面评价较多，而女性则相反（Stokols，et al，1973）[4]。这或许是由于不同性别的人对个人空间的要求不同所造成的，通常男性的社会化特征更具有竞争性，而女性则更具有合作性。爱泼斯坦等人（Epstein，Karlin，1975）则认为虽然在高密度情境下，男女都会有不同程度的唤醒，但是社会习俗和规范允许女性接近他人，缓解心理压力，这就导致女性在高密度情况下会有较高的人际吸引和合作性；而男性如果这样，则被视为不合理，因而，男性对高密度的负面评价较多。卡林（Karlin，1976）等人的研究也发现，如果高密度情境下禁止女性间的互动，那么她们对高社会密度的积极反应则会迅速降低[5]。

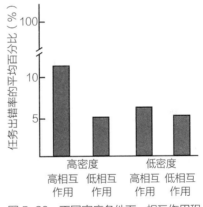

图5-26 不同密度条件下，相互作用程度与任务出错率

（来源：Heller J，Groff B，Solomon S，1977）

① Heller J F，Groff B D，Solomon S H. Toward an understanding of crowding：The role of physical interaction[J]. Journal of Personality & Social Psychology，1977，35（3）：183–190.

② S Worchel C，et al. The experience of crowding：a two–factor theory[J]. Journal of Personality & Social Psychology，1976.

③ Baron R M，Mandel D R，Adams C A，et al. Effects of social density in university residential environments[J]. Journal of Personality and Social Psychology，1976，34（3）：434–446.

④ Daniel Stokols. Perspectives on Environment and Behavior[J]. 1976.

⑤ 苏彦捷. 环境心理学 [M]. 北京：高等教育出版社，2016.

5.4.5 拥挤与环境设计

高密度与拥挤给人带来了众多的消极影响，而空间设计可以有效减少拥挤的发生。如何积极有效地通过空间设计减少环境带来的拥挤感及其危害，从空间角度预防与应对拥挤是十分必要的。拥挤的预防与应对可从短期拥挤和长期拥挤两个方面进行。

1. 短期拥挤的预防与应对

短期拥挤主要包括特定空间的集散，如广场、建筑大厅、交通场站等；节假日的旅游拥挤；节庆的集会等。这类拥挤持续时间较短，并且具有一定的规律性。

（1）提高对拥挤状态下人的心理与行为活动的研究水平

拥挤往往使人们处于非理智的情绪状态（Sunstein，2009），相互之间的情绪很容易相互感染，在拥挤的情境下，人群的心理和行为特征都和平时不同，有其自身的特点和规律，如勒庞所强调的群体消极心理特征等。因此，研究者们需要系统地研究拥挤状态下的人群心理特点和规律，以便更好地预防拥挤的发生以及更好地应对。

计算机学者从人群的紧急疏散、群体动画和情感计算等方面探索了拥挤的疏散模拟仿真模型，通过人群动画进行人群导航计算来控制个体运动路径，避免个体之间发生碰撞，如赫尔宾（Helbing，2000）等人从力学的角度指出，人群中个体的运动行为由各种力所决定，主要包括前往目标的驱动力、躲避他人或物体的排斥力、出口的吸引力等，进而开发模拟人群在出口处拥塞现象的社会力模型[1][2]。

（2）规划合理的疏散路线

在日常生活中，拥挤常常不可避免地发生在一些场所，如一些使用率较为频繁的大型公共建筑、早晚高峰、节假日的地铁、旅游景点等。而在这些人流集中的空间设计时，对于人流的引导非常重要，如设置多条通道，设计明显的出入口等，设计易于人流流动的空间。除常规的人流疏散设计外，还需要考虑紧急疏散时的安全路线，并且设置紧急出口的标志，在拥挤状态下，人们常常表现出慌乱、焦虑、急躁等负面情绪状态，此时常常会找现有的安全路线，因此，在合理的节点区域设置明确的指示性标识有利于引导人们正确疏散，减少拥挤导致的踩踏事件发生。

短期拥挤虽持续时间短，且有一定的规律可循，但因其激增性的特点有时造成的破坏性更大。因此，这些易发生短期拥挤的场所管理人员可按照短期拥挤的发生规律，提前制定系统全面的人群管理预案。

---

① Helbing D，Farkas I，Vicsek T. Simulating Dynamical Features of Escape Panic[J]. Nature，2000，407（6803）：487–90.

② 苏彦捷. 环境心理学 [M]. 北京：高等教育出版社，2016.

（3）强化个体认知调节

在一些集会进行之前，提前提示或者告知个体可能会出现某个情境的人群高密度和拥挤，例如在节庆日提醒人们避峰出行，这样在一定程度上能减少拥挤、应激和其他不利影响。

当个体自身不能解决拥挤状况时，给予适当的信息提示可以增强其控制感，减轻其焦虑情绪。Langer，Saegert（1977）的研究表明，提供拥挤信息组任务完成得更好，被试者的情绪也更积极[①]。同样，Wener，Kaminoff（1983）[②] 的研究中，被试者报告显示在经历拥挤之前提供相关信息，当身处高密度情境中时，拥挤感、不舒适感、焦虑和迷惑感都减轻。可见，在高密度情况下，要尽可能地向人们传达相关积极信息，使人们调整自己的认知，保持冷静和理性，使其不出现焦虑和恐慌，以免出现踩踏等事故。

2. 长期拥挤的预防与应对

办公室拥挤、宿舍拥挤、住房拥挤等长期拥挤是人们可以提前预料并采取相应措施预防和避免的。利用建筑设计原理来减少人们的拥挤感，这是目前环境设计者努力的方向。

（1）分隔设计

人类 80% 的感官信息来源视觉，同时视觉也是最容易分散注意的感官刺激，空间分隔是减少视觉刺激最有效的办法。埃文斯（Evans，1979）[③] 提出，如果利用隔断和墙将空间分成几部分，拥挤就可以减缓。甚至在一个房间中设置一个可移动的屏障，即使隔声效果不是特别理想，也可以遮挡其他人的视线，减少个体的压力。埃文斯认为，个人独处一室可以让个体获得控制该空间的感觉，减少拥挤感。

由此可见，对密度的知觉是引起拥挤感的关键，所以在建筑设计中的分隔是利用各种屏障或隔断减少人们相互接触、相互作用，以减少环境信息的输入，例如，采用大厅式设计的百货商场，当顾客进入后，由于要寻找商品，人流的交叉增多。再加上在一个大空间中人数众多造成的混乱，就会加剧人们的拥挤感。如果对空间按商品划分成单元，可以使商场布置得井井有条，减少顾客的消极情绪[④]。

（2）减少相互作用

随着密度的增加，人的唤醒水平也增加，研究指出，当被试者彼此之间相互作

① Langer E J，Saegert S. Crowding and cognitive control[J]. Journal of Personality & Social Psychology，1977，35（3）：175–182.

② Wener R E，Kaminoff R D. Improving Environmental Information：Effects of Signs on Perceived Crowding and Behavior[J]. Environment & Behavior，1983，15（1）：3–20.

③ Evans G W. Behavioral and Physiological Consequences of Crowding in Humans1[J]. Journal of Applied Social Psychology，1979，9（1）：27–46.

④ 苏彦捷. 环境心理学 [M]. 北京：高等教育出版社，2016.

用时，高密度会对人们的任务表现产生不良影响从而造成阻碍。因此，在环境设计时考虑减少目光接触、身体接触是有效的环境拥挤压力的方法，例如在车站、候车室等拥挤环境中，可以提供一个注意焦点，如视野开阔的景窗、心旷神怡的壁画等，转移人们的视线，减少目光的相互接触。

社会密度比空间密度对人的消极影响之所以更大，是因为高社会密度下人际接触的增加从而导致人们感受到的拥挤感更明显，因此，在确保使用功能的前提下，宁可提供更多小空间，将人们分隔开来，以减少社会密度。

（3）注重空间的开敞性

研究表明，在某些情况下，当物理空间保持不变时，环境建筑的设计类型将会对人们的拥挤感产生影响。拉玻波特（Rapoport A）提出，决定人们行为表现的往往并不是实际的人口密度大小，而是人们所能感觉到的密度状况。因此，如果能够通过设计来减小人们感觉到的密度。那么我们便有可能通过这种方式来减轻高密度造成的拥挤及其消极影响。

在一些室外公共空间作为集散作用时，避免高大的树木对四周进行遮挡，保持场地的开放性。在建筑设计时，将层高适当设置高一些，虽然在平面上面积并未增加，但是人们感受的拥挤感仍能减轻（Savinar，1975）[1]。此外，在相同的空间面积上，长方形的房间也要比正方形房间显得更开阔，设有"视觉逸出系统"（比如门窗）的房间要比没有"视觉逸出系统"的房间给人们带来的拥挤感会小些（Desor，1972）[2]。而在室内设计方面，室内家具的色彩和布置对空间宽敞感都有重要的影响，比如与墙壁同色的白色家具会让房间显得更加宽敞；开放的空间比封闭的空间显得更宽敞。

随着我国城镇化的不断推进，拥挤已成为城市幸福满意度的一个重要因素，影响着人们工作和生活的品质，除了上述的各种预防和应对拥挤的策略，政府还可以通过一些行政手段对拥挤进行干预，如政府可以通过控制用地容积率来控制城市各类用地的人口密度，这也是城市层面控制人口密度的重要手段。另外，政府同时也通过交通限行，如通过区别进入市区的车辆牌照类别限制进入市区的小汽车数量、高速公路收费等手段来减少交通拥挤。

[1] Savinar J. The effect of ceiling on Personal space[J]. Man Environment Systems，1975，5.

[2] Desor J A. Toward a psychological theory of crowding[J]. Journal of Personality and Social Psychology，1972，21（1）：79-83.

第 6 章

环境行为研究
方法体系

环境行为研究是一种复杂的认识活动，研究者将面临一列问题，并要求作出抉择，比如，具体的研究问题该如何确定？为了寻求特定问题的答案，应该采用什么样的研究方法和程序？用什么样的方法才能搜集到研究所需要的基础资料和数据？怎样对所收集的资料进行分析和解释？如何将研究的结果清晰明了地表达呈现？在研究过程中，解决这些问题需要研究者对环境行为研究方法的总体框架以及框架中组成部分十分了解和熟悉。

环境行为研究方法是一个有着不同层级的综合体系，这一体系中包括众多内容，它的各部分之间有着紧密的内在联系。我们将环境行为研究的方法体系划分为三个不同的层次和部分，即方法论、研究方式、具体方法技术（图6-1）。

6.1 方法论

环境行为的方法论（Methodology）所涉及的主要是环境行为研究过程中的逻辑和研究的哲学基础。或者说，方法论所涉及的是规范一门科学学科的原理、原则和方法的体系。

在环境行为研究中，存在着两种基本的、同时也是相互对立的方法论倾向，一种是实证主义方法论；另一种是人文主义方法论。长期以来，实证主义方法论一直占据着环境行为研究方法论的主流地位。实证主义方法论认为，环境行为研究应该向自然科学研究看齐，应该对环境与行为之间的相互联系进行类似于自然科学那样的探讨，通过非常具体、客观地观察和试验，通过概括得出结论。同时，这种过程

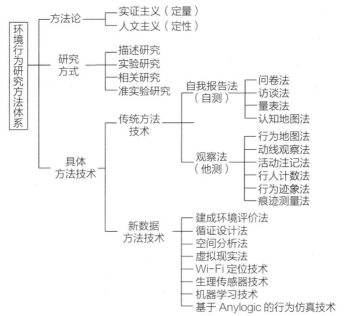

图 6-1　环境行为研究方法体系图

（来源：作者自绘）

还应该是可以重复的。在研究方式上，定量研究是实证主义方法论的最典型特征。

　　而人文主义的方法论则认为，研究环境（物质的、社会的、文化的环境）和人们的行为时，需要充分考虑人的特殊性，考虑到物质环境、社会环境、文化环境之间的差别，要发挥研究者在研究过程中的主观性。在研究方式上，定性研究是人文主义方法论的典型特征。

　　虽然方法论通常不会明确地写在研究报告中，一些环境行为研究者在进行研究时也不一定会意识到方法论方面的问题。但是，它始终会实实在在地对环境行为研究的整个过程产生影响，比如，它将形成环境行为研究者关于环境性质的种种假设，形成他们收集资料的各种方法，形成他们对于研究需要的资料和数据的取舍，形成他们分析和即结果的方式等。

6.2　研究方式

　　研究方式指的是研究所采取的具体形式或研究的具体类型。根据研究的类型和所揭示的变量之间的关系，我们把环境行为研究的具体方式划分为四种主要类型，即描述研究、实验研究、相关研究和准实验研究[①]。

————————

① 苏彦捷. 环境心理学 [M]. 北京：高等教育出版社，2016.

6.2.1 描述研究

描述研究通常是在研究初期，利用各种数据取样的技术通过观察（主要是现场观察）对研究对象进行系统描述，在自然状态下收集数据以客观记录一些行为和心理现象的发生，它常常只能得到一些定性的结果。实验研究和相关研究是相辅相成的。在实验研究中，实验者可以有效地操控实验变量，能随机选择和分配被试，实验结果能够比较客观地反映实验处理的作用。相关性研究一般用于识别和发现自然存在的两个或多个变量之间的关系，例如，研究对人们的体力活动和社区绿地保有量的关系，相关研究不像实验研究那样涉及对变量的操作，而是通过调查或观察等方法对所有变量进行评估，以确定变量之间的相关系数。准实验研究则是介于非实验研究和真实验研究之间的一种实验研究，它对无关变量的控制比非实验研究要严格，但不如实验研究对无关变量控制的充分和广泛。通常，准实验研究不易对被试者进行随机取样，虽然可以设立控制组，但实验组和控制组的背景条件不一定能保证相同。总结起来，它在三点上不同于实验研究：第一，有时对自变量（比如被试者特点的自变量）无法有意识地操纵；第二，不能严格地控制无关变量；第三，无法按照随机取样原则抽取被试者，也不能随机地分配被试者到各种实验处理中。

描述研究总体而言在环境行为研究中是应用的比较多的，这是由研究的对象所决定的。实验研究提供因果的信息，相关研究告诉我们变量之间的关系，而描述研究不需要给出因果性、相关性，常常也不需要推广到别的环境和情境中，所以它可以很灵活地运用，主要的要求是测量应有效度（Valid）和信度（Reliable），由此我们就可以假设这个结果反映了真实情况。往往在我们准备更精密的研究前，我们需要先对在环境中参与者的行为做一个界定，然后才能用其他方法研究它。研究者所运用的描述研究包括人们在物理环境中的行为、知觉环境的方式以及在不同情况下如何处理问题等。有两种描述性研究很重要：一是环境质量评估，二是使用者满意度研究。大多数情况下，这些研究要询问人们的需求和满意度，从使用者满意度和物质空间构成特征来进行主客观评价[①]。

6.2.2 实验研究

实验研究是心理学研究方法中的重要组成部分之一，可用于充分解释不同事物之间的因果关系，实验研究具有可重复性的特点，因而其实验结果具有可验证性，具备较强的科学性。环境行为学的研究内容为人与环境的关系，实验研究在探究人的行为过程中，可用以探索人类的"黑箱"。

---

① 保罗·贝尔，托马斯·格林，杰弗瑞·费希尔，等.环境心理学 [M].朱建军，吴建平等译.北京：中国人民大学出版社，2009.

根据实验情境不同实验研究可分为三类：实验室实验、现场实验、模拟实验。三种实验方法各有其优缺点，在环境行为研究中适用范围各不相同。

1. 实验室实验

格拉斯（Glass）和辛格（Singer）在人工的实验室条件下研究了噪声对人的影响。在这个研究中，被试者分别处于可预知和不可预知的噪声中。有些被试者可以在需要的时候关掉噪声，从而得到了一种对噪声的控制感，而一些被试者则无法控制噪声。结果发现，可预知的噪声对参与者有少量的消极影响，而不可预知的噪声对被试者有更多的消极影响。更重要的是，控制感可以减轻不可预知的噪声带来的消极影响。由于这个现象的特点和隔离被试者的需要，在研究这种关系时唯一可行的方法就是实验方法。如果想在实地或者用非实验的方法中得到这个研究结论，是相当困难的[①]。

2. 现场实验

实验室实验具有较高的内部效度，而环境行为学重视研究的应用，期望得到的研究结果尽可能有效地反映现实事件及其相互作用，寻求对现实行为因果关系的解释。所以在环境行为研究中，研究者为提高结果的外部效度，常把实验转到现场中，研究的真实性和普遍适用性都会增加，同时也可以使我们对所研究的变量有足够的控制。与实验室实验一样，被试者同样是被随机分到不同的条件中，实验者操纵着自变量。但现场实验设计相对比较困难，有些人为性的操纵方法会减少研究中经验与真实世界经验的相似性。埃德尼（Edney）设计的一个关于领域性的研究可以证明现场研究的价值。一般来说，对领域性的研究不能在实验室中进行，因为这种研究需要实验者测试出被试者对领域的拥有感。由于人在家这个环境中已经存在着领域性。埃德尼把学生的宿舍作为实验室进行了一次现场实验，他随机地让一半的被试者（居住者）去他们自己的宿舍，另一半被试者作为来访者去别人的房间，被试者在这样的条件下完成一系列指定的任务。结果表明，人们在家时体验到的控制感会比当他们在其他领域中更强烈，并且在自己的领域中更愉快、更自在。埃德尼成功地在一个自然的环境中观察环境现象并用系统的、因果的方式研究了它对人的影响，因为被试者（作为居住者或来访者）是随机选择的，对无关变量也有了一定的控制。通过情境设计，这个实验的真实性和外部效度提高了，并且体现了实验研究和现场研究共同的优点[①]。

3. 模拟实验

由于种种原因，研究者可能找不到适当的环境和实验条件做现场研究，或做现场研究需要做的后勤工作太多没有办法达到有效的控制。有些研究者会通过模拟法

---

① 保罗·贝尔，托马斯·格林，杰弗瑞·费希尔，等.环境心理学[M].朱建军，吴建平，等，译.北京：中国人民大学出版社，2009.

（Simulation Methods）来进行实验，所谓模拟法是把一些真实环境中的事物放到实验室人工环境中，这样既保持了一定的实验严格性，也提高了实验的真实性和外部效度。模拟实验具有两个重要特性，即现实的真实性与实验的仿真性，例如研究道路环境对疯狂驾驶汽车现象的影响，这个实验在现实环境中进行就存在伦理问题。埃利森波特和贝尔、戴芬巴切使用电脑模拟驾驶进行了此项实验。另外，研究者可通过给被试者展示不同场景的照片来观察自然环境对人的影响。在这样的模拟实验中，实验者改变城市和农村景象的复杂性，继而让被试者进行评估，由此得出有关复杂性如何影响人对城市和乡村的偏爱信息。在我国也有很多研究者应用了模拟实验的方法探索人的行为与环境之间的关系，特别是结合现代虚拟现实技术模拟现实环境，如以徐磊青教授实验室为代表的利用虚拟现实技术探究室内景观与街道景观对使用者的疗愈效应等。总之，模拟实验在实验方法上有容易控制和操作的优势。

6.2.3　相关研究

相关研究（Correlational Research）需对每一个体的两个变量进行测量以评估这两个变量间的相关性，其目的是要说明两个变量间的相关性及其强度，一般在测量中不可对变量施加操纵或控制，要保持这些变量的自然存在状态。相关研究的目的在于探究并描述两个变量之间的联系和相关，更具体地说，相关研究的目的在于证明两个变量之间是否存在相关并说明这种相关的性质，常用于目的不太明显的初期研究，可以确认变量和描述两个变量间的关系，并因此引出后续研究，再用其他方法进一步考察变量间的因果关系。相关研究使研究者有可能去考察那些无法操纵的变量，如环境变化、社会因素与文化因素，但通过相关法就很容易进行测量和描述。相关法的一个主要优点是研究者只记录自然出现的现象。由于研究者对研究变量和周围环境不加操纵控制或其他形式的干预，因此，我们完全有理由认为测量和相关精确地反映了要研究的自然事件。一般来说，相关法可以证明相关是否存在，还可以很好地描述相关，但它不能为相关提供清晰而肯定的解释，即相关法具有较低的内部效度。相关法在对结果的解释上存在两点局限：第一是尽管相关研究可以证明两个变量之间存在相关，但这并不意味着两个变量之间就有直接相关，也可能有第三变量（未确认的）控制着这两个变量，并对相关的产生也有影响；第二是相关研究可以证明两个变量之间是否有相关，也就是说，存在着一个变量伴随另一个变量变化的倾向，但它无法指明这两个变量哪个是"因"哪个是"果"①。

环境行为学主要的相关研究：一种是研究环境中自然发生的变化（如自然灾害、城市环境改变）和在此环境中人的行为变化的关系；另一种是评价环境条件和资料

---

① Frederick J. Gravetter, Lori-Ann B, 等 . 行为科学研究方法 [M]. 邓铸, 等, 译 . 西安：陕西师范大学出版社, 2005.

数据之间的关系（如居住密度和犯罪率的关系）。档案资料（Archival Data）指可以在历史记录中找到的资料，比如警察局的记录或气象记录 ①。

6.2.4 准实验研究

实验方法必须符合两个基本要求，其一是操纵一个变量同时测量另一个变量，其二是控制其他额外变量。但是在许多情况下，研究者很难或不可能完全满足上述要求，对于自然情境下的应用性研究来说尤其如此，在这些情况下，研究者通常所采用的数据收集方法虽与实验法相似，但至少未满足真正实验的一个要求，这被称为准实验研究。准实验研究包括三类：非等组设计、时间序列设计、发展性研究方法。尽管准实验研究一般也是想证实因果关系，但它们通常包含其他无法消除的额外变量，这些变量或因素成为研究设计不可消除的组成部分，因而无法得到关于变量间因果关系的肯定结论，但这不等于说准实验研究没有价值或不重要，在许多情况下，准实验研究反而是最恰当的研究方式。

1. 非等组设计

在对人的行为进行研究时，存在很难对被试者进行分组以控制变量、减少被试差异的情况。有时候研究者必须考察现成的组，例如，研究者想对一项预防老年人摔倒的计划进行评估，采用的方法是对实施这一计划和未实施这一计划的不同社区的老年人摔倒次数进行比较。在这项研究中，研究者并未操纵被试者的分组，两个被试组是已经存在的现成组，因为研究者不能用随机分派或匹配来平衡组间的被试变量，所以无法保证两组相等。在这种情形下，研究设计就属于非等组设计（Nonequivalent Group Design）。

2. 时间序列设计

准实验研究的第二种类型是随着时间推移而进行一系列观测的研究，这种研究被称为时间序列设计（Time Series Design）。标准的时间序列研究是指先进行一系列的观测，接着引入一种处理或者加入其他事件，然后再进行第二个系列的观测。时间序列设计的目的是通过比较处理前和处理后的观测值来评估干预处理或事件的影响。

3. 发展性研究方法

准实验研究的第三种类型是发展性研究方法，发展性研究的目的是描述年龄和其他变量间的关系，可用于研究与年龄有关的行为变化，例如，如果研究者对活动能力如何随年龄变化感兴趣，那么发展性研究设计是最好的选择。发展性研究的

---

① 保罗·贝尔，托马斯·格林，杰弗瑞·费希尔，等.环境心理学[M].朱建军，吴建平，等，译.北京：中国人民大学出版社，2009.

两种基本类型是横断研究设计（Cross-sectional Research Design）和纵向研究设计（Longitudinal Research Design）[①]。

横断研究设计是指在同一时间测量不同年龄的被试者，具体来讲，就是测量和比较不同的被试组，其中每个被试组代表一个年龄或年龄段。纵向研究设计（Longitudinal Research Design）是指在一段时间内（一般是每隔几个月或每隔几年）重复测量同一被试变量，对同一组被试的一个特定变量作两次或更多次测量以调查其随年龄变化的关系，横断研究设计和纵向研究设计各有其优缺点[①]（表6-1）。

发展性研究的两种类型比较   表 6-1

	纵向研究	横断研究
优点	1. 无同辈或代际效应 2. 可以评价被试者行为的变化	1. 研究效率高 2. 不要求被试者长期合作
缺点	1. 耗费时间 2. 被试者中途退出造成偏差 3. 存在练习效应	1. 无法评估被试者的发展 2. 有同辈或代际效应

6.2.5　研究方式的选择

要选择合适的研究方法需要从问题出发，不同的研究方法适用于不同的问题，表6-2是对四种研究方法的总结，每种研究方法都是针对不同类型问题的，而且它们都具有各自的优缺点。

环境行为研究方式的类型一览表   表 6-2

方法	描述	研究目的
实验研究	操纵一个变量（自变量）同时控制所有的其他变量（额外变量）。测量建立明确的因果关系，特别是要显示出变量操纵另一变量（因变量）	建立明确的因果关系，特别是要显示出操纵是引起被测量变量发生变化的原因
准实验研究	利用一个未加操纵的变量（自变量）来界定被试组或实验条件，同时尽可能控制所有其他的变量（额外变量），测量另一个变量（因变量）	获得支持因果关系的证据，但是准实验研究不能建立肯定的因果关系
相关研究	通常是对两个自然存在的变量进行测量	描述两个变量间的关系，但不能说明二者是否为因果关系
描述研究	通常是对自然存在的变量进行测量	描述变量的当前状态

[①] Frederick J. Gravetter, Lori-Ann B, et al. 行为科学研究方法 [M]. 邓铸，等，译. 西安：陕西师范大学出版社，2005.

6.3 具体方法技术

6.3.1 传统方法技术

在传统的环境行为研究中，自我报告法和观察法是最常使用的方法。

1. 自我报告法（自测）

测量人的情绪、思想、态度和行为最直接的方法就是自我报告测量法（Self-report Measures）。通过提问的方式得到被试者的反馈信息，如利用问卷、访谈或投射技术获取被试者的回答。自我报告法主要包括：问卷法、访谈法、评定量表法与认知地图法。

（1）问卷法

问卷法（Questionnaire）是通过填写问卷或调查表来收集资料的一种方法，它以问题表格的形式，测量人们的特征、行为和态度。问卷调查是使用最为广泛的测量方法之一。问卷法的成功运用取决于 3 个步骤的合理性：问卷的设计，样本的选取以及随后的分析。问卷的设计分为封闭式和开放式两种。封闭式问卷是把所要了解的问题及其答案全部列出，调查时只需被调查者从已给答案中选择某种答案。开放式问卷则只提出问题，不给出答案，可挖掘的信息更多，甚至可以提供一些研究者未关注到的有关信息。由于标准化的答案便于进行统计分析，封闭式问卷的运用比较广泛。问卷设计一般采取以下格式：开头是一个简短的说明书，写明调查的目的，表明将对资料中的个人信息严格保密，以此消除被调查者的顾虑，取得对方的真诚合作。问卷的具体内容包括两部分：先是了解被调查者的基本资料，然后了解其对某些问题的态度和行为。问卷答案的设计可以分为 4 种尺度：定类尺度、定序尺度、定距尺度和定比尺度，要特别注意满足选项的完备性和互斥性要求。问卷项目的设置要经过反复的推敲，以适应复杂多变的实际情况。问卷设计中的一些常见误区如下。首先，专业术语的使用通常难以被普通人理解。其次，引导性过强的问题设置可能会影响被调查者评判的客观性。最后，过于片面的问卷问题会产生问卷内容与被调查者关系不强的情况，从而影响测量的信度。所以，样本的选取也是问卷调查的一个关键步骤[①]。

根据调查形式，问卷法可分为互动式调查与留置调查。互动式调查中最典型的形式即为现场调查，但随着科技的发展，电话调查、互动式网络调查等新的形式被广泛应用，大大减少了研究者的工作量。留置调查的主要形式为邮件调查、网页调查及社交媒体网站调查。两种调查方式各有其优缺点，互动式调查中研究者与被试者可以进行有效地互动，能够及时获取被试者的反馈，并能在交流过程中获取问卷

① 戴晓玲. 城市设计领域的实地调查方法 环境行为学视角下的研究 [M]. 北京：中国建筑工业出版社，2013.

未涉及的相关信息，同时保证问卷的回收率。留置调查的回收率相对较低，但被试者可避免研究者的干扰，且填写问卷时间充裕。互联网的发展让问卷调查转移到线上平台，减少了研究者的工作量，但同时也出现了一些问题，互联网使用人群的年龄特征，年龄分布的低龄化对研究结果均有一定的影响。

问卷法主要是对已有观念进行验证，对研究的启发性较弱。在社会学研究中，问卷调查收集到的定量化数据主要用于检验假设。一般认为，它的优点在于省时、省力、匿名性和易于进行定量分析，能够成为加强公众参与、广泛收集民意的有效手段；它的缺点在于，与访谈法相比，其回答率与填答质量难以得到保证，会影响到分析结果的可信度。

（2）访谈法

访谈法（Interview）是通过调查者和被调查者进行有目的的谈话来收集资料的一种方法，也是现代社会研究中常用的资料收集的方法。按照访问调查的内容和结构是否统一，访谈法又可以分为无结构访谈和有结构访谈两类[1]。无结构访谈采用一个粗线条的调查提纲进行访问。这种访问方法，对提问的方式和顺序、对回答的记录、访谈时的外部环境等均不作统一规定要求，有利于充分发挥调查者和被调查者的主动性、创造性，有利于对问题进行较深入的探讨，适应千变万化的客观情况。有结构访谈是按照统一设计的、有一定结构的问卷进行访问，其好处在于便于对访问结果进行统计和定量分析，缺点是缺乏弹性，难以对问题进行深入探讨。

对比问卷调查法，访谈法的特点在于调查者和被访者之间的即时互动。调查者可以通过不断的提问，澄清含糊的描述，逐渐接近真实。被调查者也能在互动交流中整理思路，提供较为肯定的答案。因此，这种方法的效度较好，取得的资料比较充实；回收率和回答的比率较高；能够减少因被调查者文化水平低和理解能力差而给调查效果造成的不良影响。但也因为这些特点，它具有不少局限性：对调查者的能力要求比较高；匿名性差；易受受访者的情绪影响；花费的人力物力、时间较多等[2]。

在环境行为研究中，步行访谈法是一种重要的访谈形式，步行访谈是指与被试者在所研究的环境进行访谈，此方法不仅具有访谈法的优势，还能有效地挖掘被试者对于环境的感知和体验。但步行访谈容易受到环境条件的影响，超出了研究员的控制，如天气等。步行访谈包括两类，一类采用了一种自然的方法，没有预期的路线和持续时间；另一类采用了一种结构化的方法，具有预先确定的时间、目的地和步行路线。研究人员的参与程度随研究目的的不同而不同。

---

① 顾朝林 . 城市社会学 [M]. 南京：东南大学出版社，2002.

② 戴晓玲 . 城市设计领域的实地调查方法 环境行为学视角下的研究 [M]. 北京：中国建筑工业出版社，2013.

（3）评定量表法

环境行为研究中的许多封闭式问题采用了一种评定量表回答格式，一些量表如李克特量表、语义差异量表常被用于描述研究，如使用后评价、环境评价等来测量使用者的满意度、喜好程度等主观感受。

1）李克特量表法

总加量表（Summates Rating Scales）是 1932 年由美国社会心理学家李克特（R. A. Likert）提出并使用的，又被称为李克特量表或总全评量。它是最为简单、使用最广泛的量表。总加量表主要是用于对人们关于某一事物或某一现象的看法和态度等进行社会测量。根据可供选择的答案的数量的不同，总加量表可以分为两项选择式和多项选择式两种形式。如果将上表中的答案分为"同意、不同意"两项内容就是两项选择式的总加量表，若再详细分为"非常同意、同意、无所谓、不同意、非常不同意"等五项内容，这就变成了多项式的总加量表。多项式选择由于答案类型的增多，人们在态度上的差别就能更清楚地反映出来，因此应用得更加广泛[①]。根据所设计问题的态度倾向不同，又可将总加量表分为完全正向式和正负混合式两种类型。由于正负混合式的总加量表中的正向陈述与负向陈述之间可以起到相互印证和检验的作用，能更全面准确地反映出人们的态度倾向，因此使用也更为广泛。

总加量表可以测量每个被调查者的社会意向，即个人的总的态度倾向，也可以测量全体被调查者关于某一问题的平均倾向，这时只要把全体被调查者所得分数加总，再除以被调查人数，就可测出被调查者关于某一问题的平均倾向。总加量表的优点在于容易设计，适用范围广，可以用来测一些其他量表所不能测量的某些多维度的复杂概念，回答者也能够很方便地标明自己所在的位置。总加量表的主要缺点是相同的态度得分者有可能具有十分不同的个人理解和态度形态，因此无法进一步描述他们的态度结构差异，例如，同样是选择"同意"的选项的几个人，其真正的态度可能会存在着较大的不同或分歧。

2）社会距离量表

社会距离量表（Social Distance Scale）又叫鲍格达斯社会距离量表（Bogardus Social Distance Scale），主要用来测量人们相互之间交往的程度，相互关系的程度，或者对某一群体所持的态度以及所保持的距离。鲍格达斯社会距离量表的每一个指标都是建立在上一个指标之上的，它的优点在于极大地浓缩了数据，也可以推广应用到其他概念的测量上去，比较经济实用。

3）语义差异量表

语义差异量表（Semantic Differential Scale）又叫作语义分化量表，最初是由美

---

① 李和平，李浩.城市规划社会调查方法 [M].北京：中国建筑工业出版社，2004.

国心理学家 C. 奥斯古德等人在他们的研究中使用，并在 20 世纪 50 年代后迅速发展起来，主要用来测量概念本身对于不同的人所具有的不同含义，被广泛用于文化的比较研究、个体及群体间差异的比较研究、人们对周围环境或事物的态度和看法等。语义差异量表以形容词的正反意义为基础，包含一系列的形容词和他们的反义词，每个形容词和反义词之间有 7~11 个区间，人们对观念、事物或人的感觉可以通过人们所选择的两个相反的形容词之间的区间反映出来[①]。

（4）认知地图法

认知地图法（Cognitive Map）又称心智地图法，是结合了认知心理学分析技术和社会学调查方法发展出来的一种专门记录城市意象的方法[②]。心理学家 Tolman 提出的学习理论认为，人对环境的学习过程在脑海中有一张类似的田野地图，即所谓的认知地图。1960 年，凯文·林奇的《城市意象》一书提出了意向的概念，发展出一套完整的调查方法，使用 3 种途径获取人们对城市的公共意象：①由一位受过训练的观察者对地区进行系统的徒步考察，绘制由各种元素组成的意象图；②对一组居民进行长时间访谈而得到的意向图；③由居民自己凭记忆在白纸上画出所在城镇的地图（草图）。城市的 5 类意象元素将以符号的形式标注在地图上，进一步分析其位置关系和频率。林奇采用的意象调查方法是访谈法和图解技术的有机组合，通过这种方法统计各个意象元素被提及的频率及相互关系，生成公众意象图[③]。

尽管有不少学者认为，认知地图法能够帮助设计者更好地了解市民对城市的认知，但事实上国内的意象研究极少与设计实践相结合，并且大多数是中观到宏观尺度上的研究[④]。这种现象与认知地图法的三大局限性密切相关。首先，认知地图的绘制有一定难度，对被访者的素质有较高的要求，因此会出现被访者不愿意配合调查的情况。有一种做法是为受访者提供城市的地图，要求他们在上面根据图例做标记，由于地图是给定的，因此被访者就不需要有很高的绘图技巧，在其主观感知的空间位置和关系表达方面相对容易。其次，认知地图法取得的资料分析成本较高，难以进行大规模样本的调查。由于不同的人往往采用不同的绘图表现手法，要从草图中归纳出公共意象需要大量的时间，另外，深度访谈获得的大量信息也需要长时间的整理。因此，即使是林奇本人也只进行了小样本调查，由于取样数量过少，其研究结果是否能反映真实的公众意象常受到质疑。从我国的意象调查实践看来，认知地

① 李和平，李浩. 城市规划社会调查方法 [M]. 北京：中国建筑工业出版社，2004.
② 王建国. 现代城市设计理论和方法（第三辑）——新世纪中国城乡规划与建筑设计丛书城市规划与设计子丛书 [M]. 南京：东南大学出版社，2004.
③ 戴晓玲. 城市设计领域的实地调查方法 环境行为学视角下的研究 [M]. 北京：中国建筑工业出版社，2013.
④ 朱小雷. 建成环境主观评价方法研究 [M]. 南京：东南大学出版社，2005.

图法在慢慢演变为一种对公众意象的问卷调查法，或是由问卷调查和画草图相结合的调查方法[1]。

自我报告法的突出优点是测量的直接性，但是也存在一些问题。首先，在自我报告法中，要求所测量的东西是被试者能够觉察到的，所以，这些测量会受到被试者自己解释的影响，因而必须考虑到存在大量偏见的问题。其次，如果研究的是有争议的问题，如：研究在靠近社区的地方建立核废料仓库的影响，自我报告就不会仅仅只是反映他们的感受和想法。如果你问他们，建立这个仓库是不是会让他们感觉焦虑紧张，他们的回答不一定是他们自己真正的选择。反对这个计划的人会想，如果说自己非常焦虑和紧张，那么这个建设计划就很可能停止。相反，那些支持这个计划的人则会把消极的东西淡化，从而推进这个计划。在这种情况下，收集到的反映与其说反映了大家的真实情绪，不如说反映了大家是否同意这个计划的"投票"。最后，人们解释问题和对选择做出反应的方式是不同的。概念理解的方式和定义的方式不同。因此研究者觉得很清楚的问题，大家却可能有不同的理解，从而对参与者造成误导。例如，在研究拥挤问题时，研究者常会问参与者是否感到拥挤，并让参与者评估感到拥挤的程度。这样做的基础是，大家对拥挤的概念理解应该相似。但是，曼德尔（Mandel），巴诺（Baron），费希尔（Fisher）[2]的研究发现实际上不是这样，男人和女人对拥挤一词的理解是不同的。现在提供两种拥挤的定义：一是人非常多，二是地方不够大。男人选择两种定义的人数是差不多的，而女人大多选择前一种。

2. 观察法（他测）

观察是指通过人类的物种感官接受信息，根据这个定义，环境中的几乎每一个行为研究都涉及观察。观察法是环境行为研究中常用的一种技术，其常用的程度也许只亚于问卷方法。观察法不仅是一种独立的测量方法，还可以是其他研究方法的辅助方法。观察法就是观察人们在给定环境中的行为和互动，可分为结构性观察法与非结构性观察法。结构性观察法是调查者事先设计好观察的内容和要求，在观察表格、卡片和地图的辅助下进行的一种观察方法。通过观察行为的"结构化"，观察方法就可以摒弃主观性的弱点，做到相对程度的客观。和其他方法比较，观察法的优点是可以提供人们在自然环境中的行为方式的第一手资料。自我报告测量中被调查者是表达自己的想法，与此不同，观察法可以让研究者看到人们自己都没有意识到的行为[1]。在研究人的行为过程中，许多行为需要通过观察法才能得到有效验证，如 Underhill 和他的同事们发现，与流行的观念相反，商店商品的最佳销售位置

① 戴晓玲. 城市设计领域的实地调查方法 环境行为学视角下的研究 [M]. 北京：中国建筑工业出版社，2013.

② Mandel，David R，Baron，et al. Room utilization and dimensions of density：Effects of height and view[J].Environment and Behavior，1980，12（3）：308–319.

并不在入口处。尽管每个顾客都会经过门口区域，但真正的购物行为一般在离门几英尺的地方才真正开始。观察法可获得研究过程中生成假设或者设计思想的初步数据，从而形成未来研究或建筑设计思想的基础，研究人员可能首先进行不经意的观察，发现一些现象，然后进行更加深入、系统的观察。

观察法涉及研究人员使用任意或全部的五种感官来了解人类与环境的相互作用关系，例如，要了解一家餐馆对其食客的影响，研究人员应该嗅闻空气，吃食物，感受室内温度，听背景音乐，观察人们对整个经历的反应。当然，我们的感官和记录信息的能力可以通过各种工具来增强，但是仅仅观察（或倾听等）也可以提供大量的信息。可以说，尽管增强感官的技术，如显微镜，对推动科学进步至关重要，但肉眼提供的信息是人类大小的单位，与其他"增强"措施对理解人类与环境的相互作用至少同样重要。

作为数据收集的方法，观察法比依靠参与者记忆事件能力的自我报告更直接、更客观。当然，观察法也有其缺陷，第一是对行为进行编码时可能出现错误，第二是当行为发生得太快时观察者来不及编码，观察法具有时间依赖性，因为在行为发生的时候观察者必须在场，研究耗时大。第三是在被试者不知情的情况下使用观察法存在伦理问题，但在告知被试者后，被试者的行为可能会受到观察者的影响。尽管如此，使用观察法还是能得到有价值的信息。当直接观察不大方便、不经济或不大可行的时候，使用仪器是一种很好的方法，并且研究者可使用多种方法相互佐证。例如，Bator、Bryan 和 Schultz 将对乱扔垃圾行为的直接观察与随后对这些个体的随访访谈相结合[①]。

（1）行为地图法

行为地图（Behavioral Mapping）是 1970 年由 Ittlelson 等人提出并发展起来的，用于记录环境中的行为，以帮助研究者把环境与行为在时间和空间上连接起来。通过观察个体的行为并将行为反映在地图上，将行为与环境的各部分相联系的一种方法。行为地图法可以分为两类，一类是以人群或者个体为观察单位，如动线观察法，另一类则是以地点为观察单位，如活动注记法、行人计数法。具体程序是先由研究人员对行为进行编码，并将行为发生的实际地点和频率标定在一个按尺度绘制的平面地图上，以帮助研究者将设计要点与行为的时间、空间相结合。这是一种记录物理环境并测量它们可能引起的行为水平的直接性的观察方法。早期的行为地图是通过纸笔记录的方法收集数据，多用于较小尺度的环境，如建筑物内部和城市广场、公园等。随着技术的进步，GPS 等技术工具的出现，极大地拓展了使用行为地图法的研究尺度。

---

① Robert Gifford. Research Methods for Environmental Psychology[M]. Wiley-Blackwell，2015.

（2）动线观察法

动线观察法（Race Observation）指的是在平面图上记录个体的运动轨迹。具体方法是，调查者持有一张地图，从选定的地点跟踪行人记录其步行轨迹，特别要注意不能距离被跟踪者太近，使其感觉到不快。行人的选择是随机的，最好做到年龄、性别的均衡。由于某些行人可能会一直行走不做停留，最好设置一个时间的限定，例如10分钟以后就不再做跟踪。这种方法的一个主要操作难点在于：调查者不太容易准备用于记录轨迹的地图。由于在自然状态下，个体活动的轨迹可长可短，十分发散。如果使用精度较好的小比例的基地图，使用者可能会走到地图外去，而如果使用大比例的基地图，那么空间精度又不够，会在记录时失去宝贵的信息细节，例如使用者寻路的犹疑点、停留的地点，难以进行下一步的分析工作。针对这个难题，最好在使用者活动范围能够被预见的场地采用这种方法做调查，例如公园、广场或者一个特定的功能片区，这种方法适用于尺度相对小的城市空间。

（3）活动注记法

活动注记法（Behavioral Mapping）在环境行为研究中得到了广泛的运用。这种方法最初由Itelson等人提出，包括五项要素：①观察区域的图形化表现；②对观察、计数、描述或者图示的人类行为做清晰的定义；③制定重复观察和记录的间隔时间表；④观察中所要遵守的系统程序；⑤一套编码和计数的系统，使记录观察所得信息所需要付出的努力最小化。可以看到，这种方法的设置十分科学。它通过重复观察和指定间隔时间表实现了随机抽样的要求。通过定义被观察的行为以及编码计数方法使记录较少受到观察者主观性的影响。活动注记法可以记录下来的信息包括：使用者的空间位置、社会属性、活动时间信息、活动状况等。其中社会属性包括所推测的性别、年龄、身份等信息，活动状况可以记录人的姿势（一般分行走、驻足、就座这3大类），也可以记录所从事的行为，例如交谈、吃东西、阅读等，根据不同项目的要求而定[①]。

快照法是空间句法研究团体对活动注记法的一种发展形式，顾名思义就是调查者想象自己对观察区域这一刻的使用者行为在脑海里拍下了照片，然后在把这些即时的信息用符号迅速记录下来，任何在"拍照"之后进入观测场地的人不应该被记录下来，这种方法能够避免由于调查人员记录速度不同所造成的误差。在调查前，要在准备好的地图上将空间按凸空间的定义分为若干个调研者在一瞥之间看到全貌的观察区域，并设计好路线。调查时，调查者持有地图，按照事先决定的路线依次走过每一部分观察区域，用不同的符号记录快照瞬间的活动情况。快照法的另外一种方式是直接采用高空鸟瞰摄像来记录行为活动。在某些情况下，如果能找到合适的高空拍摄场所，例如被观察广场旁边的高楼，使用照相机或摄像机进行拍摄可以真正做到对自然情景下使用者无干扰的调查。另外，使用摄像技术还可以减少现场调查人员的数量①。

（4）行人计数法

行人计数法（Pedestrian Countings）指的是在调查区域选择若干处重要的人行路径，选择某一街道断面记录通过的人数，其观察对象一般是步行者。这种方法与城市交通学科对车流的调查方法比较类似，不同点主要在于：①交通研究中倾向于收集高峰时刻的数据，行人计数法收集全天的数据；②交通研究常常做2~3h的连续取样，行人计数法采用的是时间上的"随机抽样"。在环境行为研究中，这种方法的运用案例并不多。徐磊青和俞泳（2000）②采用这种手段对上海徐家汇地下公共空间的寻路行为规律进行了探讨。刘栋栋等（2010）③采用摄像技术对北京市地铁换乘站行人进行了观测和数据统计，共采集了313h的摄像资料，得到数据样本48304条，对行人的组成特性、步行速度特征等进行了分析，为我国多层地下交通枢纽的行人疏散设计与数值仿真提供了可靠的基础数据。空间句法公司采用的行人计数法又称为观察点计数法（Gate Count），是其理论研究和实践工作都最为常用的调查方法。

行人计数法属于结构性观察法，会事先进行调查内容与要求的设计，之后再通过目测将该街道断面通过的人数及其社会属性记录到事先设计好的表格上。时间和地点信息填在表格上方，或在地图上标记。社会属性可以包括性别、年龄等，要根据具体项目的特点而定，以此考察使用者的人口构成是否存在异常现象。"结构化"观察方法能够摒弃观察的主观性弱点，提高研究的客观性，在短时间内可以收集大量的使用者样本，十分高效，不过收集到的社会性信息是靠调查员在行人以或快或慢速度通过时由目测得到的，这种判断的精度十分有限①。

（5）行为迹象法

行为迹象指的是过去发生活动所留下的各种线索，在它的提示下可以靠推理判断曾发生的事件④。这种方法与前面提到的几种直接观察方法有一个很大的差别：观察的对象并不是行为本身，而是行为在物质空间留下的痕迹。它既可以在非结构性观察中用到，也可以有条理地进行。社会学家韦伯将行为痕迹分为两类：第一类，以"磨损度"为线索的行为迹象，它以某些物质的耗蚀程度为我们提供判断依据，

① 戴晓玲. 城市设计领域的实地调查方法 环境行为学视角下的研究 [M]. 北京：中国建筑工业出版社，2013.

② 徐磊青，俞泳. 地下公共空间中的行为研究：一个案例调查 [J]. 新建筑，2000（04）：18-20.

③ 刘栋栋，孔维伟，李磊，等. 北京地铁交通枢纽行人特征的调查与分析 [J]. 建筑科学，2010，26（03）：70-74+83.

④ 阿尔伯特 J. 拉特利奇. 大众行为与公园设计 [M]. 王求是，高峰，译. 北京：中国建筑工业出版社，1990.

最明显的例子是草坪中践踏出来的小路，而相反地，如果野餐桌下和座位旁有茂盛的青草，这就证明这些设施几乎无人问津；第二类，以"积厚度"为线索的行为迹象，它以某些积留物质为我们提供判断依据。例如垃圾堆里的废弃物，地上的香烟头和啤酒瓶等。蔡塞尔认为，这种观察方法可以转变为很有用的研究工具，其优点主要有4点：①可以激发猜想。面对行为迹象，研究者要问自己它为什么会发生；②这是一种无干扰（Unobtrusive）的测量方法，它不会影响造成遗迹的行为。当被访者对收集的资料敏感时，或者某些回答有利害关系时，无干扰就特别有价值；③长久性，许多痕迹不会很快消失，便于调查者的观察、计数、照相或者绘图；④对行为迹象的观察通常花费不多，比较容易。

（6）痕迹测量法

与以上直接观察不同，物理痕迹测量是研究者通过对物理环境的间接观察获取信息。痕迹是某种活动的证据（如烟灰缸中的烟头数是抽烟量的测量值，草地上的车辙是开车方式的测量）。我们可以用它评估不同设置的效果。如果痕迹测量所测的是某种消耗的或者磨损的东西（比如地毯的磨损），叫作侵蚀测量（Erosion Measure）；如果测量的是留下的什么东西（比如手印），就叫作累积测量（Accretion Measures）；例如，研究者可以测量不同类型的垃圾箱中留下的垃圾数量，也可以通过测量"禁止通过"牌子和有铁栅栏的窗户的数量确定不同社区的领域防御[①]。

6.3.2　新数据方法技术

近几年，由于信息技术的快速发展，"大数据"时代来临，不仅使得研究数据的来源增加，数据获取方式得到拓展，还在一定程度上改良了研究方式。新数据与新技术的涌现为环境行为研究提供了更精确分析和更直观展现的工具，为环境行为研究带来了机遇，同时也提出了新的挑战。城市与空间的复杂化和多样化以及新技术和新数据的涌现，驱使研究者寻找解决新问题的手段与方法。空间数据与分析工具成为主观感知之外帮助人们理解和认知城市的重要手段。一方面，新技术和新数据诱发了新的事物和行为类型；另一方面，也充实和优化了传统的环境行为研究方法。

1. 建成环境评价法

使用后评价研究自20世纪60年代始于美国，至今在发达国家已有成熟的商业应用。我国建成环境使用后评价起步稍晚，从20世纪90年代至今，也有近30年的时间。吴硕贤院士在我国建设蓬勃发展的初期就开始关注使用后评价，并倡导和主持了使用后评价理论和方法研究。他不仅将国外的使用后评价理念引入中国，而且

---

① 戴晓玲.城市设计领域的实地调查方法 环境行为学视角下的研究 [M].北京：中国建筑工业出版社，2013.

发展了其独特的研究方法，创新性地提出了基于主观评价量化和基于模糊集的方法体系，主张主客观评价结合分析，将使用后评价方法从感性定质的主观认知，推向基于数理统计分析的科学定量的综合评价。从剧院的观众座位喜好度到办公建筑的窗墙面积比例，从住宅单体设计到居住区规划[①]，从校园景观到街道空间，实践案例选择涵盖建筑、城市设计的多个类型、角度和层面，这种方法有助于明确使用后评价的定量分级，以及提高具体项目使用后评价工作框架的科学性和完备性。

建成环境的评价法不只是使用后评价，还有用于策划阶段的设计前评价，在设计中期，也经常用到设计中评价。很多城市设计项目中都要对项目进行设计前期调研，其中对场地现状的调查就是设计中评价，不但需要收集自然地形地貌、生物气候、物质形态、用地状况和建筑现状等，还需要收集很多与人的活动有关的行为数据，包括公交人流量、道路车流量等，空间标注法是经常使用的现场调研方法；此外，访谈法和语义分析法也是常用的，这些主观方法和 GPS 技术相结合可在公共空间景观提升设计中获取使用者的视线评价结果，这就是主客观评价分析方法。客观数据的分析在设计中已经是常用的手法了，但使用后评价的重点在于主客观综合评价，尤其重视使用者主观评价的观念，作为一种理念和方法，在设计全生命周期加以应用是很有必要的[②]。

2. 循证设计法

依靠主观经验判断的传统研究方法已无法满足当代对于环境行为研究深度的要求，人们倾向于寻找数据或资料进行科学支撑。以科学理性思想为内涵的循证理念逐渐运用到环境行为领域中。循证设计的理念起始于欧洲与美国等地，是一种基于实证的设计方法，有别于演绎或者规范性设计等方法。循证理念最早应用于医学领域，循证医学提倡要运用当下可靠的科研成果和数据资料对医学实践进行支撑[③]。2000年，学者 David Sacket[④] 指出循证医学的定义为："慎重、准确和明智地应用当前所能获得的最好的研究证据，同时，结合临床医师的个人专业技能和多年临床经验，考虑病人的价值和愿望，将三者完美地结合起来，制定出每个病人最佳的诊治措施"。之后，Ulrich 运用循证理念对环境和治疗效果间的关系进行了研究，将循证设计引入医疗环境设计研究领域中。Hamilton 提出了循证设计概念模型的四个层次[⑤]：层次一，根据手头证据做决定、按照书本上的执行、根据项目具体解释其意义；层次

① 黄翼，朱小雷. 建成环境使用后评价理论及应用 [M]. 北京：中国建筑工业出版社，2019.

② 王建国. 城市设计 [M]. 南京：东南大学出版社，2011.

③ Archie Cochrane. Effectiveness and Efficiency：Random Reflection on Health Services[M]. London：BMJ Publishing Group Ltd，1972.

④ Sackett D，Straus S，Richardson W，et al. How to practice and teach EBM[J]. Edinburgh：Churchill Livingstone，2000，173–177.

⑤ Hamilton D. The four levels of evidence–based practice[J]. Healthcare Design，2003，3（9）：18–26.

二，在阅读相关文献和研究的基础上，综合分析设计决策的预期结果，并对结果进行检测；层次三，在层次二的基础上进行调研，并在公开的场合报告成果，接受同行的检验；层次四，在层次三的基础上，把研究成果整理并发表在专业期刊上。Hamilton 认为循证设计的目标之一是把众多的研究成果公开发表，与同行共享，实现成果的转化和应用。

循证设计在发展中逐渐受到环境行为学、管理学等领域的影响，循证设计的应用也逐渐从医疗环境设计领域延伸到其他领域，如：中小学建筑空间设计、室内色彩设计、康复景观设计、养老院外部环境设计等，以科学研究和数据资料为决策支撑的"循证理念"应用实践正在环境行为研究领域中逐渐涌现。郭庭鸿等对现有的康复景观实证研究进行了分级，对康复景观的循证设计过程进行构建，研究如何利用现有的研究实证结果指导设计实践[①]。陈尧东等基于循证设计，对于适老建筑内的色彩环境进行了研究，并对 VR 技术在替代真实空间色彩要素的可靠性进行分析[②]。陈筝基于已有的神经认知学和医学研究，将风景园林学科核心价值之一环境愉悦体验提升到公共健康高度，采用循证设计的"知识—诊断—干预—评估—知识"路径，就具体案例提出解决策略，并通过对个案的量化荟萃分析归纳总结出普适性结论[③]。

3. 空间分析法

空间句法由英国伦敦大学的比尔·希列尔教授于 20 世纪 60~70 年代提出，它强调空间的本体性和重要性，运用图论的数学理论和方法，建立城市形态模型，分析空间的复杂关系，揭示城市空间的内在规律。希列尔明确提出空间不是人们活动的背景，而是人们活动的一部分，以及空间的本质是其内在的彼此关联，而非个体空间本身的局部属性。空间句法不仅是一种理论，也是一种研究方法，其优势在于能够以定量的数据表达人们的空间体验，主要分析模型有凸空间、轴线图模型等，参数值有全局整合度、局部整合度、拓扑深度等。随着基于世界不同地区的城市以及诸如医院和办公楼等特定建筑物的深入研究，希列尔进一步发展了空间句法理论，他鲜明地呼吁建筑学不应该沉浸于那些借鉴语言学、心理学、生物学、地理学、社会学、经济学等学科而形成的规范性理论之中，而应该去回答"这个建成环境是如何运作的"，建构基于建筑和城市空间本体的分析性理论。近年，空间句法在我国也有了一定的研究进展，段进著有《空间句法与城市规划》一书，系统地介绍了"空间句法"理论，并将之运用于苏州商业中心城市形态历史发展变迁研究，收集南宋、

---

① 郭庭鸿，董靓，孙钦花 . 设计与实证 康复景观的循证设计方法探析 [J]. 风景园林，2015（09）：106–112.

② 陈尧东，崔哲，郝洛西 . 基于 VR 技术的适老色彩环境循证设计方法探索——以适老建筑室内色彩设计为例 [J]. 照明工程学报，2019，30（02）：123–129.

③ 陈筝 . 高密高异质性城市街区景观对心理健康影响评价及循证优化设计 [J]. 风景园林，2018，25（01）：106–111.

明清、民国、中华人民共和国成立后等几个不同时期的城市地图，通过轴线分析法探求城市中心位置发展和转移的原因。量化研究的范围涉及城市规划、居住环境、建筑设计、景观设计等，从宏观到微观的研究都可以通过设定评价因子，采集相关数据，分析数据规律，从而得到评价标准、评价体系、评价分级或评价图。

在对建成环境要素进行抽象提取的过程中，建成环境的空间组构关系一直是关注的重点之一。现有的空间句法研究已在平面化的二维层面上针对建筑和城市尺度的空间组构开展了一系列分析，为空间特征对于感知和行为的研究分析和设计实践指导做出了贡献。随着空间品质需求的提升和设计研究的精细化，在三维立体建成环境中运用平面化的分析方法也需准确处理复杂的空间组构关系。基于这一理解，相当数量的研究者尝试推动这一空间分析从二维向三维的转化。伦敦大学学院空间句法实验室率先提出了开展三维空间可见性分析的可能性。其研究以人眼视高（1.7m）为基础，在不同标高上生成一系列三维视点，运用邻近度、整合度等算法来测度三维空间环境中的可见性并与二维平面的传统分析进行比较。香港城市大学的研究则更进一步，通过在具有中庭空间的商业综合体内的参与性研究，提升了三维空间可见度分析的准确度，并对其在空间感知方面的高效性进行了校验和深化。与此同时，以"sDNA+"为代表的空间网络分析工具也提供了在三维空间环境中对抽象的空间网络特征开展组构关系测度的可能。这一系列三维环境下测度方法的进步为复杂、高密度建成环境特征分析提供了可能，有望对于空间感知和行为开展更精准的分析，并基于这一结果更好地指导设计，提升整体空间绩效[①]。

4. 虚拟现实法

在环境行为研究的公共空间研究中，现场实验是常采用的一种方法，可通过追踪观察记录被试的行为、轨迹、分布等情况，取得研究数据，但是该方法存在耗时、费力的问题，现场也存在一些不可控的因素。随着数字技术的发展，虚拟现实（VR）、增强现实（AR）、建筑信息模型（BIM）等技术正在影响着环境行为研究的技术和方法。虚拟现实（Virtual Reality）是指通过计算机模拟产生一个三维的虚拟世界，为使用者提供仿佛身临其境的感受体验的技术，基于投影、头戴式头盔、运动捕捉、音响系统、数据手套等计算机平台的设备，实现人感知由计算机模拟的虚拟环境并进行互动的技术平台。这一技术提供了在实验室环境中对于实景的再呈现和调控的可能，在实验室环境下提供类似实地的虚拟环境，能够有效排除实地调研中的不可控因素，提升研究信度。相比于录像和照片，虚拟现实技术构建的实验场景在沉浸感、真实感、立体感、景深乃至舒适度上都有更好的效果，同时，也可以减少实验人员、实验时间和实验成本的投入，还可以通过参数设计，单独对某一要素或要素的几个方面进

---

① 叶宇，戴晓玲. 新技术与新数据条件下的空间感知与设计运用可能 [J]. 时代建筑，2017（5）：6–13.

行独立的量化研究，规避其他环境因素造成的影响。近年来，虚拟现实技术也逐渐发展到多个学科领域，越来越多的学者支持使用虚拟现实技术代替现场调研。

虚拟现实在环境行为研究中已广泛运用于空间认知、寻路与路径选择的相关研究，例如在广场的尺度和空间品质方面，徐磊青等[①]在研究广场面积、高宽比与空间偏好和意象关系时，以环境心理与行为研究为理论指导，并在"3D VEGAPRIMEA视景开发平台"基础上，通过虚拟现实技术让被试人员在空间尺度不同的虚拟广场上行进、浏览和体验广场的空间，并回答问题，以此来研究人们对不同尺度的广场"纯"空间的偏好和意象，进而指出广场的空间尺度与空间品质和意象的关系。在街道的空间品质方面，徐磊青[②]运用两个 VR 实验对城市街道的疗愈性进行了研究，并以城市更新为背景，论述了疗愈性街道的设计策略，还有将 VR 技术与 GIS 技术结合起来使用的研究方法，它将三维空间数据分析和可视化模拟能力结合到了一起。王晓萍[③]基于 GIS 和 VR 技术对天津的城市空间界面进行了相应的定性和定量研究。

5. Wi-Fi 定位技术

Wi-Fi 定位技术的发展为人类行为轨迹的全方面和长时间的记录提供了可能，Wi-Fi 定位数据为环境行为研究提供了新的数据来源和新的测量方式，为厘清人群行为与空间之间的复杂关系，特别是不同人群的时空行为差异研究，提供了新的研究手段。随着智能手机和无线网络的普及和发展，基于 Wi-Fi 的定位技术在使用中具有更高的易用度和精确性。Wi-Fi 定位系统采用了三边定位的原理，根据接入点（Access Point，AP）接收到的移动设备信号强度（Received Signal Strength，RSS）估算出距离[④]。通过布设足够的 AP 网络，可以记录下建筑环境中大量设备的时空位置信息，再进行数据清洗和预处理，即可获得大量包含时空位置信息的定位数据。Wi-Fi 定位系统可以全面覆盖调研区域，实现人群活动信息的长时间记录，有效地揭示人群的行为特征。同时，Wi-Fi 监听设备能够被动式监听附近的 Wi-Fi 设备，可以避免设备对被试者的观测者效应，并通过免费 Wi-Fi 认证环节收集到手机号码等个人信息数据，更有利于人群行为的深入刻画。目前，Wi-Fi 定位系统逐渐开始应用于建筑尺度及城市尺度的人群行为时空轨迹研究，在互动式建筑、智能家居等个体化空间体验和城市空间体验中得以运用，为环境行为研究提供了一条全新的途径，如黄蔚欣[④]基于 Wi-Fi 定位系统，对万科松花湖度假区中的一条商业步行街内

① 徐磊青，刘宁，孙澄宇. 广场尺度与空间品质——广场面积、高宽比与空间偏好和意象关系的虚拟研究 [J]. 建筑学报，2012（02）：74-78.

② 徐磊青，孟若希，黄舒晴，等. 疗愈导向的街道设计：基于 VR 实验的探索 [J]. 国际城市规划，2019，34（01）：38-45.

③ 王晓萍. 基于 GIS 与 VR 技术的近代开埠城市空间形态研究框架构建 [D]. 天津：天津大学，2012.

④ 黄蔚欣. 基于室内定位系统（IPS）大数据的环境行为分析初探——以万科松花湖度假区为例 [J]. 世界建筑，2016（04）：126-128.

城市环境行为学

的人群时空分布特征和差异、分区域客流等方面进行了分析，以优化商业空间的运营。又如黄蔚欣等[①]基于 Wi-Fi 定位系统对黄山风景名胜区内的游客行为规律进行了研究，为智慧黄山景区的建设提供了决策依据。

需要指出的是，尽管 Wi-Fi 定位数据内蕴含着丰富的人群行为轨迹信息，但其数据也存在因其他设备噪声的影响而产生偏差的问题。并且在 Wi-Fi 定位数据中并不包含出行类型的信息，要想更深入地刻画人群行为特征还需结合实地调研、访谈和认知地图等传统研究方式。

6. 生理传感器技术

相较于问卷法、访谈法等言说类经典调查方法，近年来新技术发展提供了不基于行为主体的叙述，而是直接关注其自身生理反应的技术手段。眼动追踪（Eye Tracking）技术是指通过测量眼睛的注视点的位置或者眼球相对头部的运动而实现对视线聚焦点进行分析的技术。基于这一技术发展的眼动仪能够准确而直接地反映受试者的视线关注热点，进而对其认知与心理做出分析。这种新技术所收集到的新信息为空间认知、心理学、认知语言学等研究提供了量化测度关注点位置、关注时长等重要指标，具有运用于"空间 – 感知 – 行为"研究的潜力。我们因而可以直观地看到人们如何感知和观察空间，从而进行各种公共空间的步行优化。苏黎世联邦理工学院运用眼动仪来分析德国法兰克福机场的标识设计和空间组织是运用这项技术的一个典型实践案例。该研究通过对受试者在机场寻路过程中的视线分配、反应时间与决策错误率和自信程度这四个要素的分析来界定具有改进潜力的标识设计、空间流线再组织和局部空间感受的优化，成功地提升了行人满意度和机场通行效率[②]。

以脑电传感器（Electroencephalogram，简称"EEG"）为代表的可穿戴生理传感器技术能够避免在言说类调查方法中容易出现的信度受限问题，为客观展现行为主体的感受提供了一个可能的新途径。这些设备与能检测皮肤温度与湿度（Skin Conductance）的各种移动传感器一起，提供了受试者生理数据的实时直观记录。将这些生理信息与其他可见的行为数据进行分析，能使得那些难以通过直观感知的潜意识认知与感受，比如压力程度、开心与否等情绪都可以被直接检测并量化分析。基于这一手段，有研究者尝试使用受试者的地理位置及情绪信息来绘制城市的情绪地图（Emotional Cartography）[③]。伦敦大学学院（UCL）高级空间分析中心（Centre for Advanced Spatial Analysis，简称"CASA"）的一项近期研究也尝试了多种传感器在

---

① 黄蔚欣，张宇，吴明柏，等.基于 WiFi 定位的智慧景区游客行为研究——以黄山风景名胜区为例 [J].中国园林，2018，34（03）：25-31.

② 叶宇，戴晓玲.新技术与新数据条件下的空间感知与设计运用可能 [J].时代建筑，2017（5）：6-13.

③ Nold C. Emotional Cartography–Technologies of the Self[M/OL]. Creative Commons，2009[2017–07–18]. http://www.emotionalcartography.net/Emotional Cartography.pdf.

城市设计中的整合运用，通过邀请受试者穿戴上便携式 EEG、皮电传感器等设备和 GPS 追踪器穿行于不同交通状况和绿色程度的街道，来分析不同物质空间的环境特征，如交通拥挤、街景绿化等，对于个人情绪感受的影响，进而精准地定位问题区域和缺陷所在，为高效的城市设计提供指导[①]。

需要指出的是，生理指标和人的自身感受仍有一定区别，存在一个转译的步骤，在环境行为研究中仍需与问卷调查等手段结合使用，以检验生理传感器数据的准确性。同时，上述生理传感器技术可以有针对性地分别使用，也可以与虚拟现实技术结合使用，形成一个针对个人感知的多源测度系统，实现感知和行为分析的全面测度。

7. 机器学习技术

机器学习（Machine Learning）是近年来兴起的通过设计和分析使计算机能够自动"学习"的算法的总称。在环境行为研究中，机器学习不仅能够为建成环境的深入分析提供有力工具，还能助力于感知、行为和建成环境特征的规律分析与预测。深度学习（Deep Learning）作为机器学习的一个分支，是通过包含复杂结构或多重非线性变化构成的多个处理层对数据进行高层抽象的一系列算法。在图像识别和感知评价方面，机器学习技术的进步为精细化、智能化的"空间 – 感知"研究展现了新的可能[①]。以深度全卷积神经网络构架（Deep Convolutional Neural Network Architecture）为代表的深度学习技术为高效的图片空间要素识别提供了基础。基于这类深度学习构架，可以通过相对小样本的图片训练实现研究所需的多种要素的提取，有效减少以往研究过程中人工评分烦琐、耗时的工作流程，提升工作效率，轻松实现建成环境中的多种人本尺度空间要素的量化测度，例如剑桥大学研究人员在 2015 年开发的"SegNet"工具，可高效、快速地识别人眼视角图像数据中的天空、人行道、车道、建筑、绿化等共计 12 种要素。在其启发下，后续还有"YOLO""LmageNet""Deeplab"等一系列图像识别工具被开发。

与此同时，基于深度学习技术和街景数据的空间感受研究也不断涌现。麻省理工学院研究人员基于公众选择开发了"Place Pulse"和"Street Score"工具对城市空间的安全性、活力等感知要素开展评价与预测分析中国也有研究者开展了相应尝试。机器学习不仅能为建成环境特征提取和感知分析提供支持，还能运用于后续的规律分析与预测。支持向量机（Support Vector Machine）、半监督学习（Semi-supervised Learning）等机器学习技术较之以往研究中常用的线性回归等手段能更准确、更高效地处理多要素复杂关联的环境行为数据，发掘其内在的深层机制[①]。

8. 基于 Anylogic 的行为仿真技术

社会力模型是目前应用最广泛的行人流模型，很多仿真软件都是用社会力模型

---

① 叶宇，戴晓玲. 新技术与新数据条件下的空间感知与设计运用可能 [J]. 时代建筑，2017（5）：6–13.

来模拟行人运动。Anylogic 平台就是一款基于社会力模型算法的动态仿真软件，它能够实现离散事件（DE）、系统动力学（SD）、基于智能体（AB）三种建模方法。系统动力学建模的抽象层级最高，离散事件建模可以支持中层和中下层抽象建模，基于智能体的建模指对智能体行为与参数进行定义，使智能体互动，从而探寻不同智能体之间的影响规律[1]。Anylogic 仿真软件首创性地利用 UML 语言开发仿真工具，也是唯一支持混合状态机这种能有效描述离散和连续行为的语言的商业化软件。

Anylogic 仿真软件可以进行微观交通仿真，在行人微观交通仿真中，每个行人都可作为独立的个体进行刻画和表现，一方面能从整体上把握人流交通行为趋势，另一方面又能从局部角度表现行人个体交通行为。用户可以利用模块创建人行设施（如车站、出入口、通道等），通过改变参数控制行人的行为及设备通过能力等属性，并根据行人的行为流程为其构建行人行为的流程图，确定行人路线。一方面，可以通过人流密度图直观地显示人流密度的分布情况。另一方面，还可以采集数据，如某一截面的行人通过数量，某一区域内的等待行人数量等。Anylogic 高自由度的开发环境，也使得交通仿真流程和结果更加接近现实。同时，运用 Anylogic 仿真软件对优化改进前后的方案进行仿真评价，还可为决策者提供辅助设计与决策支撑。

Anylogic 仿真软件的相关应用领域主要包括：交通换乘枢纽客流模拟、交通车站乘客聚散行为、紧急疏散和老年人照护领域等。如：陈利红[2] 以西安市北大街换乘站为研究对象，通过 Anylogic 仿真软件对地铁站内乘客及列车进行仿真模拟，找出换乘系统瓶颈，并对改进方案进行仿真评价。傅志妍等[3] 以重庆轨道交通南坪站为例，基于 Anylogic 软件平台，提出行人自组织行为、行李携带状况和服务与等待过程模拟的实现方法，进行乘客集散行为的仿真，并对识别出的人流冲突点和瓶颈点进行相应的优化和改进。郑丹等[4] 以典型公共建筑物为研究对象，通过 Anylogic 仿真软件构建模型，引入蒙特卡洛法计算时间，模拟平时及危急状态下人员的运动状态，针对问题提出建议，以提高疏散效率。Aleksandra Stojanova[5] 将离散事件仿真和基于智能体的仿真技术引入老年人照护领域，尝试基于 Agent 的调度方案解决家庭照顾的资源分配问题。

① Llya Grigoryev. 系统建模与仿真——使用 AnyLogic 7[M]. 韩鹏，等，译. 清华大学出版社，2016.

② 陈利红. 基于 Anylogic 的城市轨道交通换乘站仿真研究 [D]. 西安：长安大学，2015.

③ 傅志妍，陈坚，李武，等. 城市轨道交通车站乘客聚散行为仿真及优化 [J]. 铁道运输与经济，2018，40（2）：100-104.

④ 郑丹，薛鹏. 基于 Anylogic 公共建筑物疏散研究 [J]. 计算机应用与软件，2018，35（06）：107-109+128.

⑤ Stojanova, Aleksandra and Stojkovic, Natasa and Kocaleva, Mirjana and Koceski, Saso（2017）Agent-based solution of caregiver scheduling problem in home-care context. In：14th International Conference on Informatics and Information Technologies，07-09 Apr 2017.

　　新方法和新技术使得环境行为研究在时空覆盖力和考察力度等方面有了重大的推进，为环境行为研究提供了全新的视角和途径，也为精细化地研究提供了可能。机器学习、虚拟现实、生理传感器等技术逐渐成熟并广泛运用于环境行为研究当中，使环境行为研究更具科学性。新数据使得研究不再必须依赖于小样本、低采样的手工数据，能够实现长时段、全覆盖的海量数据导入，相较于传统的观察类调查方法在精度和广度上有了突破的可能。新方法和新技术的发展并不是对传统研究范式的全部推翻，而是在原有研究方法上提高环境行为研究的信度与效度，与传统研究方法在一定程度上是相互补充、相互增强的。

　　新方法和新技术不仅在研究方法上提供了更精确的分析和更直观的展现，更重要的是为环境行为研究提供了新的研究分析视角，使研究朝着更加科学化和精细化的方向发展。近年来，大数据的挖掘技术发展迅速，越来越受到大家的关注。新数据和新技术就像是一双能够看清世界的好眼睛，能让我们看清更多的现象，但是更重要的是分析这些现象之间的关系和因果性。在新数据和新技术迅猛发展的今天，更多的数据获取源已经出现，数据分析软件、开放数据的类型也越来越丰富。在环境行为研究中使用新数据和新技术也变得越来越普遍，研究者们争先恐后地去学习各种数据爬取软件和分析软件，追赶着技术发展的浪潮。但是，是否所有的环境行为研究都需要新数据和新技术，获取的数据又是否符合研究的预期，这些都是值得思考的问题。在抓住新方法和新技术带来的机遇的同时，也要理性看待这些新方法和新技术。在对数据进行应用和分析时，不应该也不能出现"观点思考"追赶"技术发展"的情况，研究仍需以问题为导向，不能为了使用新方法和新技术，生搬硬套，让自己的观点思考向数据靠拢。新方法和新技术更多的是作为一种研究途径，而非研究的终极目标。